2016 China Life Sciences and Biotechnology Development Report

2016
中国生命科学与生物技术发展报告

科学技术部 社会发展科技司
中国生物技术发展中心 编著

U0263367

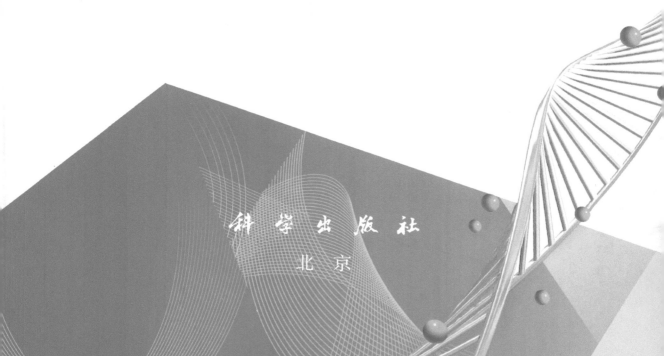

科学出版社

北京

内 容 简 介

《2016 中国生命科学与生物技术发展报告》总结了 2015 年我国生命科学基础研究、生物技术应用和生物产业发展的主要进展情况，重点介绍了我国在组学、脑科学与神经科学、合成生物学、非编码 RNA、表观遗传学、结构生物学、免疫学、干细胞等领域的研究进展以及生物技术应用于医药、农业、工业、环境等方面的情况，分析了我国生物产业及细分领域的发展态势，并对 2015 年生命科学论文和生物技术专利情况进行了统计分析。《2016 中国生命科学与生物技术发展报告》分为总论、生命科学、生物技术、生物产业、投融资、文献专利 6 个章节，以翔实的数据、丰富的图表和充实的内容，全面展示了当前我国生命科学、生物技术和生物产业的基本情况。

本书可为生命科学和生物技术领域的科学家、企业家、管理人员和关心支持生命科学、生物技术与产业发展的各界人士提供参考。

图书在版编目（CIP）数据

2016 中国生命科学与生物技术发展报告 / 科学技术部社会发展科技司，中国生物技术发展中心编著. —北京：科学出版社，2016.11
 ISBN 978-7-03-050774-7

 Ⅰ. ①2… Ⅱ. ①科… ②中… Ⅲ. ①生命科学 - 技术发展 -研究报告 -中国 -2016 ②生物工程 - 技术发展 - 研究报告 - 中国-2016 Ⅳ. ① Q1-0 ② Q81

中国版本图书馆 CIP 数据核字（2016）第 276270 号

责任编辑：王玉时 刘 畅 席 慧 / 责任校对：赵桂芬
责任印制：徐晓晨 / 封面设计：金舵手世纪

科 学 出 版 社 出版
北京东黄城根北街 16 号
邮政编码：100717
http://www.sciencep.com
北京虎彩文化传播有限公司 印刷
科学出版社发行 各地新华书店经销
*
2016 年 11 月第 一 版 开本：787×1092 1/16
2020 年 12 月第四次印刷 印张：17 1/4
字数：370 000
定价：**228.00 元**
（如有印装质量问题，我社负责调换）

《2016 中国生命科学与生物技术发展报告》

编写人员名单

主　　编：吴远彬　黄　晶

副 主 编：田保国　肖诗鹰　黄　瑛　沈建忠

　　　　　董志峰　范　玲

参加人员：（按姓氏汉语拼音排序）

安　勇	敖　翼	曹　芹	陈　欣	陈大明
陈焕春	陈柱成	崔　蓓	范　红	范　晓
范丙全	樊瑜波	范月蕾	付卫平	傅潇然
耿红舟	关镇和	郭　伟	华玉涛	黄英明
江洪波	姜永强	旷　苗	李　伟	李萍萍
李苏宁	李蔚东	李玮琦	李秀清	李祯祺
林拥军	刘　晓	卢　姗	马有志	毛开云
邱德文	阮梅花	施慧琳	宋　斌	苏　燕
孙燕荣	谭　涛	万印华	王　莹	王　玥
王　跃	王德平	王恒哲	王慧媛	王加义
王小理	夏宁邵	熊　燕	徐　萍	徐鹏辉
许　丽	杨　露	杨立荣	姚　斌	于建荣
于善江	于振行	袁天蔚	张　旭	张大璐
张兆丰	赵饮虹	郑玉果	朱　敏	

序

当今世界，科技发展日新月异，创新速度明显加快，颠覆性技术不断涌现，技术更替和成果转化周期日益缩短，产业形态发生深度调整。生命科学、生物技术与信息技术等交叉融合正在引发新一轮科技革命和产业变革，从而更加深刻地改变着人们的生产生活方式乃至思维方式和认知模式。面对全球科技创新发展的新趋势和新特点，世界主要国家都在寻找科技创新的突破口。生命科学和生物技术作为新一轮科技革命的核心，已成为世界各国争相部署的战略领域和积极抢占的制高点。

作为 21 世纪最重要的创新技术集群之一，生命科学和生物技术突出体现了全球科技创新发展态势的三个重要特征。一是学科交叉汇聚日益紧密，拓展了科学发现与技术突破的空间。生命科学与化学、信息学、材料学、工程学等学科交叉融合，正在加速孕育和催生一批如合成生物技术、类脑人工智能技术等具有重大产业变革前景的颠覆性技术。二是传统意义上的基础研究、应用研究、技术开发和产业化的边界日趋模糊，科技创新链条更加灵巧，创新周期大大缩短。如新发传染病从病原体分离鉴定，到诊断试剂研制，过去往往需要不同领域专家耗费数年才能完成。随着基因测序、抗体制备等共性技术的广泛应用，现在仅需数月就能完成上述工作，为传染病防控提供了有力支撑。三是技术创新、商业模式和金融资本深度融合，加速推动产业变革的步伐。各类创新要素日趋活跃，研发组织模式呈现网络化和全球化特征，研发理念不断更新。2015 年，全球生命科学领域仅并购交易就达到 5460 亿美元，是 2006—2015 年年平均并购交易额的 2.5 倍，金融资本已成为创新创业的重要推手。与此同时，合同研发外包（CRO）等服务创新使新药研发成本更低、速度更快，互联网医疗等新商业模式优化了就医方式、改变了健康管理模式。

中国政府历来高度重视生命科学和生物技术的发展。2006 年，《国家中长期科学和技术发展规划纲要》将生物技术列为五大科技发展战略重点之一；2010 年，国务院将生物产业确立为七大战略性新兴产业之一，并于 2012 年出台《生物产业发展规划》；今年又发布了《国家创新驱动发展战略纲要》和《"十三五"国家科技创新规划》等指引性文件，为生物领域科技创新与产业发展提供了有力的政策保障。与此同时，国家科技投入持续增长，2016 年，通过科技计划管理改革后的国家重点研发计划，在生命科学和生物技术领域部署实施"干细胞及转化研究""蛋白质机器与生命过程调控""生物医用材料研发与组织器官修复替代""精准医学研究"及"重大慢性非传染性疾病防控研究"等 10 个重点专项，同时启动脑科学、健康保障工程等面向 2030 年重大项目与工程的论证工作。

近年来，我国生命科学与生物技术发展尤为迅速，进入了从量的积累向质的飞跃、点的突破向系统能力提升的重要时期。我国已连续 5 年在论文发表量和专利申请量方面位居全球第 2 位，仅 2015 年发表的生命科学论文就达 8 万多篇，申请生物技术专利 2 万多件。基础研究国际影响力大幅提升，在世界上首次利用小分子化合物诱导体细胞重编程为多潜能干细胞（CiPS 细胞）；成功解析了人体重要功能蛋白人源葡萄糖转运蛋白 GLUT1 的晶体结构；屠呦呦研究员获得了 2015 年诺贝尔生理或医学奖。技术应用与成果转化为改善民生福祉提供有力保障，自主研发的全球首个生物工程角膜"艾欣瞳"上市；手足口病（EV71 型）疫苗和 Sabin 株脊髓灰质炎灭活疫苗研制成功；阿帕替尼、西达本胺等抗肿瘤新药成功上市；超级稻创造百亩连片平均亩产突破千公斤的新纪录。

伴随基础研究的蓬勃发展和技术创新的不断突破，我国生物产业规模不断壮大。"十二五"以来，我国生物产业一直保持着年均 20% 左右的增速，已成为中国经济的一个重要增长点，并形成了一批如上海张江、天津滨海、泰州医药城、本溪药都、武汉光谷、苏州生物纳米园等有代表性的专业化高新技术园区，以及以长三角地区、环渤海地区、珠三角地区为核心的生物医药产业聚集区。

科技部社会发展科技司和中国生物技术发展中心自 2002 年以来每年出版发行《中国生物技术发展报告》，科学全面地介绍了我国生物技术领域的发展现状和主要成就，起到了促进本领域信息交流与共享、加强相关政策措施宣传以及推动行业发展的作用，今年结合科技计划管理改革精神，突出系统整体布局、全链条设计、一体化管理的特点，丰富了有关生命科学的内容，并将之更名为《中国生命科学与生物技术发展报告》。作为我国"十三五"开局之年的第一部生命科学与生物技术发展报告，希望该报告能够为政策制定者、科技工作者、管理人员、企业家和所有关心中国生命科学和生物技术发展的社会各界人士提供有益参考。同时也希望编著者能积极听取各方意见，不断改进、继续完善，使其成为本领域最全面、最权威的综合性年度报告。

全国政协副主席
中国科协主席　
科学技术部部长

2016 年 11 月 11 日

目　　录

第一章 总论

当今世界，随着全球化与信息化的快速发展，新一轮科技革命和产业变革正在加速进行，科学技术发展日新月异，全球科技创新呈现出新的发展态势和特征。生命科学和生物技术作为 21 世纪最重要的创新技术集群之一，学科交叉汇聚日益紧密，拓展了科学发现与技术突破的空间；基础研究、应用研究、技术开发和产业化的边界日趋模糊，科技创新链条更加灵巧，创新周期大大缩短；技术创新、商业模式和金融资本深度融合，加速推动产业变革的步伐。

2015 年，全球共发表生命科学相关论文 611 127 篇，相比 2014 年增长了 2.08%，美国 *Science* 杂志评选的十大科技突破中与生物相关的有 6 项；全球生物技术专利申请数量和授权数量分别为 87 185 件和 48 847 件，申请量与授权量比上年度分别增长了 8.94% 和 2.70%；2015 年市场规模增加了 13%，增长趋势有所放缓，略低于 2014 年 18% 的年增长率。尽管如此，2015 年生物产业市场销售额仍达 1327 亿美元。

 一、国际生命科学与生物技术发展态势

2015 年，生命科学领域取得多项突破，并向转化研究推进；技术持续更新，逐渐向高精度、高效率、高通量，以及动态、大规模发展。随着学科的汇聚和技术的推动，生命科学研究不断向纵深推进，健康与疾病发生机制研究的视角不断丰富，疾病防治手段更加多样化，改造、合成、仿生、再生研究的深度和广度不断拓展。*Nature*、*Science*、*Nature Methods*、*MIT Technology Review*、*Scientific American* 等刊物也对 2015 年度的生命科学和生物医学突破进行了评选，并预测了未来值得关注的科学进步和创新性技术。

（一）重大研究进展

2015 年，合成生物学的应用范围不断拓宽，进入应用导向的转化研究阶段；脑科学基础研究产出系列成果，类脑研究与人工智能开始出现突破；干细胞与再生医学领域持续稳步发展，应用转化进程进一步推进；微生物组研究快速发展，相关领域科学家呼吁启动全球微生物组计划；另外，疫苗研究获得多项突破，为更多传染性疾病的预防带来希望；免疫疗法快速发展，为癌症、多发性硬化症和艾滋病等重大疾病治疗带来新希望。在科研不断进展的同时，生命科学领域的技术也不断革新。基因组编辑技术持续更新，使用范围进一步扩大，其较为成熟的技术也逐渐推向临床，与此同时，其涉及的伦理问题也引起广泛关注；成像技术发展逐渐趋向高分辨率、动态、多重成像；光遗传学技术也向精准、高效发展；单细胞分析技术以及测序技术也逐渐向高精度、高效率、大规模、高通量分析发展。

1. 合成生物学应用范围不断拓宽，进入应用导向的转化研究阶段

合成生物学逐步从基础前沿的探索阶段进入应用导向的转化研究阶段。美国斯坦福大学的研究人员通过对酵母进行"编程"实现了从葡萄糖到阿片类药物吗啡的完整生物合成路径[1]，这是继青蒿素生物合成后的又一里程碑事件，该成果入选 2015 年 *Science* 十大科学突破。以临床应用为导向的研究广获聚焦，美国伊利诺伊大学与西北大学的研究人员发现一种在细胞内产生蛋白质和酶的人工核糖体[2]可用于生产新型药物和下一代生物材料；美国加州理工学院研制出世界首个由蛋白质和 DNA 构成的合成结构生物材料[3]，为药物的精准传递与释放控制打开了大门；瑞士苏黎世理工学院发现合成细胞因子转换器细胞可针对银屑病、类风湿性关节炎等慢性炎症，选择性地检测相关疾病的

---

1 Galanie S, Thodey K, Trenchard I J, et al. Complete biosynthesis of opioids in yeast. Science, 2015, 349(6252): 1095-1100.

2 Orelle C, Carlson E D, Szal T, et al. Protein synthesis by ribosomes with tethered subunits. Nature, 2015, 524(7563):119-124.

3 Mou Y, Yu J Y, Wannier T M, et al. Computational design of co-assembling protein-DNA nanowires. Nature, 2015, 525(7568):230-233.

生物标志物，释放细胞因子抑制炎症[4]，从而达到精准治疗的目的。同时，出于对合成生物危害性的考虑与对转基因生物的防控，科研人员开发新方法预防基因工程细菌制造"祸端"，或按照美国哈佛大学与耶鲁大学的做法，使其需要合成特殊氨基酸才能生产其必需的蛋白质[5,6]；或采取美国麻省理工学院的方案，将"死亡开关"添加到转基因生物的基因通路当中[7]。

2. 脑科学基础取得系列突破，类脑研究与人工智能成果初现

在政策的强力支持和推动下，脑科学研究开始产出系列成果。美国弗吉尼亚大学医学院首次发现了大脑中存在淋巴管，可直接与外周免疫系统连接产生免疫反应，颠覆了过去认为大脑是免疫豁免器官的概念[8]，该成果入选 2015 年 *Science* 十大科学突破。美国贝勒医学院绘制了迄今最为详尽的大脑连接图谱，完成近 2000 个成体小鼠视觉皮层神经元的形态和电生理特征，描述了超过 11 000 对细胞间连接[9]。美国 NIH 与北卡罗来纳大学医学院开发的新型化学遗传学（chemogenetic）技术通过启动和关闭神经元，揭示控制小鼠行为的大脑回路[10]；美国哈佛大学、波士顿大学医学院和麻省理工学院建立了神经元高精度成像和分析系统[11]，首次构建了哺乳动物大脑新皮层数字立体超微结构图；美国哈佛大学开发了软性大脑电子探针，并植入活鼠体内证明了其安全性。

---

4 Schukur L, Geering B, Charpin-El Hamri G, et al. Implantable synthetic cytokine converter cells with AND-gate logic treat experimental psoriasis. Science translational medicine, 2015, 7(318): 318ra201.

5 Mandell D J, Lajoie M J, Mee M T, et al. Biocontainment of genetically modified organisms by synthetic protein design. Nature, 2015, 518:55-75.

6 Rovner A J, Haimovich A D, Katz S R, et al. Recoded organisms engineered to depend on synthetic amino acids. Nature, 2015, 518(7537): 89-93.

7 Chan C T Y, Lee J W, Cameron D E, et al. 'Deadman' and 'Passcode' microbial kill switches for bacterial containment[J]. Nature chemical biology, 2016, 12(2): 82-86.

8 Antoine Louveau, Igor Smirnov, Timothy J. Keyes, et al. Structural and functional features of central nervous system lymphatic vessels. Nature, 2015, 523(7560):337-341.

9 Jiang X, Shen S, Cadwell C R, et al. Principles of connectivity among morphologically defined cell types in adult neocortex. Science, 2015, 350(6264): aac9462.

10 Eyal Vardy, J Elliott Robinson, Chia Li, et al. A New DREADD Facilitates the Multiplexed Chemogenetic Interrogation of Behavior. Neuron, 2015, 86(4):936-946.

11 Narayanan Kasthuri, Kenneth Jeffrey Hayworth, Daniel Raimund Berger, et al. Saturated Reconstruction of a Volume of Neocortex. Cell, 2015, 162(3):648-661.

美国加州大学圣塔芭芭拉分校首次仅用忆阻器创建出神经网络芯片[12]；美国 IBM 进一步利用 TrueNorth 芯片构建了人工小型啮齿动物大脑[13]；瑞士洛桑联邦理工学院成功构建大鼠躯体感觉皮层部分神经回路的数字模型[14]。这一系列进展推动了类脑计算的发展，迈出数字化大脑道路上的重要步伐。

超出程序设定的智能行为是通向人工智能之路的标志性一步。谷歌、Facebook 等公司正在推进机器深度学习技术，并开始商业化。5 月面世的谷歌照片 APP，可以以更抽象的水平识别图片中的元素，进而从数百万张照片中识别不同脸孔；DeepMind 公司已利用深度学习技术研发了一个能够自学视频游戏的计算机软件，可在游戏进行到一半时，击败多数专业玩家。

3. 干细胞与再生医学研究稳步发展，应用转化进程进一步推进

干细胞与再生医学领域持续稳步发展，应用转化进程进一步推进。基础研究方面，英国剑桥大学与以色列魏茨曼科学研究院的科研人员将胚胎干细胞成功"逆转"为原始生殖细胞[15]，首次将细胞重编程至如此早期的阶段，该成果入选 Cell 评选的十佳论文；北京大学研究人员进一步阐明化学小分子重编程技术的分子机理[16]，为化学诱导方法更加广泛地应用于体细胞重编程和再生医学奠定了基础，该成果入选 Cell 评选的中国年度论文。2015 年，澳大利亚墨尔本大学与昆士兰大学联合荷兰莱顿大学、美国加州大学伯克利分校联合格拉德斯通心血管疾病研究所、美国密歇根大学与加州大学联合辛辛那提儿童医院医疗中心等机构分别成功构建了肾脏[17]、心室[18]

---

12 M Prezioso, F Merrikh-Bayat, B D Hoskins, et al. Training and operation of an integrated neuromorphic network based on metal-oxide memristors. Nature, 2015, 7550(521):61-64.

13 IBM. Introducing a Brain-inspired Computer. http://www.research.ibm.com/articles/brain-chip.shtml.[2015-08-20]

14 Markram H, Muller E, Ramaswamy S, et al. Reconstruction and Simulation of Neocortical Microcircuitry. Cell, 2015, 163(2): 456-492.

15 Irie N, Weiberger L, Tang W, et al. SOX17 Is a Critical Specifier of Human Primordial Germ Cell Fate. Cell, 2015, 160(1-2): 253-268.

16 Zhao Y, Zhao T, Guan J, et al. A XEN-like State Bridges Somatic Cells to Pluripotency during Chemical Reprogramming. Cell, 2015, 163(7): 1678-1691.

17 Takasato M, Er P, Chiu H, et al. Kidney organoids from human iPS cells contain multiple lineages and model human nephrogenesis. Nature, 2015, 526: 564-568.

18 Ma Z, Wang J, Loskill P, et al. Self-organizing human cardiac microchambers mediated by geometric confinement. Nature Communications, 2015, 6: 7413.

和肺[19]，由干细胞构建的微器官类型已达十几种。产业化方面，欧洲在 2015 年批准了首个干细胞治疗产品 Holoclar[20]，用于治疗因眼部灼伤导致的中度至重度角膜缘干细胞缺乏症，迈出了干细胞产业发展的第一步。

4. 微生物组研究快速发展，呼吁启动微生物组计划

微生物在健康、环境、农业和工业等领域的应用潜力巨大，于 2010 年启动的地球微生物组计划（Earth Microbiome Project），旨在分析全球微生物群落，预期将在 2016 年获得其首批研究成果。

始于 2007 年底，美、英、法、中、日等多个国家参与的人类微生物组计划不断推进，促进了肠道微生物与人类健康的研究。目前，全球正在酝酿微生物组计划。2015 年美国国家科学技术委员会（NSTC）发布了微生物组研究评估报告；10 月，美国科学家在 *Science* 上发文倡议美国开展联合微生物组计划（Unified Microbiome Initiative，UMI）[21]；与此同时，德国、中国和美国科学家在 *Nature* 上发文呼吁建立国际微生物组研究计划[22]。

5. 疫苗研究获得多项突破，为更多传染性疾病的预防带来希望

2015 年，疫苗研究获得一系列成功，为传染性疾病的预防带来希望。世界卫生组织领导的临床研究中，埃博拉疫苗 rVSV-ZEBOV 终于获得成功，其有效性可达 75%～100%；通过近 30 年的酝酿，全球首支疟疾疫苗迈出重要一步，在非洲儿童临床试验中可降低 30% 的发病率，预计最早于 2017 年实现商业化；12 月，墨西哥批准了全球首支登革热疫苗 Dengvixia，此疫苗有效性虽仅60%，但可有效预防已感染登革热的病患再度感染其他病毒株，该疫苗生产商法国赛诺菲公司将进一步向其他国家申请上市批准。除一系列新疫苗研制获得

19 Dye B, Hill D, Ferguson M, et al. In vitro generation of human pluripotent stem cell derived lung organoids. Elife, 2015, 4: e05098.

20 Reuters. Europe approves Western world's first stem-cell therapy for rare eye condition. http://www.healthylivingmagazine. us/Articles/7772.

21 Alivisatos A P, Blaser M J, Brodie E L, et al. A unified initiative to harness Earth's microbiomes[J]. Science, 2015, 350(6260): 507-508.

22 Dubilier N, McFall-Ngai M, Zhao L. Microbiology: Create a global microbiome effort[J]. Nature, 2015, 526(7575): 631.

成功外，脊髓灰质炎疫苗使尼日利亚首次整年未出现新发脊髓灰质炎病毒感染病例，为全球消灭脊髓灰质炎奠定了基础。

6. 免疫疗法快速发展，为重大疾病治疗带来机遇

随着人类免疫系统和疾病发生机制认识的深入，免疫疗法成为防控许多重大疾病的重要手段。自2013年癌症免疫疗法入选 Science 十大突破以来，领域研发热度持续不减，被视为癌症、多发性硬化症和艾滋病等疾病治疗的新机遇。2016年美国国情咨文中提出了癌症登月计划，其中的重点之一就是癌症免疫疗法的开发。多种癌症被验证可利用免疫疗法进行治疗，而治疗癌症的抗体药物特别是靶向程序性死亡受体-1（PD-1）及其配体-1（PD-L1）的抗体药物，成为国际医药巨头竞相布局的焦点。

（二）技术进步

1. 基因组编辑技术不断革新，进一步推向临床

以 CRISPR 为代表的基因组编辑技术仍然是2015年最受关注的技术领域，CRISPR 技术"史无前例"二次登上 Science 评选的年度十大突破，且位居榜首[23]。2015年，美国麻省理工学院围绕 CRISPR/Cas 系统的脱靶问题进行改进和完善[24,25,26,27]，并通过与其他先进技术的结合[28]扩大其应用。美国斯坦福大学医学院设计的缺陷基因功能性拷贝插入患者基因组中的新方法[29]可能会超越 CRISPR/Cas 系

23 John Travis. Making the cut. Science, 2015, 350(6267): 1456-1457.

24 Bernd Zetsche, Sara E Volz, Feng Zhang, et al. A split-Cas9 architecture for inducible genome editing and transcription modulation. Nature Biotechnology, 2015, 33:139-142.

25 F Ann Ran, Le Cong, Winston X Yan, et al. In vivo genome editing using Staphylococcus aureus Cas9. Nature, 2015, 520:186-191.

26 Bernd Zetsche, Jonathan S Gootenberg, Omar O Abudayyeh, et al. Cpf1 Is a Single RNA-Guided Endonuclease of a Class 2 CRISPR-Cas System. Cell, 2015, 163(3):759-771.

27 Ian M Slaymaker, Linyi Gao, Bernd Zetsche, et al. Rationally Engineered Cas9 Nucleases with Improved Specificity. Science, 2015, 351(6268):84-88.

28 Yuta Nihongaki, Fuun Kawano, Takahiro Nakajima, et al. Photoactivatable CRISPR-Cas9 for optogenetic genome editing. Nature Biotechnology, 2015, 33:755-760.

29 A Barzel, N K Paulk, Y Shi, et al. Promoterless gene targeting without nucleases ameliorates haemophilia B in mice. Nature, 2014, 517(7534): 360-364.

统，成为基因组编辑新技术。美国加州大学伯克利分校利用 CRISPR/Cas 系统实现 RNA 的精确切割[30]进一步扩展了其应用范围。另外，美国麻省理工学院基于 CRISPR 技术发明了 DNAi，能够迫使转基因大肠杆菌剪除其修改过的基因片段[31]，防止基因片段逃逸而污染环境。基因组编辑技术有望成为生命科学研究的通用技术。

2015 年基因组编辑技术开始应用于人类疾病治疗的临床试验。研究人员一次性编辑了猪胚胎基因组中的 62 个位点，给异种器官移植带来希望；基因组编辑技术初创公司 Editas Medicine 获得谷歌等 1.2 亿美元的资助，计划到 2017 年将 CRISPR 技术用于临床试验，以矫正视力受损患者体内的某个基因突变；英国研究人员利用 TALEN 技术编辑人类免疫细胞的基因组，用于治疗患白血病的儿童；2015 年底，Sangamo BioSciences 生物科技公司宣布，2016 年将开展利用 ZFN 技术修正导致血友病基因缺陷的人体试验。

基因组编辑技术的发展随之带来的安全隐患和道德伦理挑战也成为公众关注的焦点。2015 年，修饰物种（如蚊子等）基因，以减少其数量或减少其携带病毒所导致疾病，以及中山大学首次利用 CRISPR/Cas 技术改造了人类胚胎基因组[32]，引发全球热议。12 月，美、英、中共同举办人类基因编辑国际峰会，全球专家对基因编辑技术所带来的基础研究变革、潜在应用，以及由此引发的社会问题、政府监管及法律问题进行了探讨，认为现阶段应禁止对人类胚胎和生殖细胞进行基因组编辑。

2. 成像技术发展趋向高分辨率、动态、多重成像

成像技术同样备受关注，单粒子低温电子显微镜（cryo-EM）在 2015 年突破了 3 埃（Å）的分辨率障碍，已经逐渐成为一种主流结构生物学技术，该技术成

30 Mitchell R O'Connell, Benjamin L Oakes, Samuel H Sternberg. Programmable RNA recognition and cleavage by CRISPR/Cas9. Nature, 2014, 516:263-266.

31 Brian J Caliando & Christopher A Voigt. Targeted DNA degradation using a CRISPR device stably carried in the host genome. Nature Communications, 2015, 6, Article number: 6989.

32 Puping Liang, Yanwen Xu, Xiya Zhang, et al. CRISPR/Cas9-mediated gene editing in human tripronuclear zygotes. Protein & Cell, 2015, 6(5): 363-372.

为 2015 年 *Nature Methods* 评选的年度技术[33]，这也是成像技术连续第二年入选。另外，美国普渡大学大大提高了体内振动光谱成像技术收集图片的速度[34]，在光子进入组织前对其进行颜色编码；霍华德·休斯医学研究所开发的新型显微镜[35]，可更加清晰、全面地观察活体动物的动态生物过程；美国劳伦斯伯克利国家实验室开发的 SR-STORM 显微镜，可通过真彩超高分辨率显微成像获得每个标签分子的光谱和位置信息，实现了多靶标成像。*Nature Methods* 认为，全新的特异性蛋白标记及活细胞多重成像技术是 2016 年值得关注的技术。

3. 光遗传学技术向精准、高效发展

光遗传学技术已在单细胞分辨率水平上实现了对神经元的高效操控，从而为实现神经微解剖走出了第一步。英国伦敦大学结合基因组编辑技术与光遗传学技术操控神经细胞，可将更小的子光束选择性靶向单个脑细胞[36]；美国德州大学医学院在海藻中发现首个光控负离子通道，能更快地抑制神经元活动，是目前最高效的光遗传蛋白[37]。

4. 单细胞分析技术逐渐实现高精度、大规模分析

单细胞分析技术在 2015 年获得重大飞跃，美国哈佛大学、麻省理工学院及麻省理工学院 - 哈佛大学布罗德研究所等机构将单细胞测序并行检测的细胞数量从 100 增加到几千[38, 39]。此外，美国德克萨斯大学研发的单细胞外显子组测序法[40]

---

33 Methods of the Year 2015. Nature Methods, 2016, 13: 1.

34 Liao C S , Wang P , Wang P, et al. Spectrometer-free vibrational imaging by retrieving stimulated Raman signal from highly scattered photons. Science Advances, 2015, 1(9):e1500738.

35 Raghav K Chhetri, Fernando Amat, Yinan Wan, et al. Whole-animal functional and developmental imaging with isotropic spatial resolution. Nature Methods, 2015, 12, 1171-1178.

36 Packer AM1, Russell LE1, Dalgleish HW, et al. Simultaneous all-optical manipulation and recording of neural circuit activity with cellular resolution in vivo. Nature Methods, 2015, 12(7):692.

37 E G Govorunova, O A Sineshchekov, R Janz, et al. Natural light-gated anion channels: A family of microbial rhodopsins for advanced optogenetics. Science, 2015, 349(6248):647-650.

38 Klein A M, Mazutis L, Akartuna I, et al. Droplet barcoding for single-cell transcriptomics applied to embryonic stem cells. Cell, 2015, 161(5): 1187-1201.

39 Macosko E Z, Basu A, Satija R, et al. Highly Parallel Genome-wide Expression Profiling of Individual Cells Using Nanoliter Droplets. Cell, 2015, 161(5):1202-1214.

40 Leung M L, Wang Y, Waters J, et al. SNES: single nucleus exome sequencing[J]. Genome biology, 2015, 16(1):55.

（SNES），英国桑格研究所与牛津大学、剑桥大学等机构合作研究的基因组转录组并行测序技术 [41]（G&T Seq），美国细胞研究（Cellular Research）公司开发的基因表达流式细胞测序技术 [42]（CytoSeq），中国华中农业大学与美国明尼苏达大学联合推出的单孢子测序技术 [43]，使单细胞组学能够展开大规模、高精度的分析。

5. 测序技术的精度、效率进一步提高

测序技术方面，美国国家标准与技术研究院提出的石墨单分子层孔道 DNA 测序法 [44] 实现了高速度、高精度与高效率；与此同时，瑞士洛桑联邦理工学院通过减缓测序中 DNA 流速 [45] 将测序精度提高了 1000 倍，自此单分子实时测序技术（SMRT）不仅能够高效助力多个植物和动物基因组的研究 [46, 47, 48]，而且具备更加精准的特性。

（三）产业发展

全球生物产业从高成长阶段逐渐进入稳步发展阶段。据安永公司（Ernst&Young）《2016 年生物产业报告：回到地球》[49] 报告分析指出，过去几年生物产业经历爆炸式增长，2015 年市场规模增加了 13%，增长趋势有所放缓，略低于 2014 年 18% 的年增长率。尽管如此，2015 年生物产业市场销售额仍达 1327 亿美

---

41 Macaulay I C, Haerty W, Kumar P, et al. G&T-seq: parallel sequencing of single-cell genomes and transcriptomes. Nature methods, 2015, 12(6): 519-522.

42 Fan H C, Fu G K, Fodor S P A. Combinatorial labeling of single cells for gene expression cytometry. Science, 2015, 347(6222): 1258367.

43 Li X, Li L, Yan J. Dissecting meiotic recombination based on tetrad analysis by single-microspore sequencing in maize. Nature communications, 2015, 6.6648.

44 Paulechka E, Wassenaar T A, Kroenlein K, et al. Nucleobase-functionalized graphene nanoribbons for accurate high-speed DNA sequencing[J]. Nanoscale, 2016, 8(4): 1861-1867.

45 Feng J, Liu K, Bulushev R D, et al. Identification of single nucleotides in MoS2 nanopores[J]. arXiv preprint arXiv:1505.01608, 2015, 10(12):1070-6.

46 Minoche A E, Dohm J C, Schneider J, et al. Exploiting single-molecule transcript sequencing for eukaryotic gene prediction[J]. Genome biology, 2015, 16(1): 1-13.

47 Carvalho A B, Vicoso B, Russo C A M, et al. Birth of a new gene on the Y chromosome of Drosophila melanogaster[J]. Proceedings of the National Academy of Sciences, 2015, 112(40): 12450-12455.

48 VanBuren R, Bryant D, Edger P P, et al. Single-molecule sequencing of the desiccation-tolerant grass Oropetium thomaeum. Nature, 2015, 527(7579): 508-511.

49 Biotechnology Report 2016. Beyond borders Returning to Earth . http://www.ey.com/Publication/vwLUAssets/EY-beyond-borders-2016/$FILE/EY-beyond-borders-2016.pdf.

2016 中国生命科学与生物技术发展报告

元。此外，2015 年，生物技术领域 R&D 投入 401 亿美元，较 2014 年增长 16%，并购交易额达 1022 亿美元，增长了 120%，达到近 10 年来最高。在生物产业中，生物医药产业发展迅速，2014 年，全球生物技术药物销售额达 1790 亿美元，较 2013 年增长了 140 亿美元，至 2020 年预计将达到 2780 亿美元。在全球药物市场中，生物技术药物占总体药物市场销售额的 23%，相比 2013 年提高了 1 个百分点，预计到 2020 年这一比例将达到 27%。而在全球销售量前 100 名的药物中，2014 年生物技术药物销售收入占 44%，预计至 2020 年将进一步提升至 46%。美国 FDA 2015 年共批准了 45 个小分子及抗体类新药，这是过去 19 年中批准数最多的年份（据 Evaluate Pharma 公司统计）。生物技术在农业领域发挥越来越重要的作用。以转基因作物为例，从 1996 年到 2015 年的 20 年期间全球转基因作物累计种植面积达到空前的 20 亿公顷，约相当于中国大陆总面积（9.56 亿公顷）或美国总面积（9.37 亿公顷）的 2 倍[50]。受价格等因素影响，2015 年全球转基因作物种植面积达到 1.797 亿公顷，略低于 2014 年的 1.815 亿公顷。生物技术正在向工业领域渗透，越来越多的化工产品通过生物技术手段生产出来，包括各种大宗化工产品和精细化学品。在燃料替代领域，2015 年世界燃料乙醇产量达到创纪录的 1330 亿升[51]，62% 是燃料乙醇，24% 是生物柴油和其他先进的生物燃料。87% 的燃料乙醇产自美国和巴西。欧洲生产生物柴油占所有产量的 43%（据 WBA 世界生物质能协会统计）。

 二、我国生命科学与生物技术发展态势

（一）重大研究进展

2015 年，我国生命科学与生物技术领域论文与专利数量呈现增长态势，

---

50 Global Status of Commercialized Biotech/GM Crops: 2015.http://isaaa.org/resources/publications/briefs/51/executivesummary/default.asp.

51 WBA: Global Bioenergy Statistics 2016. http://www.worldbioenergy.org/content/wba-launches-global-bioenergy-statistics-2016.

连续 5 年名列全球第 2。2015 年中国发表论文 87 765 篇，比 2014 年增长了 16.30%，中国生命科学论文数量占全球的比例从 2006 年的 4.30% 提高到 2015 年的 14.36%；在生物与生物化学、环境与生态学、微生物学、分子生物学与遗传学、病理与毒理学、植物与动物学六个领域的论文数量均位居全球第 2 位。2015 年全球发表生命科学论文数量机构排名中，中国科学院位居第 4，共发表 7582 篇论文。2006 年以来，中国专利申请数量和授权数量呈总体上升趋势。2015 年，中国专利申请数量和授权数量分别为 22 193 件和 10 394 件，申请数量与授权数量比上年度分别增长了 27.25% 和 3.88%，占全球数量比值分别为 25.46%、21.28%，排名均为全球第 2 位。PCT 专利申请数量达到 375 件，全球排名第 7。

2015 年，我国在生物技术各领域取得一系列突破性成果，在组学，脑科学与神经科学，合成生物学，表观遗传学，结构生物学，遗传、发育和生长，传染病与免疫学以及干细胞等方面取得了丰硕成果。2015 年，我国科研人员先后研究了酵母剪接体高分辨率三维结构及其工作机理；揭示炎症消退和免疫稳态调控的新机制；解析细胞炎性坏死的关键分子机制；揭示人类原始生殖细胞基因表达与表观遗传调控特征；还揭示了埃博拉病毒演化及遗传多样性特征。另外，我国科研人员还完成了鹅、高山倭蛙、壁虎、白纹伊蚊、犬弓蛔虫、美国棉花、栽培陆地棉、小豆、芝麻、菠萝、海带和甲藻等多个物种的基因组测序工作，对自然杀伤 /T 细胞淋巴瘤进行了全面系统的基因组学图谱分析；还开发出一种全基因组测序方法，通过长片段阅读技术检测潜在的致病突变；首次证明"应用生物活性材料激活内源性干细胞修复脊髓损伤"的效果，探讨了内源性干细胞 / 祖细胞激活的机理和脊髓损伤修复可能的机制；成功研发"人脑连接组计算系统"，实现了高性能的人脑功能连接组计算；且在无创脑机接口信息传输研究方面取得重要进展；通过诱导干细胞技术，建立了双相情感障碍的细胞学模型；解析出青蒿素类过氧桥键的生物合成机制；在全基因组水平上首次开展了多倍化事件发生后 DNA 甲基化变异与基因组短期效应关系的研究；采用单颗粒冷冻电子显微镜分别获得了分辨率为 3.4 埃的人类 γ- 分泌酶原子结构，分辨率为 3.6 埃的裂殖酵母剪接体的三维结构等多种结构；研制出了一种新型的戊型肝炎疫苗；对 H7N9 病毒的进化和传播开展了大规模基因组分析；报道了具有不同程度多能性的 4 种细胞中 mRNA 转录组的 m6A 修饰图谱；应用小分子化合物组合诱导人成纤维细胞转化为神经细胞，并证明该化合物诱导策略是生成阿尔茨海默病患者特异性神经元细胞的可行性方法；发现仅需两种不同的化学物组合即能将成纤维细胞转化为神经细胞；建立了一个强大的化学诱导重编程系统；利用 CRISPR-Cas9 技术修复了小鼠精原干细胞中的遗传缺陷；建立了能稳定支持半克隆小鼠出生的"类精子细胞"单倍体细胞系；利用卵子获得了能代替精子使用的单倍体胚胎干细胞；创造出一种新型的干细胞 - 异种杂合二倍体胚胎干细胞。

（二）技术进步

2015 年，我国生物技术不断进步，并取得取得多项突破性成果。在纳米尺度上直接测量单个分子的组成、结构及动力学性质，是当今物质科学探索的发展趋势。我国科研人员实现对单个蛋白质分子的磁共振探测，并解析出其动力学信息，成功将电子顺磁共振技术分辨率从毫米推进到纳米，灵敏度从上百亿个分子推进到单个分子。自 2013 年首次报道 CRISPR-Cas9 系统在哺乳动物基因组编辑中的应用以来，以 CRISPR 为代表的基因组编辑技术受到了源源不断的高度关注，国内学者纷纷在各自领域应用该技术开展科学研究，成果显著：利用 CRISPR 技术首次编辑人类胚胎基因组，为治疗儿童地中海贫血症提供了可能；先后利用 CRISPR 技术首次成功制备了基因编辑山羊、蝴蝶，以及基因敲除的猪、犬模型；通过 CRISPR 技术编辑获得人工精子，并授精、培养获得小鼠幼崽，为便捷、高效地繁殖出大批半克隆的小鼠提供新思路；植物定点基因组编辑中，利用 CRISPR-Cas 系统定点突变了水稻和小麦两个作物的 5 个基因，首次证实 CRISPR-Cas 系统能够用于植物的基因组编辑；针对 CRISPR 技术"脱靶效应"的多项研究，有望进一步提高其安全性。

我国生物技术的应用研究 2015 年取得了一系列突破。医药生物技术方面，作为青蒿素研发成果的代表性人物，屠呦呦获得诺贝尔生理或医学奖，这是对中国科学家为人类健康做出贡献的认可；国家食品药品监督管理总局共批准了肿瘤、内分泌系统、神经系统、消化系统、心血管系统等重要领域的 11 个新药上市。研究人员成功研发具有完全自主知识产权的世界首个口服重组幽门螺杆菌疫苗，获国家 1.1 类新药证书；自主研制的 Sabin 株脊髓灰质炎灭活疫苗（单苗）正式上市，打破了发达国家对脊髓灰质炎灭活疫苗生产的垄断。同时，自主研发的"超级细菌"疫苗——基因重组金黄色葡萄球菌疫苗，进入人体临床试验阶段，是国际上含抗原种类最多的"超级细菌"疫苗；自主研发的重组埃博拉疫苗正式启动在塞拉利昂的 II 期临床试验，首次获得境外临床试验许可，实现了境外进行疫苗临床研究"零"的突破；成功分离出 1 株寨卡病毒，为我国开发具有自主知识产权的抗病毒药物、检测诊断试剂和中和抗体等的研究提供了物质基础；PD-1 单抗 BGB-A317 获准进入临床研究，对抑制肿瘤细胞生长，恢复免疫系统功能具有重要意义；具有自主知识产权的用于肿瘤免疫治疗的 IDO 抑制剂有偿许可给美国 HUYA 公司；自主设计开发的精准化抗肿瘤药物 APG-115 已经获批进入美国临床，该药物对肉瘤、原发肝癌、原发胃癌等肿瘤可形成高效抑制。我国开展的干细胞结合智能生物材料治疗脊髓损伤临床试验初步取得了良好治疗效果，获得批准的生物工程角膜"艾欣瞳"是目前世界上唯一完成临床试验的高科技生物工程角膜产品。

生物医学工程方面，我国"十二五"以来取得了一系列"自主原创""从无到有"和"从低到高"的重要突破。X 线机、超声、生化等基层新"三大件"全线技术升级，MRI、彩超、CT、PET/CT 等高端产品成功实现国产化；深圳华大基因研究院推出新型桌面化测序仪系统，24 小时可完成 DNA 样本分析；瀚海基因生物科技有限公司自主研发的单分子基因测序仪"GenoCare"原理样机，是亚洲首个具有自主知识产权、中国第一台制成样机的第三代测序仪；首次构建了一种全新的造血干细胞捕获血管支架；成功完成了 3D 打印全骶骨假体治疗骶骨恶性肿瘤，是 3D 打印技术在该疾病治疗领域中的首次应用；我国首个 3D 打印人体植入物——人工髋关节产品获得国家食品药品监督管理总局注册批准，标志着我国 3D 打印植入物已迈进产品化阶段；生物 3D 打印设备成功打印出了肝单元，突破了 3D 打印血管的核心技术；首台适用于人体临床的"全数字正电子发射断层成像（PET）"机器研制成功。

工业生物技术方面，我国在利用生物技术特别是微生物技术开发洁净新能源方面的研究上取得了系列成果。目前正在建设全球最大的利用秸秆生产生物能源项目；第二代先进生物柴油技术把地沟油低成本地变成能百分百替代石化柴油的生物柴油；玉米秸秆戊糖制乙二醇的中试项目也进一步推进。

农业生物技术方面，有 209 个微生物肥料产品在中国农业部正式登记；通过研究水稻联会复合体的弱等位突变体，首次实现了在农作物中提高遗传重组频率的目标，提高育种效率；阐明 Pib 相关水稻品种稻瘟病抗性丧失的分子机制；发现 BG1 在单、双子叶植物生物量及作物产量改良中均具有极大的应用潜力。

环境生物技术领域，通过定向进化技术构建了更加灵敏高效的砷的细菌生物传感器；发现海洋褐藻生物的完整褐藻降解利用系统；首次利用"微生物＋膜"污水处理工艺在红河油田 301 注水站试验成功；同时，宁夏回族自治区在抗生素菌渣污泥无害化处理研究领域获得突破性进展。

（三）产业发展

在科技水平不断提高的带动下，我国生物产业规模不断壮大，商业模式创新和产品创新成果不断涌现，发展水平稳步提升，产业投资日益活跃，国际合作不断加强，一批行业龙头企业在国际市场上崭露头角，并在部分领域形成了较强的核心竞争力。

医药工业保持了较快的经济增长速度，在各工业大类中位居前列，医药终端需求稳步增长，虽然主营业务收入、利润总额的增速较上一年继续放缓，但仍显著高于工业整体水平。2015 年，药品终端市场总体规模已达 13 775 亿元，同比增长 7.6%，较 2010 年增长近 2 倍；主营业务收入 26 885.2 亿元，同比增长 9.0%，高于全国工业增速 8.2 个百分点，但较上一年降低 4.0 个百分点；实现利润总额 2768.2 亿元，同比增长 12.2%，高于全国工业增速 14.5 个百分点，但较上一年下降 0.04 个百分点；医药出口增速再现回落，2015 年实现出口交货值 1798.5 亿元，同比增长 3.6%，增速较上一年回落 3.0 个百分点，创下新低；医药产品出口额为 564 亿美元，同比增长 2.7%，增速较上一年下降 4.7 个百分点。部分领域发展势头较好，2015 年国内血液制品市场规模 165 亿元，近

5 年年均复合增长率（CAGR）为 17.8%。商业机器人市场于 2015 年达到了 59 亿美元。

农业领域，我国种子市场规模一直保持较大幅度增长，是全球第二大种子市场，2014 年，我国种子市场规模 750 亿元；2015 年，我国转基因棉花种植面积达到 5000 万亩[*]，占比在 90% 以上；当前微生物肥料企业总数在 1000 个以上，年产量 1000 万吨，年产值 200 亿元；2011—2015 年，农业部微生物肥料和食用菌菌种质量监督检验测试中心正式登记微生物肥料产品有 975 个；目前，生物饲料的市场总额每年接近 200 亿元；截至 2015 年底，我国已登记的各类农药制剂数量共计 34 315 个，涉及 661 种有效成分。

生物制造领域，我国生物发酵产业规模继续扩大，主要生物发酵产品产量 2015 年达 2426 万吨，居世界第一位，年总产值增至近 2900 亿元；我国的生物基材料产业发展迅猛，关键技术不断突破，2014 年，我国生物基材料总产量约 580 万吨；生物能源方面，中国是世界上第三大生物燃料乙醇生产国和应用国，2014 年产量约 216 万吨。

全球范围内，生命科学和生物技术受到广泛重视，主要发达国家相继部署实施了精准医学、脑科学研究等计划，推动生命科学向纵深发展；生物新技术不断涌现并迅速渗透到各个领域，融合创新进一步促进了技术成果的转移转化；生物产业发展步伐加快，催生了专业化生物服务等新业态。同时，我国生命科学领域研究水平稳步提升，生命科学基础研究不断深入；生物技术与各领域融合发展，以生物技术创新带动了生物医药、生物制造等的发展；生物技术产业实力不断增强，在支撑引领经济社会发展中的作用日益突出。

---

* 1 亩＝1/15hm²。

第二章 生命科学

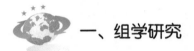 **一、组学研究**

（一）概述

自人类基因组计划完成以来，全球多个基因组科学重大研究计划相继启动并完成，基因组学相关基础研究、技术及产业快速发展，对生命科学与生物技术领域的发展产生了重要影响，基因组学已经成为 21 世纪生命科学发展的重要引擎。自 1999 年中国加入人类基因组计划至今，我国基因组学得到了快速的发展。我国相继建立了国家人类基因组南方研究中心、国家人类基因组北方研究中心和深圳华大基因研究院等国际先进的基因组学技术平台，并出色地完成了多项重大基因组科学研究项目，对我国生命科学各个领域的发展产生了重要影响。随着后基因组时代的到来，全球生命科学研究已经从以基因组学为主要研究对象，延伸向关注其他生物体特征物质的研究，发展出了多层次、多角度的组学研究，包括蛋白组学、转录组学、代谢组学、微生物组学等。近年来，我国的众多研究机构也相继建立了各类组学分析平台，并已取得丰硕的研发成果。

（二）重要进展

1. 基因组学

经过多年积累，我国在基因组研究方面奠定了良好基础。2015 年，我国在基因组测序、功能基因组研究以及利用基因组编辑技术进行基因改造等方面取得了重要进展。

（1）基因组测序

2015 年，我国科学家完成了犬弓蛔虫[52]、高山倭蛙[53]、美国棉花[54]、栽培陆地棉[55]、海带[56]、鹅[57]、小豆[58]、芝麻[59]、白纹伊蚊[60]、甲藻[61]、壁虎[62] 和菠萝[63] 等多个物种的基因组测序工作，并对自然杀伤/T 细胞淋巴瘤（NKTCL）进行了全面系统的基因组学图谱分析。此外，还建立了基于条码 DNA 的全基因组测序技术和不依赖于亚硫酸盐处理的 5- 甲酰胞嘧啶单碱基分辨率测序技术。

深圳华大基因研究院等机构的研究人员开发出一种全基因组测序方法，通过长片段阅读技术，利用 DNA 条形码，来检测潜在的致病突变[64]。研究显示，基于条码 DNA 的全基因组测序技术可以被应用于植入前遗传学诊断中去，最大化检测致病基因突变体，进而减少遗传疾病的发生率。

---

52 Zhu X Q, Korhonen P K, Cai H, et al. Genetic blueprint of the zoonotic pathogen Toxocara canis[J]. Nature communications, 2015, 6: 6145-6152.

53 Sun Y B, Xiong Z J, Xiang X Y, et al. Whole-genome sequence of the Tibetan frog Nanorana parkeri and the comparative evolution of tetrapod genomes[J]. Proceedings of the National Academy of Sciences, 2015, 112(11): E1257-E1262.

54 Zhang T, Hu Y, Jiang W, et al. Sequencing of allotetraploid cotton (Gossypium hirsutum L. acc. TM-1) provides a resource for fiber improvement[J]. Nature biotechnology, 2015, 33(5): 531-537.

55 Li F, Fan G, Lu C, et al. Genome sequence of cultivated Upland cotton (Gossypium hirsutum TM-1) provides insights into genome evolution[J]. Nature biotechnology, 2015, 33(5): 524-530.

56 Ye N, Zhang X, Miao M, et al. Saccharina genomes provide novel insight into kelp biology[J]. Nature communications, 2015, 6: 6986-6996.

57 Lu L, Chen Y, Wang Z, et al. The goose genome sequence leads to insights into the evolution of waterfowl and susceptibility to fatty liver[J]. Genome biology, 2015, 16(1): 89-99.

58 Yang K, Tian Z, Chen C, et al. Genome sequencing of adzuki bean (Vigna angularis) provides insight into high starch and low fat accumulation and domestication[J]. Proceedings of the National Academy of Sciences, 2015, 112(43): 13213-13218.

59 Wei X, Liu K, Zhang Y, et al. Genetic discovery for oil production and quality in sesame[J]. Nature communications, 2015, 6: 8609-8618.

60 Chen X G, Jiang X, Gu J, et al. Genome sequence of the Asian Tiger mosquito, Aedes albopictus, reveals insights into its biology, genetics, and evolution[J]. Proceedings of the National Academy of Sciences, 2015, 112(44): E5907-E5915.

61 Lin S, Cheng S, Song B, et al. The Symbiodinium kawagutii genome illuminates dinoflagellate gene expression and coral symbiosis[J]. Science, 2015, 350(6261): 691-694.

62 Liu Y, Zhou Q, Wang Y, et al. Gekko japonicus genome reveals evolution of adhesive toe pads and tail regeneration[J]. Nature communications, 2015, 6: 10033-10043.

63 Ming R, VanBuren R, Wai C M, et al. The pineapple genome and the evolution of CAM photosynthesis[J]. Nature genetics, 2015, 47(12): 1435-1442.

64 Peters B A, Kermani B G, Alferov O, et al. Detection and phasing of single base de novo mutations in biopsies from human in vitro fertilized embryos by advanced whole-genome sequencing[J]. Genome research, 2015, 25(3): 426-434.

上海交通大学等机构的研究人员对自然杀伤/T 细胞淋巴瘤（NKTCL）进行了基因组学、分子病理学和临床预后相关性研究[65]。研究人员发布了迄今为止 NKTCL 最全面系统的基因组学图谱，并对相关突变基因致病原理及其临床意义进行了深入系统阐述。

北京大学等机构的研究人员通过化学生物学的手段，利用一种小分子化合物对 5- 甲酰胞嘧啶（5fC）的特异性化学标记，发展了不依赖于亚硫酸盐处理的 5fC 单碱基分辨率测序技术 fC-CET，并利用这一技术成功实现了小鼠胚胎干细胞中 5fC 的图谱鉴定[66]。该技术不对基因组 DNA 造成明显降解，将适用于小量、珍贵核酸样本的分析与测序。

（2）功能基因组学研究

后基因组时代，基因组研究的重心将由测定基因的 DNA 序列、解释生命的所有遗传信息转移到在分子水平研究生物学功能、探索人类健康和疾病的奥秘。大规模的功能基因组研究计划已经成为当前的研究热点。

2015 年，我国科学家发现了多种疾病的易感基因，包括人乳头瘤病毒感染[67]、麻风病[68]、非综合征性唇裂或唇腭裂[69]、银屑病[70]、痛风性关节炎[71]、IgA 肾病[72]、

65 Jiang L, Gu Z H, Yan Z X, et al. Exome sequencing identifies somatic mutations of DDX3X in natural killer/T-cell lymphoma[J]. Nature genetics, 2015, 47(9): 1061-1066.

66 Xia B, Han D, Lu X, et al. Bisulfite-free, base-resolution analysis of 5-formylcytosine at the genome scale[J]. Nature methods, 2015, 12(11): 1047-1050.

67 Hu Z, Zhu D, Wang W, et al. Genome-wide profiling of HPV integration in cervical cancer identifies clustered genomic hot spots and a potential microhomology-mediated integration mechanism[J]. Nature genetics, 2015, 47(2): 158-163.

68 Liu H, Irwanto A, Fu X, et al. Discovery of six new susceptibility loci and analysis of pleiotropic effects in leprosy[J]. Nature genetics, 2015, 47(3): 267-271.

69 Sun Y, Huang Y, Yin A, et al. Genome-wide association study identifies a new susceptibility locus for cleft lip with or without a cleft palate[J]. Nature communications, 2015, 6: 6414-6420.

70 Buo X, Sun L, Yin X, et al. Whole-exome SNP array identifies 15 new susceptibility loci for psoriasis[J]. Nature communications, 2015, 6: 6793-6799.

71 Li C, Li Z, Liu S, et al. Genome-wide association analysis identifies three new risk loci for gout arthritis in Han Chinese[J]. Nature communications, 2015, 6: 7041-7046.

72 Li M, Foo J N, Wang J Q, et al. Identification of new susceptibility loci for IgA nephropathy in Han Chinese[J]. Nature communications, 2015, 6: 7270-7278.

散发性垂体腺瘤[73]、抑郁症[74]、先天性心脏病[75]、青少年特发性脊柱侧凸[76]和前列腺癌[77]等。这些易感基因的鉴定为相关疾病机制研究提供了遗传基础，并将有助于新的诊治和筛查方法的开发。此外，我国科学家还对猪、大豆、水稻等多个物种的关键性状进行了揭示。

江西农业大学等机构的研究人员通过全基因组测序和选择性的基因片段分析，对猪的纬度适应性机制进行了研究[78]。该研究首次强调了基因渗入在猪的不同纬度的适应性中的重要作用，为后续的研究工作，尤其是猪的进化研究以及基因渗入在适应性进化方面的作用研究提供了崭新的视角。

中国科学院植物研究所等机构的研究人员发现了赋予粳稻耐冷性的一个数量性状基因座 COLD1，证实 COLD1 过表达可显著增强水稻耐冷性，而 COLD1 缺陷或下调的水稻品系则对低温非常敏感[79]。研究发现 COLD1 编码了一个 G- 蛋白信号调控因子，定位在细胞质膜和内质网上。它与 G- 蛋白 α 亚基相互作用，激活了 Ca^{2+} 通道，由此感知低温并提高了 G- 蛋白 GTP 酶活性。该研究证实了 COLD1 在植物适应性中发挥重要的作用。

中国科学院遗传与发育生物学研究所等机构的研究人员对 302 种野生型、地方品种以及改良大豆品种进行了重测序，检测出了 230 个选择性清除和 162 个选择性拷贝数变异区域[80]。通过全基因组关联研究，研究人员揭示出了 10 个选择性区域与 9 种驯化或改良性状相关，并鉴定出与一些农艺性状包括含油

73 Ye Z, Li Z, Wang Y, et al. Common variants at 10p12. 31, 10q21. 1 and 13q12. 13 are associated with sporadic pituitary adenoma[J]. Nature genetics, 2015, 47(7): 793-797.

74 Cai N, Bigdeli T B, Kretzschmar W, et al. Sparse whole-genome sequencing identifies two loci for major depressive disorder[J]. Nature, 2015, 523: 588-591.

75 Lin Y, Guo X, Zhao B, et al. Association analysis identifies new risk loci for congenital heart disease in Chinese populations[J]. Nature communications, 2015, 6: 8082-8088.

76 Zhu Z, Tang N L S, Xu L, et al. Genome-wide association study identifies new susceptibility loci for adolescent idiopathic scoliosis in Chinese girls[J]. Nature communications, 2015, 6: 8355-8360.

77 Wang M, Takahashi A, Liu F, et al. Large-scale association analysis in Asians identifies new susceptibility loci for prostate cancer[J]. Nature communications, 2015, 6: 8469-8475.

78 Ai H, Fang X, Yang B, et al. Adaptation and possible ancient interspecies introgression in pigs identified by whole-genome sequencing[J]. Nature genetics, 2015, 47(3): 217-225.

79 Ma Y, Dai X, Xu Y, et al. COLD1 confers chilling tolerance in rice[J]. Cell, 2015, 160(6): 1209-1221.

80 Zhou Z, Jiang Y, Wang Z, et al. Resequencing 302 wild and cultivated accessions identifies genes related to domestication and improvement in soybean[J]. Nature biotechnology, 2015, 33(4): 408-414.

量、株高和茸毛生成相关的 13 个从前未知的新位点。该研究为推动未来的大豆品种培育提供了宝贵的遗传资源。

深圳华大基因研究院等机构的研究人员揭示了蜂类群居生活的遗传学特征。他们通过分析 10 种蜜蜂的基因组序列，包括 3 种独居蜜蜂和 7 种群居蜜蜂，发现与独居蜜蜂相比，真社会性蜜蜂的转座元件减少，蛋白演化受到更大的约束[81]。该研究从分子水平上阐明了蜂类社会性组织形态的演化过程及分子机制。

中国科学院动物研究所等机构的研究人员将大熊猫的基因组与其他哺乳动物的基因组进行比对，发现了大熊猫特有的 DUOX2 基因突变，证实这一突变与甲状腺功能低下有关[82]。该研究为更好地了解大熊猫体内代谢机制以及濒危动物保护提供了新的资料。

福建省农业科学院等机构的研究人员开发了一种新型转基因水稻，将编码转录因子的一个大麦基因 SUSIBA2 插入水稻中，不仅提高了产量和水稻种子的淀粉含量，而且其甲烷释放量只是传统水稻的 0.3%~10%[83]。这种转基因水稻对于缓解全球变暖问题具有重要意义，并且有助于解决随着人口增加而日益严重的粮食问题。

中国科学院上海生命科学研究院植物生理生态研究所等机构的研究人员成功克隆了作物中首个抗高温的数量性状位点非洲稻高温抗性基因 1（OgTT1），并深入研究了其分子机理、在水稻演化史以及抗高温育种中的作用[84]。该研究揭示了植物细胞响应高温的新机制。OgTT1 可以通过基于常规杂交的分子标记育种方法直接应用于水稻抗高温育种中，为作物改良提供了宝贵的基因资源。

中国科学院遗传与发育生物学研究所等机构的研究人员证实水稻硝酸盐转运蛋白基因 NRT1.1B 变异导致了水稻亚种之间硝酸盐利用的差异。籼稻 NRT1.1B 变异与增强硝酸盐吸收和从根系向地上部分的运输，以及硝酸盐反应

81 Kapheim K M, Pan H, Li C, et al. Genomic signatures of evolutionary transitions from solitary to group living[J]. Science, 2015, 348(6239): 1139-1143.

82 Nie Y, Speakman J R, Wu Q, et al. Exceptionally low daily energy expenditure in the bamboo-eating giant panda[J]. Science, 2015, 349(6244): 171-174.

83 Su J, Hu C, Yan X, et al. Expression of barley SUSIBA2 transcription factor yields high-starch low-methane rice[J]. Nature, 2015, 523(7562): 602-606.

84 Li X M, Chao D Y, Wu Y, et al. Natural alleles of a proteasome [alpha] 2 subunit gene contribute to thermotolerance and adaptation of African rice[J]. Nature genetics, 2015, 47(7): 827-833.

基因表达上调有关联。携带籼稻 *NRT1.1B* 等位基因的粳稻品种相比没有携带这一等位基因的粳稻品种产量及氮利用效率显著增高[85]。该研究对培育高产水稻栽培品种具有指导意义。

青岛农业大学等机构的研究人员鉴别出了一个控制大豆种皮是硬实或是具有透性的基因。研究人员发现 *GmHs1-1* 基因中的一对核苷酸的突变，导致了种皮具有透性，并且 *GmHs1-1* 还与大豆的钙含量有关联[86]。该研究为改善大豆种皮透性和提高豆制品的营养提供了一个遗传靶点。

中国科学院遗传与发育生物学研究所等机构的研究人员确定了一个与米粒长度和外观质量有关的基因，并证实可以利用它来培育出产量不受影响或受很少影响的新水稻品系[87]。研究发现，*GW7* 可通过促进纵向细胞分裂超过横向细胞分裂，来诱导稻米形状发生根本改变，进而产生细长的米粒，并降低米粒垩白度改善外观。该研究可用于改善大多数中国稻米的外观和口感。

中国科学院上海生命科学研究院植物生理生态研究所等机构的研究人员发现在拟南芥、水稻和番茄中过表达拟南芥类受体激酶 ERECTA 可增强这些作物耐热性。此外，过表达 ERECTA 的转基因拟南芥、番茄和水稻的生物量均增加[88]。该研究有望促成工程改造或培育出耐高温胁迫的作物品种。

北京大学等机构的研究人员在国际上首次建立了一种"试管婴儿"植入前胚胎遗传学诊断新技术 MARSALA，可在早期胚胎阶段同时对单基因遗传疾病和染色体疾病进行精确诊断，提高了遗传缺陷诊断的效率和精确性，并降低了检测过程中的风险[89]。

85 Hu B, Wang W, Ou S, et al. Variation in NRT1. 1B contributes to nitrate-use divergence between rice subspecies[J]. Nature genetics, 2015, 47(7): 834-838.

86 Sun L, Miao Z, Cai C, et al. GmHs1-1, encoding a calcineurin-like protein, controls hard-seededness in soybean[J]. Nature genetics, 2015, 47(8): 939-943.

87 Wang S, Li S, Liu Q, et al. The OsSPL16-GW7 regulatory module determines grain shape and simultaneously improves rice yield and grain quality[J]. Nature genetics, 2015, 47(8): 949-954.

88 Shen H, Zhong X, Zhao F, et al. Overexpression of receptor-like kinase ERECTA improves thermotolerance in rice and tomato[J]. Nature biotechnology, 2015, 33(9): 996-1003.

89 Yan L, Huang L, Xu L, et al. Live births after simultaneous avoidance of monogenic diseases and chromosome abnormality by next-generation sequencing with linkage analyses[J]. Proceedings of the National Academy of Sciences, 2015, 112(52): 15964-15969.

深圳华大基因研究院等机构的研究人员的研究显示，流苏鹬的复杂交配策略取决于一段被称为超级基因的 DNA。此长达 4.5Mb 的超级基因包含 125 个基因，控制着流苏鹬的特殊交配行为[90]。该研究揭示了一个复杂表型差异的遗传学基础。

华南农业大学等机构的研究人员发现了一个新的基因 *MCR-1*，可使细菌对多黏菌素产生高度耐药性。虽然目前仅限于在中国肠杆菌科细菌中发现，但是 *MCR-1* 可能仿效其他耐药基因（如 *NDM-1*），并在世界范围内传播[91]。该研究首次发现了质粒介导的 *MCR-1* 多黏菌素抗性机理，并要求相关机构对于多黏菌素在动物中的使用尽快进行重新评估。

（3）基因组编辑

以 CRISPR 为代表的基因组编辑技术是 2015 年最受关注的生物技术之一。2015 年，CRISPR 基因组编辑技术位居 *Science* 十大科学突破之首，这也是继 2013 年 CRISPR 技术荣登 *Science* 十大科学突破榜单后的第二次上榜。2015 年，我国在基因组编辑方面研究取得如下主要成果。

北京大学等机构的研究人员在线虫和斑马鱼中应用 CRISPRi 和 CRISPR-on 工具，证实其开发的 dCas9 融合系统可通过靶向特异性的 gRNAs（ts-gRNAs），在内源表达位点上或附近改变基因表达[92]。该研究首次将 dCas9 融合系统用于多细胞生物，实现对靶基因表达的原位调控。

中国科学院上海生命科学研究院神经科学研究所等机构的研究人员利用同源重组（HR）来设计供体，利用非 HR 实现供体整合，开发出了一种新型的 CRISPR/Cas9 介导的内含子靶向基因敲入策略，可在不破坏内源靶基因的情况下有效构建出基因敲入斑马鱼[93]。高效、迅捷且能够维持靶基因的完整性的特征，使得该研究策略成为了一种适用于斑马鱼甚至其他生物体的基因敲入方法。

90 Lamichhaney S, Fan G, Widemo F, et al. Structural genomic changes underlie alternative reproductive strategies in the ruff (Philomachus pugnax)[J]. Nature genetics, 2016, 48(1): 84-88.

91 Liu Y Y, Wang Y, Walsh T R, et al. Emergence of plasmid-mediated colistin resistance mechanism MCR-1 in animals and human beings in China: a microbiological and molecular biological study[J]. The Lancet Infectious Diseases, 2016, 16(2): 161-168.

92 Long L, Guo H, Yao D, et al. Regulation of transcriptionally active genes via the catalytically inactive Cas9 in C. elegans and D. rerio[J]. Cell research, 2015, 25(5): 638-641.

93 Li J, Zhang B, Ren Y, et al. Intron targeting-mediated and endogenous gene integrity-maintaining knockin in zebrafish using the CRISPR/Cas9 system[J]. Cell research, 2015, 25(5): 634 -637.

上海同济大学等机构的研究人员开发了一种荧光报告系统，可快速量化 CRISPR/Cas9 介导的缺失和插入 [94]。该研究为揭示染色体重排机制提供了系统支持，强调了基因组编辑作为研究染色体重排机制一种潜在工具的重要性。

清华大学等机构的研究人员借助 CRISPR/Cas9 技术开展研究，证实了在胚胎干细胞（ESC）分化过程中长链非编码 RNA（lncRNA）转录物 *Haunt* 和它的基因组位点在调控 *HOXA* 基因簇中发挥了独立且相反的作用 [95]。该研究建立了一个 lncRNA 介导对 *HOXA* 基因簇转录调控的多面模型，并显示了快速的 CRISPR/Cas9 基因组编辑在解析 lncRNA 功能方面具有的强大能力。

南京大学等机构的研究人员考察了 Cas9 基因改良小鼠的脱靶突变情况，利用全基因组测序更全面地评估了注入 Cas9 与 Cas9 切口酶诱导的损害 [96]。他们运用两种标准的计算方法确定了小的插入和缺失，提出这些突变是自发产生，而非 Cas9 不受约束的核酸酶活性所导致。

中国农业大学等机构的研究人员使用卵细胞特异性基因的启动子，来驱动 Cas9 在拟南芥中的表达，研究表明 CRISPR/Cas9 的特异性表达，可有效地使 T1 代拟南芥产生多个靶基因的纯合子或双等位基因突变体 [97]。该研究策略提供了一种更快、更具成本效益的方法来制备新的拟南芥突变群体和多基因突变体。

上海交通大学等机构的研究人员结合 CRISPR/Cas9 的基因组 DNA 片段编辑技术及染色体构象捕获实验，利用原钙黏蛋白（Pcdh）和 β- 球蛋白（β-globin）作为模式基因，证实 CTCF 结合位点（CBSs）的定位和相对定向决定了哺乳动物基因组中远程染色质成环的特异性 [98]。该研究揭示出了线性基因组序列编码出三维染色质结构的一个新机制。

---

94 Li Y, Park A, Mou H, et al. A versatile reporter system for CRISPR-mediated chromosomal rearrangements[J]. Genome Biol, 2015, 16(1): 111-121.

95 Yin Y, Yan P, Lu J, et al. Opposing roles for the lncRNA haunt and its genomic locus in regulating HOXA gene activation during embryonic stem cell differentiation[J]. Cell Stem Cell, 2015, 16(5): 504-516.

96 Iyer V, Shen B, Zhang W, et al. Off-target mutations are rare in Cas9-modified mice[J]. Nature methods, 2015, 12(6): 479-479.

97 Wang Z P, Xing H L, Dong L, et al. Egg cell-specific promoter-controlled CRISPR/Cas9 efficiently generates homozygous mutants for multiple target genes in Arabidopsis in a single generation[J]. Genome biology, 2015, 16(1): 1-12.

98 Guo Y, Xu Q, Canzio D, et al. CRISPR inversion of CTCF sites alters genome topology and enhancer/promoter function[J]. Cell, 2015, 162(4): 900-910.

2. 转录组学

转录组学是从 RNA 水平研究基因表达的情况，是研究细胞表型和功能的一个重要手段。生物在遭受某种刺激或病变时往往伴随着基因表达水平的变化，对基因表达量及其变化情况的研究为寻找病因、发掘相应的药物提供直接证据。2015 年，我国在转录组学取得如下主要成果。

北京生命科学研究所等机构的研究人员绘制了野生型线虫和三个 RNA 腺苷酸脱胺酶（ADAR）突变体不同发育阶段的 RNA 编辑图谱[99]。该研究揭示了线虫复杂的 RNA 编辑图谱，及不同 ADARs 的独特作用方式。

中山大学等机构的研究人员发现 lncRNA 中能与重要的炎性转录因子 NF-kappa B 相作用的 NKILA，证实了 lncRNAs 可以与一些信号蛋白的功能结构域直接发生互作，NKILA 作为一类 NF-kappa B 调控因子抑制了乳腺癌的转移[100]。该研究为肿瘤防治和治疗提供了新的思路。

北京大学等机构的研究人员利用拟南芥模式植物，发现了转录后基因沉默（PTGS）在有效沉默病毒基因组表达的同时，避免靶向内源性编码转录物的机制，证实在拟南芥中 5′-3′ 和 3′-5′ 细胞质 RNA 衰减信号通路阻抑了转基因和内源性 PTGS[101]。该研究表明细胞质 RNA 衰减信号通路是植物转录组及发育的安全护卫。

北京大学等机构的研究人员首次绘制出了人类原生殖细胞（PGCs）的转录组及 DNA 甲基化组图谱。在单细胞及单碱基分辨率水平分析了从迁移阶段到性腺发育阶段人类 PGCs 的转录组，发现人类 PGCs 显示独特的转录模式，其同时表达多能性基因和生殖细胞特异性基因，且其中一部分基因显示发育阶段特

---

99 Zhao H Q, Zhang P, Gao H, et al. Profiling the RNA editomes of wild-type C. elegans and ADAR mutants[J]. Genome research, 2015, 25(1): 66-75.

100 Liu B, Sun L, Liu Q, et al. A cytoplasmic NF-κB interacting long noncoding RNA blocks IκB phosphorylation and suppresses breast cancer metastasis[J]. Cancer cell, 2015, 27(3): 370-381.

101 Zhang X, Zhu Y, Liu X, et al. Suppression of endogenous gene silencing by bidirectional cytoplasmic RNA decay in Arabidopsis[J]. Science, 2015, 348(6230): 120-123.

异性特征[102]。该研究为破解生殖细胞恢复为受精卵的全能性而进行的复杂表观遗传重编程铺平了道路。

北京大学等机构的研究人员对来自小鼠肠类器官的成百个细胞进行了转录组测序，并开发了一种在复杂的群体中鉴别出罕见细胞类型的计算方法[103]。基于开发的方法，他们证实了 *Reg4* 基因是肠内分泌细胞的一个新标记物。该研究表明单细胞 mRNA 测序和算法的结合有望成为阐明健康和病变器官中罕见细胞类型异质性的强大工具。

3. 蛋白质组学

蛋白质组学是指在大规模水平上研究蛋白质的特征，包括蛋白质的表达水平、翻译后的修饰、蛋白与蛋白相互作用等。研究蛋白质组学是对基因组表达水平的补充，对于理解蛋白质水平的疾病发生和细胞代谢等过程的相关机制具有重要意义。2015 年，我国在蛋白质组学取得如下主要成果。

北京师范大学等机构的研究人员开发了一个高通量的质谱方法 pLink-SS，以质谱（MS）为基础建立了一个在单个或复杂蛋白质样本中获得二硫键图谱的新方法，包括自动化数据分析和错误发现率控制[104]。该方法的建立为高通量精确分析二硫键结构提供了手段，同时也为进一步了解二硫键的功能提供了思路。

北京师范大学等机构的研究人员在未破坏结构完整性的情况下绘制出了活细胞中完整内质网 - 质膜（ER-PM）交接处的蛋白质组图谱，发现一种定位在内质网的多次跨膜蛋白 STIMATE 是脊椎动物 Ca^{2+} 内流的一个正调控因子[105]。该研究将进一步推动开展遗传研究来阐明 STIMATE 在正常生理和疾病中所起的作用，并为揭示 ER-PM 交接处更多未知的功能奠定了基础。

---

102 Guo F, Yan L, Guo H, et al. The transcriptome and DNA methylome landscapes of human primordial germ cells[J]. Cell, 2015, 161(6): 1437-1452.

103 Wen L, Tang F. Computational biology: How to catch rare cell types[J]. Nature, 2015, 525(7568): 197-198.

104 Hu Y, Chen Z, Fu Y, et al. The amino-terminal structure of human fragile X mental retardation protein obtained using precipitant-immobilized imprinted polymers[J]. Nature communications, 2015, 6: 6634-6644.

105 Jing J, He L, Sun A, et al. Proteomic mapping of ER-PM junctions identifies STIMATE as a regulator of Ca^{2+} influx[J]. Nature cell biology, 2015, 17(10): 1339-1347.

北京大学等机构的研究人员发现了 EIN2 蛋白控制乙烯信号传导的一种新机制：EIN2 抑制了 EBF1 和 EBF2 mRNA 的翻译[106]。该研究阐明了 EIN2 蛋白在细胞质中的新功能，揭示出在植物中 mRNA 3′ UTR 充当"信号传导子"，感知并传送细胞信号的重要机制，对植物学的研究具有重要的启发意义。

复旦大学等机构的研究人员首次报道了 TET 蛋白对三种 DNA 甲基化衍生物不同催化活性的分子机制，为基因组中 5- 羟甲基胞嘧啶相对稳定存在提供了分子水平的解释[107]。该研究成果揭示了 TET 蛋白底物偏好性机制，对研究多种疾病的发病机制，尤其对血液肿瘤治疗性药物开发有重大意义。

厦门大学等机构的研究人员开发出了一种叫做 Group-DIA 的非靶向分析方法，可同时分析多个 DIA 数据文件，高效处理由蛋白质定量技术 SWATH-MS 获得的数据[108]。该研究推动了 SWATH-MS 在生物学研究中的应用，为寻找信号通路中的关键节点蛋白提供了很好的途径。

苏州大学等机构的研究人员发现了内质网相关蛋白降解（ERAD）的新机制，证实内质网蛋白 IRE1α 是 Sel1L-Hrd1 ERAD 复合物的一种真正的底物，Sel1L-Hrd1 ERAD 通过控制 IRE1α 蛋白质周转发挥独特的重要功能，抑制了 IRE1α 信号[109]。该研究对于进一步理解与内质网相关蛋白降解有关的疾病机理具有重要意义。

北京大学等机构的研究人员发现了一个含铁、硫元素的磁感应蛋白 MagR。MagR 通过线性多聚化组装，形成具南北极的棒状磁性传感器，并进一步与光感蛋白 Cry 缠绕结合，成为具辨识方向作用的"生物指南针"结构 Cry/MagR，实现"光磁耦合"[110]。该研究迈出揭开生物体磁感应分子基础的重要一步，为

106 Li W, Ma M, Feng Y, et al. EIN2-directed translational regulation of ethylene signaling in Arabidopsis[J]. Cell, 2015, 163(3): 670-683.

107 Hu L, Lu J, Cheng J, et al. Structural insight into substrate preference for TET-mediated oxidation[J]. Nature, 2015, 527(7576): 118-122.

108 Li Y, Zhong C Q, Xu X, et al. Group-DIA: analyzing multiple data-independent acquisition mass spectrometry data files[J]. Nature methods, 2015, 12(12): 1105-1106.

109 Sun S, Shi G, Sha H, et al. IRE1 [alpha] is an endogenous substrate of endoplasmic-reticulum-associated degradation[J]. Nature cell biology, 2015, 17(12): 1546-1555.

110 Qin S, Yin H, Yang C, et al. A magnetic protein biocompass[J]. Nature materials, 2016, 15(2): 217-226.

"磁遗传学"发展提供科学依据。

4. 代谢组学

代谢组学是继基因组学和蛋白质组学之后发展起来的一门学科，是系统生物学的重要组成部分。研究代谢组学对于疾病诊断、药物开发和化合物生物合成途径揭示都具有重要指导作用。2015 年，我国在代谢组学取得如下主要成果。

中山大学等机构的研究人员提供了一种杀死多药耐药细菌的方法，揭示外源性葡萄糖或丙氨酸可通过激活底物来促进三羧酸循环（TCA），转而提高 NADH 生成和质子驱动力，促进抗生素摄入，进而恢复多药耐药细菌对抗生素杀伤的敏感性[111]。该研究提供了一种基于功能代谢组研究的对抗生素耐药菌感染的治疗策略。

中国科学院上海有机化学研究所等机构的研究人员发现两种细菌硫醇放线硫醇 MSH 和麦角硫因 EGT 相互配合在林可霉素的生物合成中发挥了作用。EGT 作为载体介导了八碳糖单元的活化、转移和修饰；而 MSH 则在与 EGT 发生硫醇交换后作为供体为林可霉素的成熟提供了硫元素[112]。该研究为阐明 MSH 和 EGT 依赖性蛋白质的生物化学机制，以及探索硫醇的新特征迈出了关键一步。

浙江大学等机构的研究人员绘制了两个同源性很高的胰岛素受体（受体 1 和受体 2）调控飞虱翅型分化的信号通路模型[113]。他们发现当受体 2 的含量低时，胰岛素信号转导通路就会开启，飞虱就能生成长翅型；而当受体 2 的含量高时，转导信号就会关闭，飞虱就能生成短翅型。该研究在进化发育生物学和昆虫翅型可塑性发育上具有重要意义。

武汉大学等机构的研究人员发现了细胞内胆固醇通过溶酶体与过氧化物酶体的膜接触而进行转运的细胞分子机制，证实破坏关键的过氧化物酶体基因可

111 Peng B, Su Y, Li H, et al. Exogenous alanine and/or glucose plus kanamycin kills antibiotic-resistant bacteria[J]. Cell metabolism, 2015, 21(2): 249-261.

112 Zhao Q, Wang M, Xu D, et al. Metabolic coupling of two small-molecule thiols programs the biosynthesis of lincomycin A[J]. Nature, 2015, 518(7537): 115-119.

113 Xu H J, Xue J, Lu B, et al. Two insulin receptors determine alternative wing morphs in planthoppers[J]. Nature, 2015, 519(7544): 464-467.

导致胆固醇在溶酶体中累积[114]。该研究对于开发治疗由异常胆固醇积累导致的疾病疗法有重要指导意义。

西安交通大学等机构的研究人员发现尼古丁选择性地激活了脂肪细胞中的蛋白激酶 AMPKα2，提高脂肪分解引起体重下降，但同时也提高了循环游离脂肪酸的水平，引起胰岛素敏感组织中胰岛素抵抗[115]。该研究确立了 AMPKα2 在尼古丁降低体重中发挥作用的同时，也是介导全身胰岛素抵抗的一个重要介质。

华东理工大学等机构的研究人员开发出了一种遗传编码荧光探针 SoNar，其具有高亮度、高灵敏度和耐 pH 等特点，可用于在活细胞及体内追踪细胞溶质 NAD$^+$ 和 NADH 的氧化还原状态，并可实时监测各种能量代谢信号通路的微细变化，适用于靶向肿瘤代谢的药物高通量筛查[116]。该研究开发的探针技术有助于开发新的肿瘤代谢治疗药物。

中国科学院动物研究所等机构的研究人员发现在果蝇的早期胚胎尤其是卵巢中一些转座子及其附近有高水平的 DNA N-6- 甲基腺嘌呤（6mA）[117]。该研究首次证明了果蝇基因组中存在 6mA 修饰，并且证明该修饰在胚胎发育的早期阶段受到去甲基化酶 DMAD 的精确调控。

上海交通大学等机构的研究人员在复发性儿童急性淋巴细胞白血病（ALL）中发现了负反馈 - 缺陷性 PRPS1 突变，证实其驱动对 6- 巯基嘌呤（6MP）耐药，揭示出了与降低 6MP 对嘌呤核苷酸从头合成的反馈抑制，及竞争性抑制 6MP 激活相关的一种新化学耐药机制[118]。该研究证实了组成性激活嘌呤核苷酸从头合成在 6MP 耐药中的重要作用，从而为复发及 6MP 耐药的儿童急性淋巴细胞白血病提供了治疗新策略。

114 Chu B B, Liao Y C, Qi W, et al. Cholesterol transport through lysosome-peroxisome membrane contacts[J]. Cell, 2015, 161(2): 291-306.

115 Wu Y, Song P, Zhang W, et al. Activation of AMPK [alpha] 2 in adipocytes is essential for nicotine-induced insulin resistance in vivo[J]. Nature medicine, 2015, 21(4): 373-382.

116 Zhao Y, Hu Q, Cheng F, et al. SoNar, a highly responsive NAD$^+$/NADH sensor, allows high-throughput metabolic screening of anti-tumor agents[J]. Cell metabolism, 2015, 21(5): 777-789.

117 Zhang G, Huang H, Liu D, et al. N 6-methyladenine DNA modification in Drosophila[J]. Cell, 2015, 161(4): 893-906.

118 Li B, Li H, Bai Y, et al. Negative feedback-defective PRPS1 mutants drive thiopurine resistance in relapsed childhood ALL[J]. Nature medicine, 2015, 21(6): 563-571.

四川大学等机构的研究人员证实采用羊毛甾醇而非胆固醇可以显著减少体外及细胞转染实验中预处理蛋白质发生积聚。在体外实验中羊毛甾醇处理可以降低解剖兔白内障晶状体白内障严重程度，提高透明度，并在体内试验中减轻犬白内障严重程度[119]。该研究确定了羊毛甾醇是防止晶状体蛋白质聚集的一个关键分子，由此为预防和治疗白内障指出了一个潜在的新策略。

清华大学等机构的研究人员在小鼠中证实 cAMP 反应元件结合蛋白（CREB）转录共激活因子 2（CRTC2），可作为 mTOR7 信号传导中介物，用以调控 COP II 依赖性固醇调节元件结合蛋白 1（SREBP1）的加工，进而控制肝脏脂质代谢[120]。该研究揭示 CRTC2 介导的信号通路在调控肝脏脂代谢中的重要作用，揭示了代谢性疾病中肝脏脂代谢紊乱的重要分子机制。

香港大学等机构的研究人员证实脂联素能够促进 M2 巨噬细胞的增殖，增强低温诱导的皮下脂肪组织棕色化。研究人员发现慢性冷刺激会影响皮下的白色脂肪组织，显著提升脂肪细胞中的脂联素生产。脂联素结合到 M2 巨噬细胞的表面，通过激活 Akt 信号通路，促进细胞增殖，最终激活米色脂肪细胞[121]。该研究对今后利用这一机制帮助肥胖症患者减重提供了思路。

苏州大学等机构的研究人员阐明了 PCSK6 蛋白酶调节心脏功能和血压的机制。他们发现 PCSK6 裂解并激活了丝氨酸蛋白酶 corin，对维持钠离子稳态和正常血压起着重要的作用[122]。该研究对于治疗高血压等相关慢性疾病具有重要指导意义。

北京大学等机构的研究人员发现酵母会将特定频率的压力模式（盐浓度振荡）视为大规模持续性的压力增长，结果做出过度保护性应答反应导致自身死亡[123]。该研究为人们提供了对单细胞感知能力全新的认识，揭示了细胞错觉的巨

119 Zhao L, Chen X J, Zhu J, et al. Lanosterol reverses protein aggregation in cataracts[J]. Nature, 2015, 523(7562): 607-611.

120 Han J, Li E, Chen L, et al. The CREB coactivator CRTC2 controls hepatic lipid metabolism by regulating SREBP1[J]. Nature, 2015, 524(7564): 243-246.

121 Hui X, Gu P, Zhang J, et al. Adiponectin enhances cold-induced browning of subcutaneous adipose tissue via promoting M2 macrophage proliferation[J]. Cell metabolism, 2015, 22(2): 279-290.

122 Chen S, Cao P, Dong N, et al. PCSK6-mediated corin activation is essential for normal blood pressure[J]. Nature medicine, 2015, 21(9): 1048-1053.

123 Mitchell A, Wei P, Lim W A. Oscillatory stress stimulation uncovers an Achilles' heel of the yeast MAPK signaling network[J]. Science, 2015, 350(6266): 1379-1383.

大威力，有助于开发新疗法，对抗包括癌症在内的多种疾病。

浙江大学等机构的研究人员首次发现肿瘤细胞在细胞分裂的多个阶段存在DNA复制行为，并指出这是肿瘤细胞维持基因组稳定性的关键[124]。该研究为将来的肿瘤靶向治疗提供了一个新的潜在治疗靶点。

5. 微生物组

微生物在健康、环境、农业和工业等领域的应用潜力巨大。鉴于微生物的重要性，全球多个国家正在酝酿微生物组计划。2015年10月，美国科学家在 *Science* 上发文倡议美国开展联合微生物组计划（Unified Microbiome Initiative，UMI）[125]。与此同时，德国、美国和我国科学家在 *Nature* 上发文呼吁建立国际微生物组研究计划[126]。2015年我国在微生物组取得如下主要成果。

深圳华大基因研究院等机构的研究人员运用宏基因组关联分析技术（MGWAS），从物种、功能及生态群落方面展示了肠道微生物与结直肠腺瘤及结直肠癌的关联特征[127]。该研究是首次对结直肠腺瘤和结直肠癌肠道微生物进行研究，对相关疾病的早期诊断及治疗具有重要意义。

深圳华大基因研究院等机构的研究人员考察了婴儿肠道微生物菌群的变化。他们收集了98名母亲及其新生儿的粪便样本，然后在这些婴儿4个月和12个月的时候再次收集粪便样本，发现正常婴儿的微生物组会随着饮食改变而逐步成熟，直到婴儿断乳之后，固体食物才会显著促进微生物组的多糖降解能力。研究人员正在继续跟踪这些儿童的成长，观察微生物组的改变是否与疾病有关[128]。

江南大学等机构的研究人员将来自健康小鼠的部分肠道细菌转移到糖尿病

124 Minocherhomji S, Ying S, Bjerregaard V A, et al. Replication stress activates DNA repair synthesis in mitosis[J]. Nature, 2015, 528(7581): 286-290.

125 Alivisatos A P, Blaser M J, Brodie E L, et al. A unified initiative to harness Earth's microbiomes[J]. Science, 2015, 350(6260): 507-508.

126 Dubilier N, McFall-Ngai M, Zhao L. Create a global microbiome effort[J]. Nature, 2015, 526(7575): 631-634.

127 Feng Q, Liang S, Jia H, et al. Gut microbiome development along the colorectal adenoma-carcinoma sequence[J]. Nature communications, 2015, 6: 6528-6540.

128 Bäckhed F, Roswall J, Peng Y, et al. Dynamics and stabilization of the human gut microbiome during the first year of life[J]. Cell host & microbe, 2015, 17(5): 690-703.

小鼠体内，重建了正常的抗菌肽水平，降低了糖尿病发生率[129]。该成果揭示了在自身免疫性疾病中，尤其是在控制自身免疫糖尿病形成上，微生物菌群发挥了作用，这为开发出新疗法来对抗自身免疫糖尿病铺平了道路。

深圳华大基因研究院等机构的研究人员揭示口腔和肠道微生物菌群异常是类风湿关节炎（RA）病理的重要信号[130]。该研究是国际上首次同时进行口腔和肠道微生物菌群宏基因组关联分析，并揭示了其在人类重大慢性非感染性疾病中的机制和临床意义。

中国科学院青岛生物能源与过程研究所等机构的研究人员发现微生物菌群的改变出现于龋齿发生之前，当每颗牙齿在专业牙医看来健康之时，通过微生物菌群可以预测龋齿发病[131]。该研究提出了在疾病临床症状出现之前利用口腔微生物菌群预测龋齿发病的设想。

深圳华大基因研究院等机构的研究人员构建了世界首个较为完整的小鼠肠道微生物基因集[132]。这不仅为肠道宏基因组学研究提供了有价值的数据集，同时也为以小鼠模型为基础的人类疾病模型研究提供了有益的参考。

（三）前景与展望

基因组、转录组、蛋白质组、代谢组、微生物组等多组学研究使生命的发生发展过程得以更清晰地呈现，并由此产生了史无前例的庞大数据。组学研究的高速发展极大地推动了生命科学研究模式由"假设驱动型"转变为对大规模数据进行分析的"数据驱动型"。生命体是一个复杂的调控系统，其发生与发展涉及基因变异、表观遗传改变、基因表达异常以及信号通路紊乱等诸多层次的复杂调控机制，利用单一组学数据分析生命过程的局限性愈发显著。不同组学之间的交叉

129 Sun J, Furio L, Mecheri R, et al. Pancreatic β-cells limit autoimmune diabetes via an immunoregulatory antimicrobial peptide expressed under the influence of the gut microbiota[J]. Immunity, 2015, 43(2): 304-317.

130 Zhang X, Zhang D, Jia H, et al. The oral and gut microbiomes are perturbed in rheumatoid arthritis and partly normalized after treatment[J]. Nature medicine, 2015, 21(8): 895-905.

131 Teng F, Yang F, Huang S, et al. Prediction of early childhood caries via spatial-temporal variations of oral microbiota[J]. Cell host & microbe, 2015, 18(3): 296-306.

132 Xiao L, Feng Q, Liang S, et al. A catalog of the mouse gut metagenome[J]. Nature Biotechnology, 2015, 33(10): 1103-1108.

使用和数据关联、组学技术和传统的分子生物学手段有机结合都将是未来生命科学研究的主要趋势[133]。

 二、脑科学与神经科学

（一）概述

大脑是宇宙中最复杂的系统之一。脑科学研究的进步不仅有助于人类理解自然和认识自我，而且对有效增进精神心理卫生和防治神经系统疾病、发展脑式信息处理和智能系统都十分重要，脑科学引导的技术进步对人类健康、社会、国家安全等多个领域具有深远影响和重大意义。近年来，计算生物学、系统生物学等学科的兴起和快速发展，以及影像技术和人工智能技术的进步，为脑科学研究提供了新的研究思路和方法，在多个领域形成新的交叉热点，并不断取得重大突破，脑科学和类脑人工智能正迎来新一轮研究热潮。

（二）重要进展

北京大学 -IDG 麦戈文脑科学研究所研究团队提出非条件性刺激唤起 - 消退这一全新的心理学范式，能够广泛、彻底地抹除药物成瘾等病理性情绪记忆[134]。这一研究成果有可能用于有效地消除病理性记忆的维持和再现，为创伤后应激障碍、药物成瘾等精神疾病的临床治疗提供新的思路。

复旦大学脑科学研究院研究团队发现，一种记忆形成后，通过回忆可激活脑内的 β 抑制因子的神经信号通路，使记忆得以"再巩固"[135]，而不是像以往经典理论所认为的是激活 G 蛋白通路后导致记忆"再巩固"。该发现有助于阐明记忆长期存储的分子机制，并对靶向药物研发有重要意义。

---

133 贺福初 . 大发现时代的"生命组学"（代序)[J]. 中国科学：生命科学（中文版），2013, 43(1): 1-15.

134 Luo Y X, Xue Y X, Liu J F, et al.A novel UCS memory retrieval-extinction procedure to inhibit relapse to drug seeking.Nature Communications, 2015, doi:10.1038/ncomms8675.

135 Liu X, Ma L, Li H H, et al.β-Arrestin-biased signaling mediates memory reconsolidation.PNAS, 2015, 112(14): 4483-4488.

中国科学院神经科学研究所研究团队通过高覆盖的单细胞测序和以神经元大小为参考的层次聚类，对小鼠背根神经节初级感觉神经元进行分类。同时，通过全细胞膜片钳在体记录结合单细胞 PCR 方法，检测各类初级感觉神经元对外周皮肤刺激的反应。该工作首次通过高覆盖的单细胞测序对初级感觉神经元进行了重新分类，并且建立了基因表达与在体功能的相互关系[136]。

中国科学院神经科学研究所研究团队研究发现，相邻树突棘之间对 cadherin/catenin 复合物的竞争决定了它们在树突棘修剪过程中的不同命运，从而揭示发育过程中神经环路精确化的新机制[137]。该研究阐明介导树突棘修剪的分子机制，对解析孤独症、精神分裂症等发育性神经系统疾病致病机理有重要的理论与临床意义。

首都医科大学、同济大学研究团队合作，首次证明"应用生物活性材料激活内源性干细胞修复脊髓损伤"的效果，同时探讨了内源性干细胞/祖细胞激活的机理和脊髓损伤修复可能的机制[138, 139]。这项研究成果避免了免疫排斥并降低了发生肿瘤的风险，这将是修复组织器官的理想方法。

清华大学 -IDG/ 麦戈文脑研究院研究团队首次报道哺乳动物机械力敏感 Piezel 离子通道的冷冻电镜结构，为理解其离子流通、机械力感受及门控机制提供了重要线索[140]。Piezo1 结构的解析为深入理解 Piezo 家族蛋白在这些疾病中的作用以及生物体感知外界信号的分子基础奠定了良好的基础。

中国科学院心理研究所研究团队研发成功"人脑连接组计算系统"（CCS）[141]。CCS 的测试版本主要用于处理宏观尺度上的人脑多模态磁共振影像数据。通过将矩阵论中"稀疏矩阵分块计算算法"和"现代脑科学中人脑连接组

136 Li C L, Li K C, Wu D, et al.Somatosensory neuron types identified by high-coverage single-cell RNA-sequencing and functional heterogeneity.Cell Research, 2016, 26:83-102.

137 Bian W J, Miao W Y, He S J, et al. Coordinated Spine Pruning and Maturation Mediated by Inter-Spine Competition for Cadherin/Catenin Complexes. Cell, 2015, 162(4):808-822.

138 Yang Z, Zhang A, Duan H, et al.NT3-chitosan elicits robust endogenous neurogenesis to enable functional recovery after spinal cord injury. PNAS, 2015, 112(43):13354-13359.

139 Duan H, Ge W, Zhang A, et al.Transcriptome analyses reveal molecular mechanisms underlying functional recovery after spinal cord injury.PNAS, 2015, 112(43):13360-13365.

140 Ge J, Li W, Zhao Q, et al.Architecture of the mammalian mechanosensitive Piezo1 channel.Nature, 2015, 527(7576):64-69.

141 Xu T, Yang Z, Jiang L L, et al.A Connectome Computation System for discovery science of brain.Science Bulletin, 2015, 60(1):86-95.

功能模块划分图谱"进行有机结合，CCS 实现了高性能的人脑功能连接组计算。

中国科学院神经科学研究所研究人员利用病毒转染方式，将单个转录因子 Ascl1 在小鼠大脑的中脑区、纹状体与大脑皮层区的星形胶质细胞中表达，可高效地将星形胶质细胞直接在体转分化为神经元[142]。这一项研究成果建立了一种在体转分化高效获得功能性神经元的新方法，为实现疾病脑或创伤脑中在位完成神经修复提供了一条潜在的重要途径。

中国科学院深圳先进技术研究院研究团队利用应用光遗传学神经环路调控方法、多脑区活体电生理以及跨突触病毒环路标记等技术，首次证实大脑中高度保守的皮层下神经通路中特定类型的神经元[143]，能够特异性检测和快速处理不可预知视觉威胁刺激信号，导致动物产生非习得性恐惧样防御反应行为。该成果为皮层下神经通路存在性这一富有争议的假说提供了最直接的实验证据。

清华大学神经工程实验室研究团队在无创脑机接口信息传输研究方面取得重要进展，将脑机接口（BCI）通信速率提高到平均每秒钟 4.5 比特[144]，最佳受试者可以达到每秒钟 5.32 比特。

西安交通大学等机构的研究人员描绘出了存在于前扣带脑皮质（ACC）的两种形式长时程突触增强（LTP）的特征，突触前 LTP 需要红藻氨酸受体，突触后 LTP 需要 N- 甲基 -D- 天冬氨酸受体，证实了突触前 LTP 与腺苷酸环化酶及蛋白激酶 A 有关联[145]。该研究揭示出前扣带脑皮质中两种形式的 LTP 集中介导焦虑和慢性疼痛相互影响的一个新的分子机制。

中国科学院生物物理研究所等机构的研究人员应用光遗传技术激活上丘特异的神经元亚型，发现表达小清蛋白（PV）的神经元会引起恐惧反应[146]。该研究

---

142 Liu Y, Miao Q, Yuan J, et al.Ascl1 Converts Dorsal Midbrain Astrocytes into Functional Neurons In Vivo.The Journal of Neuroscience, 2015, 35(25):9336-9355.

143 Wei P, Liu N, Zhang Z, et al.Processing of visually evoked innate fear by a non-canonical thalamic pathway.Nature Communications, 2015, doi: 10. 1038/ncomms7756.

144 Chen X, Wang Y, Nakanishi M, et al.High-speed spelling with a noninvasive brain-computer interface.PNAS, 2015, 112(44):E6058-E6067.

145 Koga K, Descalzi G, Chen T, et al. Coexistence of two forms of LTP in ACC provides a synaptic mechanism for the interactions between anxiety and chronic pain[J]. Neuron, 2015, 85(2): 377-389.

146 Shang C, Liu Z, Chen Z, et al. A parvalbumin-positive excitatory visual pathway to trigger fear responses in mice[J]. Science, 2015, 348(6242): 1472-1477.

揭示出在眼睛和杏仁核之间运作的特异的神经元连接，将迫近的威胁视觉景象转变为了动物僵住或逃离的本能。

中国国家纳米科学中心等机构的研究人员将一种柔韧的金属聚合物电子网络注射入活体小鼠大脑中，实现神经活性的实时监控。其芯片开放网孔的结构模拟了中枢神经的互联结构和柔软的大脑组织结构，所使用的材料也不容易受到人类免疫系统的排斥，因此对大脑造成损伤较少[147]。这一无需开刀，就能监测到大脑活性芯片技术已经在小鼠身上试验并获得成功，不久的将来可能应用于人脑。

浙江大学等机构的研究人员发现一种内质网分子伴侣 Bip 能够与 N- 甲基 -D 天冬氨酸受体亚型 GluN2A 选择性互作，介导 GluN2A-NMDAR 的组装和转运。用多肽干扰 Bip 和 GluN2A 的互作，可以有效破坏特异性的 GluN2A 突触转运[148]。该研究揭示神经活性依赖的 GluN2A-NMDAR 供给机制，及其与记忆形成之间的关联。

中国科学院上海生命科学研究院神经科学研究所等机构的研究人员证实 Vav2 蛋白起到调控中脑边缘多巴胺转运蛋白（DAT）细胞表面表达及转运活性的作用[149]。该研究证实了 Vav2 是体内 DAT 运输的一个决定因子，帮助维持中脑边缘 DA 神经元末梢 DA 的稳态。

华中科技大学等机构的研究人员利用帕金森病小鼠模型及双光子成像证实多巴胺耗竭可导致运动皮质发生结构变化。多巴胺 D1 和 D2 受体信号均调控了运动皮质可塑性，多巴胺丧失造成非典型的突触适应，有可能促成了帕金森病中观察到的运动能力及运动记忆受损[150]。该成果在帕金森病研究中取得突破性进展。

清华大学等机构的研究人员通过诱导干细胞技术，建立了双相情感障碍（BD）的细胞学模型，首次揭示了在特定的细胞水平下 BD 影响患者大脑的分子机制[151]。

147 Liu J, Fu T M, Cheng Z, et al. Syringe-injectable electronics[J]. Nature nanotechnology, 2015, 10(7): 629-636.

148 Zhang X, Yan X, Zhang B, et al. Activity-induced synaptic delivery of the GluN2A-containing NMDA receptor is dependent on endoplasmic reticulum chaperone Bip and involved in fear memory[J]. Cell research, 2015, 25(7): 818-836.

149 Zhu S, Zhao C, Wu Y, et al. Identification of a Vav2-dependent mechanism for GDNF/Ret control of mesolimbic DAT trafficking[J]. Nature neuroscience, 2015, 18(8): 1084-1093.

150 Guo L, Xiong H, Kim J I, et al. Dynamic rewiring of neural circuits in the motor cortex in mouse models of Parkinson´s disease[J]. Nature neuroscience, 2015, 18(9): 1299-1309.

151 Mertens J, Wang Q W, Kim Y, et al. Differential responses to lithium in hyperexcitable neurons from patients with bipolar disorder[J]. Nature, 2015, 527(7576): 95-99.

该研究在深入理解 BD 的发病机理、增强临床诊断和开发新疗法方面迈出了重要的一步。

上海交通大学等机构的研究人员发现帕金森病相关空泡分选蛋白 35（VPS35）突变体，通过与 DLP1 蛋白互作，导致线粒体功能障碍[152]。该研究揭示出了 VPS35 参与线粒体分裂的一个新细胞机制，推测线粒体分裂失调有可能与家族及散发帕金森病发病机制有关联。

华中科技大学等机构的研究人员开发出了一种神经元重建工具 NeuroGPS-Tree，借鉴人脑执行知觉功能时的先整体后局部的识别策略，递进式地利用多尺度信息，快速地从神经元的三维荧光图像中重建出神经元群落[153]。该研究为绘制精细的脑功能图谱奠定基础。

上海交通大学等机构的研究人员通过引入 4 个控制血清素神经元发育的基因，用成纤维细胞诱导产生血清素神经元[154]。该技术有助于研究精神疾病患者产生的血清素神经元，对抑郁症、焦虑症、强迫症和许多其他疾病的新药开发具有重要意义。

浙江大学等机构的研究人员利用脑磁图（MEG）和颅内脑电图（ECoG）技术，揭示了大脑对层级语言结构的编码机制[155]。该研究强有力地说明层级语法结构的提取是语言处理中的一个必要步骤，同时也为进一步研究脑对语法结构的表征以及刻画儿童语言习得提供了新的技术手段。

中国科学院生物物理研究所等机构的研究人员发现数字的本质是基于拓扑性质确定的知觉物体，获取支持视觉认知基本单元的拓扑学定义的脑功能联结组证据；脑功能成像研究发现拓扑性质激活杏仁核，支持"大范围首先"理论

152 Wang W, Wang X, Fujioka H, et al. Parkinson's disease-associated mutant VPS35 causes mitochondrial dysfunction by recycling DLP1 complexes[J]. Nature medicine, 2016, 22(1): 54-63.

153 Quan T, Zhou H, Li J, et al. NeuroGPS-Tree: automatic reconstruction of large-scale neuronal populations with dense neurites[J]. Nature methods, 2016, 13(1): 51-54.

154 Xu Z, Jiang H, Zhong P, et al. Direct conversion of human fibroblasts to induced serotonergic neurons[J]. Molecular psychiatry, 2016, 21(1): 62-70.

155 Ding N, Melloni L, Zhang H, et al. Cortical tracking of hierarchical linguistic structures in connected speech[J]. Nature neuroscience, 2016, 19(1): 158-164.

假设的神经表达可能是皮层下通路[156]。

中国科学院上海生命科学研究院神经科学研究所研究人员证实恒河猴也具备识别镜子中自我的能力，提示其大脑具备自我意识的神经机制，建立的猕猴模型可用于研究自我意识的神经基础，该研究方法及其训练方案为临床治疗自我意识的缺失提供了线索[157]。

（三）前景与展望

解析脑结构与功能关系需要发展多学科交叉研究，包括：多尺度的脑成像技术、神经元分类及其神经环路示踪和操纵技术、海量数据分析的方法、理论和计算神经学，行为实验的测量方法（包括对脑疾病患者认知功能的定量测量及其标准化），计算神经学与类脑人工智能的交叉研究和应用（如深度学习算法等）。以脑科学基础研究为坚实基础，将有力地推动重大脑疾病治疗方法开发和类脑人工智能的研究与应用。

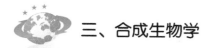

三、合成生物学

（一）概述

合成生物学是一门在现代生物学以及系统科学与合成科学基础上发展起来的、融入工程学思想和策略的新兴会聚型学科；它是采用标准化表征的生物学部件（包括元件、模块、装置等），在理性设计指导下，重构乃至从头合成新的、具有特定功能的人造生命的系统知识和专有理论构架以及相关的使能技术与工程平台。在过去的十多年里，合成生物学发展迅速。从最初由少数学者提出的概念及相关的验证

156 He L, Zhou K, Zhou T, et al. Topology-defined units in numerosity perception. PNAS, 2015, 112 (41):E5647-E5655.

157 Chang L, Fang Q, Zhang S, et al. Mirror-induced self-directed behaviors in rhesus monkeys after visual-somatosensory training. Curr Biol, 2015, 25(2):212-217.

性研究成果起步，通过基础研究和应用研究的突破，以及政府和企业的支持，迅速发展成为一个潜力巨大的新兴科学、技术和工程领域，也引起了社会的广泛关注。

合成生物学已成为全球研发的热点领域，很多国家看好合成生物学未来的发展前景，并给予大量投入。根据伍德威尔逊研究中心的《美国合成生物学研究资助的趋势》[158] 报告给出的数据，美国政府对合成生物学的投资每年约 1.4 亿美元，美国国防部已经成为合成生物学研究的重要资助者，国防部致力于将合成生物学打造为一种先进制造平台，能源部也围绕合成生物学开展了相关的研究项目。2015 年 3 月 16 日，美国国家研究理事会（NRC）生物学产业化委员会发布了《生物学产业化：加速先进化工产品制造路线图》报告[159]，致力于发展一个路线图，在基础科学与工程能力，包括知识、工具和技巧方面体现必要的先进性，技术涵盖合成化学、代谢工程、分子生物学和合成生物学，同时考虑何时以及如何将非技术观点与社会关注整合到技术挑战解决方案中。

英国政府不仅对合成生物学研究予以大力支持，也致力于促进合成生物学研究和技术进行商业化。2009—2015 年，英国政府在合成生物学领域的总投资已经达到 3 亿英镑，在 2012 年《合成生物学路线图》的基础上，成立了英国合成生物学路线图协调组。2015 年 1 月，英国又新投资 3200 万英镑建立 3 个合成生物学研究中心，分别是爱丁堡哺乳动物合成生物学中心、曼彻斯特大学合成生物化学中心和华威综合合成生物学中心；同时，投资 800 万英镑资助 4 个项目开展合成生物学模块构建研究[160]。截止到 2015 年，英国已经成立了 7 个多学科交叉的合成生物学研究中心和 1 个产业中心，形成了全国性综合研究网络。2015 年 6 月，英国生物科学与生物技术研究理事会（BBSRC）宣布将对目前的合成生物学路线图进行修订，并在修订完成后公布新的路线图。

我国已经具备开展合成生物学研究的基础，同时我国也高度关注合成生物学

---

158 Willson Center. U.S. Trends in Synthetic Biology Research Funding. http://www.synbioproject.org/publications/u.s-trends-in-synthetic-biology-research-funding. 2015-09-20.

159 Industrialization of Biology: A Roadmap To Accelerate Advanced Manufacturing of Chemicals. http://www.nap.edu/openbook.php?record_id=19001. 2015-09-20.

160 BBSRC. Business Secretary announces £40M for UK synthetic biology. http://www.bbsrc.ac.uk/news/policy/2015/150129-pr-business-secretary-40m-for-synbio.aspx. 2015-02-05.

领域的发展。2010 年以来，科技部"863"和"973"计划都设立了合成生物学相关的项目。2015 年，新启动的 973 项目"生物固氮及相关抗逆模块的人工设计与系统优化"，总目标是构建一个新型高效智能的玉米根际人工固氮体系，在逆境胁迫及田间试验条件下，大幅度增强根际联合固氮效率，为农业节肥增效提供重要的理论与技术支撑。

2015 年 12 月，由上海交通大学、中国科学院上海植物生理生态研究所共同倡议，上海地区合成生物学实力研究单位共同发起的"上海合成生物学创新战略联盟"在上海交通大学成立，同时举办了"代谢科学与合成生物学高峰论坛"，专家学者共同探讨代谢科学和合成生物学今后的发展方向与挑战，以促进生物技术创新，助力上海科技创新中心建设。

另外，深圳也组建了专攻癌症新疗法之一的"人工改造细菌治疗癌症新技术的研发创新团队"，并在中国科学院深圳先进技术研究院启动，将推动创建大型综合性合成生物学肿瘤治疗研发基地，并在未来开展大规模临床试验时，争取拓展为全球领先的大规模新型肿瘤治疗研发、测试、生产基地。

（二）重要进展

2015 年间，我国在合成生物学的基础研究和应用研究等方面也取得了一系列重要进展，包括模块化基因线路的构建、生物元件的建立、酵母基因组的改造、天然产物合成等。

1. 基因线路工程及元件挖掘

合成生物学的重要目标之一是合理设计并采用标准化和可替换的元件，可预测性地构建出合成基因线路。然而，当前由于较难获得特征明确的正交转录抑制蛋白，限制了在哺乳动物细胞中构建复杂的基因线路。来自清华大学和麻省理工学院的研究人员利用 TALE 转录抑制子，模块化构建出了哺乳动物基因线路[161]。这

---

161 Li YQ, Jiang Y, Chen H, et al. Modular construction of mammalian gene circuits using TALE transcriptional repressors. Nature Chemical Biology, 2015, 11: 207-213.

一新建的 TALER 文库为模块化操控合成线路提供了一个有价值的工具箱，将推动可程序化操控哺乳动物细胞，并将帮助更好地理解及利用转录调控及 microRNA 介导的转录后调控相结合的设计原则。

中国科学院微生物研究所的研究人员首次针对链霉菌生物元件建立了基于流式细胞仪和报告基因（sfGFP）的单细胞精确定量方法[162]。这些调控元件模块也被成功地应用于激活阿维链霉菌中沉默基因簇番茄红素的表达，并通过可预测地替换调控元件大大提高了番茄红素的产量和效率，达到工业生产的要求。该研究工作为应用合成生物学理念改造丝状微生物次级代谢产物及激活沉默基因簇奠定了重要基础。

自然界中含有过氧桥键的化合物具有多种生物活性，包括抗感染、抗肿瘤以及抗心律失常，其中最具代表性的青蒿素已经作为抗疟疾药物应用于临床近 40 年。中国科学院微生物研究所与美国德克萨斯大学奥斯汀分校的研究人员合作，解析出青蒿素类过氧桥键的生物合成机制[163]。他们首次报道了烟曲霉毒素 B 内过氧化酶（FtmOx1）的晶体结构，以及 FtmOx1 分别与 a-酮戊二酸和底物 fumitremorgen B 的共晶体结构，并通过详尽的酶学实验结果验证了 FtmOx1 的功能。

虾青素是一种较强的天然抗氧化剂，其独特的分子结构不但使其具有超强的抗氧化活性，还具有抗衰老、抗辐射、抗肿瘤及预防心脑血管疾病的作用。武汉大学的研究人员发现了一株天然虾青素产生细菌，并挖掘了其虾青素生物合成通路，为进一步进行虾青素生物合成工程改造提供优化资源。同时研究人员还挖掘了虾青素生物合成元件，构建了一株虾青素高产菌株[164]。

2015 年，北京大学的研究人员发表了生物感磁研究领域的一项突破性进展[165]。研究人员发现的新型磁感应蛋白 MagR，只有 14.5 kDa，其单体只有 130 个氨基酸

162 Bai C X, Zhang Y, Zhao X J, et al. Exploiting a precise design of universal synthetic modular regulatory elements to unlock the microbial natural products in *Streptomyces*. Proceedings of the National Academy of Science of the United States of America, 2015, 112: 12181-12186.

163 Yan W P, Song H, Song F H, et al. Endoperoxide formation by an α-ketoglutarate-dependent mononuclear non-haem iron enzyme. Nature, 2015, 527, 539-543.

164 Ma T, Zhou Y J, Li X W, et al. Genome mining of astaxanthin biosynthetic genes from Sphingomonas sp. ATCC 55669 for heterologous overproduction in *Escherichia coli*. Biotechnology Journal, 2015, 11: 228-237.

165 Qin S Y, Yin H, Yang C, et al. A magnetic protein biocompass. Nature Materials, 2015, 15: 217-226.

左右（不同物种略有差异），更方便进行基因操作，对目标生物的负担也会更小。而且 MagR 具有亚铁磁性，能响应普通磁铁，理论上还能感应地磁场强度的磁场，或许 MagR 是更为理想的磁感应元件。MagR 磁受体蛋白的发现必然掀起生物感磁研究的新一波热潮，推动整个生物磁感受能力研究的发展。"远程调控"一直是合成生物学的一个热门领域，磁感应蛋白 MagR 的发现给磁控生物提供了新的机遇。

2. 底盘细胞修饰与改造

糖醇是一类重要的功能性化合物，具有低热值、低胰岛素代谢响应、防龋齿等特性。中国科学院天津工业生物技术研究所的研究人员将高碘酸盐糖醇显色筛选和基于荧光标记的流式融合子筛选进行有效的整合，构建了高效产糖醇酵母基因组重组改造筛选方法[166]。研究构建的高效的基因组重组技术实现了菌种产糖醇性能快速高效提升，同时也为其他缺少遗传标记的非常规酵母基因组工程改造提供了解决方法。

3. 天然产物的生物合成

在一些海洋无脊椎动物，特别是海星和海参中，存在大量的皂甙类化合物。这类化合物具有诸如抗肿瘤和抗微生物等生理活性，有希望被发展成为治疗药物。然而，这些化合物结构复杂多样，难以分离获取，同时人工合成面临挑战。中国科学院上海有机化学研究所的研究人员完成了对 Linckoside A 和 B 的全合成[167]，这是世界上对多羟基海星皂甙的化学全合成的首次报道，这为深入研究这类海洋天然产物的生理活性开启了一扇大门。

林可霉素是一种高效广谱的抗感染抗生素，广泛用于对盘尼西林（青霉素）类抗生素敏感的细菌感染患者的临床治疗，市场需求巨大。我国林可霉素的生产企业往往面临发酵效价偏低、产品成分复杂等问题。中国科学院上海有

---

166 Zhang G Q, Lin Y P, Qi X N, et al. Genome shuffling of the nonconventional yeast *Pichia anomala* for improved sugar alcohol production. Microbial Cell Factories, 2015, 14:112.

167 Zhu D P, Biao Yu B. Total Synthesis of Linckosides A and B, the Representative Starfish Polyhydroxysteroid Glycosides with Neuritogenic Activities. Journal of the American Chemical Society, 2015, 137: 15098-15101.

机化学研究所的研究人员发现两个小分子硫醇：麦角硫因（EGT）和放线硫醇（MSH）在林可链霉菌中的相互配合精确有序地完成了含硫抗感染抗生素林可霉素的生物合成[168]。这一发现代表了洞悉小分子硫醇在生物体系中的内在功能方面所迈出的重要一步，对于相关化学品的"生物制造"意义重大。

甜菊糖是仅存在于南美菊科植物甜菊和中国的甜茶等少数植物的一种四环二萜类化合物。中国科学院上海生命科学研究院的研究人员基于前期构建的甜叶菊 RNA 序列数据库，对甜菊糖生物合成途径的关键酶进行了广泛地挖掘[169]。通过在静息细胞中共表达候选的细胞色素 P450 基因和糖基转移酶基因，解析和鉴定了甜菊糖生物合成途径中的两个关键酶，并在大肠杆菌底盘细胞中重构了从头合成甜菊糖苷类化合物的非天然合成途径。

药物合成生物学是通过工程化的系统设计，用标准化和模块化的元素在生物系统中重构所需的人工合成体系，从而完善药物创新和优产的新模式。β- 井冈霉烯胺属于 C7N 氨基环醇类，其衍生物作为 β- 糖苷酶抑制剂类药物的先导化合物，可用于治疗溶酶体贮积症等遗传代谢性疾病。由于 C7N 氨基环醇类分子结构中存在多个手性中心，化学合成难度很大。上海交通大学的研究人员通过对微生物代谢途径的重新编程，建立了"非天然产物"药物的生物合成途径[170]。他们应用合成生物学理念，系统分析了目标产物与微生物次级代谢产物结构的相似性、微生物天然产物合成途径的模块性等特点。

4. 环境应用研究

中国科学院合肥物质科学研究院的研究人员在细菌生物传感器对水环境中砷的快速检测方面取得新进展[171]。研究针对砷这一危害较大的环境污染物，通过

168 Zhao Q F, Wang M, Xu D X, et al. Metabolic coupling of two small-molecule thiols programs the biosynthesis of lincomycin A. Nature, 2015, 518: 115-119.

169 Wang J F, Li S Y, Xiong Z Q, et al. Pathway mining-based integration of critical enzyme parts for *de novo* biosynthesis of steviolglycosides sweetener in *Escherichia coli*. Cell Research, 2015, 26: 258-261.

170 Cui L, Zhu Y, Guan X Q, et al. *De Novo* Biosynthesis of β–Valienamine in Engineered *Streptomyces hygroscopicus* 5008. ACS Synthetic Biology, 2015, 5: 15-20.

171 Li L Z, Liang J T, Hong W, et al. Evolved Bacterial Biosensor for Arsenite Detection in Environmental Water. Environmental Science & Technology, 2015, 49: 6149-6155.

定向进化技术构建更加灵敏高效的砷的细菌生物传感器，实现了方便易行、低成本的砷的快速检测。项目组成员利用带有绿色荧光蛋白的报告载体，以砷诱导型启动子为起始材料构建启动子突变文库。通过基于流式细胞仪的荧光激活细胞分选筛选手段，定向进化得到灵敏、专一、高效的砷诱导型启动子，从而构建更加灵敏高效的砷的细菌生物传感器。研究表明，该砷细菌生物传感器可以成功地作为一种新型、简便、廉价的环境砷的检测方法。

（三）前景与展望

合成生物学在人类认识生命、揭示生命奥秘、重新设计及改造生物等方面具有重大的科学意义。并且，合成生物学在很多领域也有广阔的应用前景，包括更有效的疫苗的生产、新药和改进的药物、以生物学为基础的制造工业、利用可再生能源生产可持续能源、环境污染的生物治理、可以检测有毒害化学物质的生物传感器等。以医药领域为例，合成生物学技术将会发现、分离获得新的天然药物，也可以设计新的生物合成途径产生更多天然药物及类似物，伴随合成生物学的发展，天然药物研究可能迎来全新的时代；合成生物学原理已经被广泛应用于肿瘤治疗的免疫细胞的设计，产生了多样化的治疗策略，最大可能地做到高效、低毒、可控、通用等目标；围绕早期筛查、临床诊断、疗效评价、治疗预后、出生缺陷诊断等需求，利用合成生物学将可能开发快速、灵敏的诊断试剂和体外诊断系统。

世界各国政府和权威评估机构日益关注和重视合成生物学。麦肯锡研究所和达沃斯论坛将合成生物学定为颠覆性技术，预测该技术将驱动相关市场和全球经济的革命性发展。2015 年美国发布的《生物技术工业化：化学品先进制造路线图》也将合成生物学列为核心发展技术。我国在合成生物学所需的相关支撑技术研究方面并不落后于国际主流水平，如大规模测序、代谢工程、微生物学、酶学、生物信息学等方面均有良好的基础，应整合我国优势学科资源，从医药、制造业、能源和环境等产业重大产品入手，抓住合成生物学的核心科学问题，适时建立国家级的合成生物学研究中心或研究所，引领中国合成生物学的研究和自主创新。

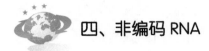

四、非编码 RNA

（一）概述

"DNA 元件百科全书"（ENCODE）计划指出：人类基因组中约 75% 的基因组能够被转录成 RNA，其中 74% 为非蛋白编码 RNA（ncRNA）。随着基因组学和生物信息学的发展，以及高通量测序技术的变革和应用，非编码转录元件（即 ncRNA）的数量和种类越来越多。

截至 2015 年年底，ENCODE 计划开展 3500 多项实验，检测了 300 余种人源细胞和 150 余种鼠源细胞。美国国家人类基因研究所还计划开展 ENCODE 计划后续研究，投资 2000 万美元以推动基因图谱的绘制，研究内容包括 DNA 甲基化位点、组蛋白标记和 RNA 结合蛋白相互作用等[172]。

2014—2016 年，我国连续 3 年设立"基因信息传递过程中非编码 RNA 的调控作用机制"重大研究计划，用以推动基因信息传递过程中新型 ncRNA 的发现、ncRNA 生成和代谢的研究，以及非编码 RNA 在生命活动的生物学功能，为发现新的功能分子元件及由其引发的新的生命活动规律提供关键信息[173]。

近年来，由于各方资助研究的不断加强，非编码 RNA 领域一直保持稳定发展。lcnRNA 的基础研究出现了巨大进展，据估计人类 lncRNA 的数量可能已经超过 mRNA[174]，lncRNA 在细胞分化、免疫应答、疾病衰老等生命进程中的生物学角色也开始逐渐明晰。相较于 lncRNA，受关注更早的微小 RNA（microRNA 或 miRNA）开始向应用方面延伸，依靠高通量生物手段，科研人员发现了各类疾病中异常表达的 miRNA，为疾病诊断和治疗打下了基础。

---

172 Genomeweb. NHGRI Earmarks $38M in FY '17 to Fund New ENCODE Project Efforts. https://www.genomeweb.com/research-funding/nhgri-earmarks-38m-fy-17-fund-new-encode-project-efforts. 2015-02-05.

173 国家自然科学基金委员会. "基因信息传递过程中非编码 RNA 的调控作用机制"重大研究计划 2015 年度项目指南. http://www.nsfc.gov.cn/publish/portal0/zdyjjh/029/info48460.htm. 2015-07-05.

174 Quinn J J, Chang H Y. Unique features of long non-coding RNA biogenesis and function. Nat Rev Genet, 2016, 17(1): 47-62.

非编码序列是生物进化和生理反应中变化最大的部分，大部分非编码序列被转录加工成 ncRNA，包括 lncRNA 和 miRNA。ncRNA 能够在表观遗传、转录、转录后等水平上调控基因的表达和蛋白的功能，是细胞调控网络中的重要成员。

目前，ncRNA 在基础学术、临床应用和技术开发等方面均取得了显著成果：ncRNA 的生物功能和细胞调节机制仍是基础研究的重点；ncRNA 分子标志物在疾病尤其是肿瘤等恶性疾病中的应用潜力成为临床应用研究转化的主要方向之一；而相关的研究技术开发和创新则是推动 ncRNA 研究的重要支持和保障。

（二）重要进展

1. 非编码 RNA 与细胞调控

在关键基因 / 蛋白影响的细胞表型变化途径中，ncRNA 往往成为信号通路中的重要节点，功能基因 / 蛋白与 ncRNA 组成传导途径，影响细胞的生理机能和细胞命运。在细胞调控方面，我国科学家对 ncRNA 的作用机制提出了新颖的设想，发现了具有突破性的成果。对于功能机制依旧模糊的 lncRNA 来说，我国科学家的发现进一步说明了基因组中"暗物质"发挥细胞"精确调控"的独特功能。

中国科学院计算技术研究所和美国 NIH 肺与血液研究所的合作首次揭示了 lncRNA 参与正常生理代谢过程的机制，这项研究把 lncRNA 的功能研究从细胞水平提升至动物水平，解释了 lncRNA 的在器官组织中的功能[175]。研究人员使用基因芯片、高通量 RNA-Seq 测序技术检测非编码基因转录本，从小鼠肝脏中筛选出与肝脏代谢相关的 lncRNA——lncLSTR。结合生物信息学、基因工程等工作，研究人员发现 lncLSTR 通过结合 TDP-43 而阻止 TDP-43 与 Cyp8b1 启动子的结合，进而解除 TDP-43 对 Cyp8b1 的转录抑制。Cyp8b1 是小鼠胆汁合成的

---

175 Li P, Ruan X, Yang L, et al. A liver-enriched long non-coding RNA, lncLSTR, regulates systemic lipid metabolism in mice. Cell Metab, 2015, 21(3): 455-467.

重要限速酶，它与 lncLSTR 的表达正向相关。

清华大学研究人员发现，在胚胎干细胞（ESC）的分化过程中，lncRNA 的成熟产物和其基因组区域同时对其下游基因发挥调控的作用且作用相反[176]。一方面，lncRNA *Haunt* 的基因组区域中含有"增强子"元件，能够在视黄酸（Retinoic acid，RA）诱导的细胞分化过程中促进下游 *HOXA* 基因的活化；另一方面，*Haunt* 的成熟产物（即 lncRNA）则对 *HOXA* 发挥抑制作用，防止 *HOXA* 过度激活。两种完全相反的调控方式得以确保下游 *HOXA* 的精确调控以及 ESC 的正常分化。然而，其他基因组区域中含有增强子的 lncRNA 是否存在这一调控机制还有待研究。

上海交通大学医学院研究人员指出，在不同细胞中同一种 lncRNA 的调控通路有所不同[177]。lncRNA *ROR* 长约 2.6kb，它能直接编码 *Oct4*、*Sox2* 和 *Nanog* 的启动子转录，重新编程分化细胞，因此 *ROR* 在 DNA 损伤和干细胞自我更新中发挥重要作用。而在肿瘤细胞中，*ROR* 作为诱饵致癌 RNA（oncoRNA），发挥阻断结合表面的作用。*ROR* 通过抑制组蛋白 G9A 甲基转移酶并促进组蛋白 H3K9 甲基化的释放，占据并激活 TESC 启动子。在细胞中进行 *ROR* 沉默或 TESC 敲除等操作，能够大大降低肿瘤的生长和转移速度。

2. 非编码 RNA 分子标志物

组织特异性是 ncRNA 的生物学特点之一，不同生物组织或细胞中，ncRNA 的种类和表达丰度差异明显，因此相对于编码 RNA，ncRNA 与疾病的联系更为紧密。对于特异性表达的 ncRNA 研究能够揭示出疾病的发病机制，相关 ncRNA 的异常表达也被广泛应用于疾病的筛选与鉴定，能为疾病的早期诊断和治疗方法提供依据。

肝癌是全球范围内发病率最高的恶性肿瘤之一，我国科学家在肝癌分子标

---

176 Yin Y, Yan P, Lu J, et al. Opposing Roles for the lncRNA Haunt and Its Genomic Locus in Regulating HOXA Gene Activation during Embryonic Stem Cell Differentiation. Cell Stem Cell, 2015, 16(5): 504-516.

177 Fan J, Xing Y, Wen X, et al. Long non-coding RNA ROR decoys gene-specific histone methylation to promote tumorigenesis. Genome Biol, 2015, 16: 139.

志的研究中取得了不错的进展。上海交通大学附属瑞金医院研究人员通过芯片发现 *ZEB1-AS1* 在肝癌细胞中频繁上调，影响了肝癌的生长和转移[178]。第二军医大学研究团队发现 *ICR* 与门静脉癌栓（干细胞癌的主要并发症）正向相关，特异性地调节 ICAM-1⁺肝癌细胞的干细胞特性，促进肝癌细胞转移[179]。北京化工大学研究人员则关注致癌基因 *HOTTIP*，并指出这个 lncRNA 受到 miR-192 和 miR-204 的抑制，三个 ncRNA 的异常表达与肝癌患者的总生存期有所关联[180]。南开大学研究团队发现 lncRNA *HULC* 通过影响 miR-9、PPARA 和 ACSL1 等相关信号通路，介导了肝癌细胞中的脂质代谢异常，充当癌基因的角色[181]。中科院生物物理研究所研究人员发现了 *lncTCF7*——这种 lncRNA 把 SWI/SNF 复合物招募至 TCF7 启动子处调控了 TCF7 的表达，激活肝癌干细胞中 Wnt 途径，是肝癌干细胞自我更新和肿瘤增殖的必要条件之一[182]。

转移相关的肺腺癌转录本 1（*Malat1*）就是一个在多种肿瘤中异常表达的 lncRNA。*Malat1* 最初被确定为 I 期非小细胞肺癌（NSCLC）患者的生存预后因素，*Malat1* 水平与食管鳞状细胞癌、胶质瘤、肾细胞癌等的临床分期呈正相关，在多种癌症中扮演致癌基因的角色。天津医科大学和美国达茅斯 Geisel 医学院的研究人员发现 *Malat1* 是维持上皮间质转化（EMT）所介导的细胞迁移和侵袭所必需的分子之一。在口腔鳞状细胞癌中 *Malat1* 控制着肿瘤细胞的转移[183]。

中山大学研究团队在乳腺癌的研究中，使用 lncRNA 芯片、lncRNA FISH 共聚焦显微镜成像、ChIP 技术等最新技术，发现乳腺癌中的 lncRNA 标志——

178 Li T, Xie J, Shen C, et al. Upregulation of long noncoding RNA ZEB1-AS1 promotes tumor metastasis and predicts poor prognosis in hepatocellular carcinoma. Oncogene, 2016, 35(12): 1575-1584.

179 Guo W, Liu S, Cheng Y, et al. ICAM-1-Related Noncoding RNA in Cancer Stem Cells Maintains ICAM-1 Expression in Hepatocellular Carcinoma. Clin Cancer Res, 2016, 22(8): 2041-2050.

180 Staff P G. Correction: fMiRNA-192 and miRNA-204 Directly Suppress lncRNA HOTTIP and Interrupt GLS1-Mediated Glutaminolysis in Hepatocellular Carcinoma. PLoS Genet, 2016, 12(1): e1005825.

181 Cui M, Xiao Z, Wang Y, et al. Long noncoding RNA HULC modulates abnormal lipid metabolism in hepatoma cells through an miR-9-mediated RXRA signaling pathway. Cancer Res, 2015, 75(5): 846-857.

182 Wang Y, He L, Du Y, et al. The long noncoding RNA lncTCF7 promotes self-renewal of human liver cancer stem cells through activation of Wnt signaling. Cell Stem Cell, 2015, 16(4): 413-425.

183 Zhou X, Liu S, Cai G, et al. Long Non Coding RNA MALAT1 Promotes Tumor Growth and Metastasis by inducing Epithelial-Mesenchymal Transition in Oral Squamous Cell Carcinoma. Sci Rep, 2015, 5: 15972.

NKILA[184]。低扩散性的细胞系中 NKILA 的表达量远高于在高扩散性的细胞，NKILA 与乳腺癌的转移和预后极度相关。临床样品检测发现，乳腺癌患者的预后较差与 NKILA 的表达丰度较低有关。NKILA 含有 3 个发夹结构，在这三个发夹结构的作用下，NKILA 与 p65 紧密结合，帮助 NF-κB/IκBα/NKILA 复合体形成，抑制 IκBα 磷酸化，最终抑制影响肿瘤细胞的关键通路——NF-κB 信号通路，增强癌细胞凋亡，减少癌细胞转移性。此外，miRNA 也参与了 NKILA 的调控，miR-103 和 miR-107 能够导致 NKILA 的快速降解。

肿瘤中 miRNA 与 lncRNA 的相互作用也是研究人员的关注热点。中国医学科学院研究人员在胰腺导管腺癌（PDAC）中解析了 lncRNA *MIR31HG* 的致癌性[185]。*MIR31HG* 在 PDAC 中显著上调，降低 *MIR31HG* 可以显著抑制 PDAC 细胞长和侵袭性，诱导细胞凋亡和 G1/S 期阻滞。其中 *MIR31HG* 是 miR-193b 的作用靶标，二者在 PDAC 样本中呈负性相关。通过序列分析和实验结果发现，*MIR31HG* 相当于一种内源性的分子"海绵"，其序列上含有 2 个 miR-193b 结合位点。miR-193b 通过调控 *MIR31HG*，从而影响 PDAC 的细胞命运。

除了肿瘤以外，一些 lncRNA 也影响了细胞的衰老过程。北京大学研究人员对细胞衰老过程中的 lncRNA 进行了深入研究，发现 lncRNA *SALNR* 在衰老过程中起到了重要作用，能够延缓癌基因诱导的衰老[186]。同时 RNA 结合蛋白 NF90 是 *SALNR* 下游靶点之一，NF90 的抑制会导致过早衰老和增强衰老相关 miRNA（SA-miRNA）的表达。

3. 非编码 RNA 的前沿研究技术

科学家在 ncRNA 的研究方法上也进行大规模的探索与创新，衍生出一批新型研究方法和检测技术，为 ncRNA 的研究提供了更多工具。

184 Liu B, Sun L, Liu Q, et al. A cytoplasmic NF-kappaB interacting long noncoding RNA blocks IkappaB phosphorylation and suppresses breast cancer metastasis. Cancer Cell, 2015, 27(3): 370-381.

185 Yang H, Liu P, Zhang J, et al. Long noncoding RNA MIR31HG exhibits oncogenic property in pancreatic ductal adenocarcinoma and is negatively regulated by miR-193b. Oncogene, 2016, 35(28): 3647-3657.

186 Wu C L, Wang Y, Jin B, et al. Senescence–associated long non–coding RNA (SALNR) delays oncogene–induced senescence through NF90 regulation. J Biol Chem, 2015, 290(50):30175–30192.

人们所熟知的 miRNA 调控途径是通过 3′ 端的非编码区与靶标 mRNA 结合并发挥抑制功能，依靠现有的模型和算法能够初步预测二者间的联系。然而实际上 miRNA 与 mRNA 之间的作用规律可能复杂得多，仅依靠现有的预测软件难以全面准确地进行判断。第二军医大学研究人员提出一种称作为 miRNA 体内沉淀（miRNA *in vivo* precipitation，miRIP）的新方法，有效鉴别计算机方法无法预测而存在于细胞内靶向特定 mRNA 的 miRNAs[187]。其中，miR-92a 与 p21 的互作是目前几个常见计算机方法尚未预测到的。

在分子影像学领域，miRNA 的分子影像和检测技术也日益提高。苏州大学研究人员开发了一种基于纳米颗粒去组装的"催化分子影像"技术，能够对传统分子信标难以检测的低含量 miRNA 分子进行准确的成像和测量，实现活体细胞的高特异性高灵敏度成像[188]。催化分子影像法把 miRNA 分子作为催化剂，将预先用 DNA 分子组装的金颗粒（DNA-templated gold nanoparticle）进行去组装，最终将量子点（quantum dot）的荧光信号恢复并放大。由于 miRNA 分子在检测过程中可被循环利用，因此催化分子影响法能够把检测精度提高 3 个数量级，从而改善活体细胞的 miRNA 检测方法。

随着测序成本的大幅下降，RNA 测序（RNA-seq）开始替代传统基因芯片，被广泛用于转录组学分析。RNA-seq 可以揭示未知的转录本、基因融合和遗传多态性，在测序深度足够的情况下，RNA-seq 的检测效率更高。目前大部分商业化的测序平台都支持 RNA-seq，Illumina（HiSeq™ 2000 和 MiSeq™ 平台）、Roche/454（454™ Titanium 和 GS-FLX＋平台）和 Life Technologies（SOLiD™ 4、5500xl 和 Ion Torrent PGM™ 平台）等大型测序仪供应商都使其产品硬件兼容 RNA-seq 应用。

（三）前景与展望

人类基因组中 ncRNA 占据 RNA 总量 3/4，而且 ncRNA 的种类越来越多，

---

187 Su X, Wang H, Ge W, et al. An In Vivo Method to Identify microRNA Targets Not Predicted by Computation Algorithms: p21 Targeting by miR-92a in Cancer. Cancer Res, 2015, 75(14): 2875-2885.

188 He X, Zeng T, Li Z, et al. Catalytic Molecular Imaging of MicroRNA in Living Cells by DNA-Programmed Nanoparticle Disassembly. Angew Chem Int Ed Engl, 2016, 55(9): 3073-3076.

名单也越来越长。研究发现，部分 ncRNA 的基因组区域高度保守，且具备一些细胞功能，然而 ncRNA 的分类和研究数量巨大但模式混乱，简单合理的 ncRNA 分类和研究仍有待探索。

从研究人员的角度来看，基因功能、RNA 相互作用组、相关分子结构是三大主要研究切入点。BROAD 研究所的 John Rinn 是功能研究的主张者，他认为 ncRNA 的研究应从与疾病有关联的那部分开始，疾病基因所处基因组位点附近的 ncRNA 通常是值得研究的对象。RaNA 疗法公司共同创始人 Jeannie Lee 表示研究人员应当结合 ncRNA 和与其发生相互作用的蛋白，开展双向研究，因为 ncRNA 的重要功能往往需要通过蛋白质的辅助才能完成。探究结构差异同样对 ncRNA 的研究帮助巨大，虽然该方法不能像预测蛋白的功能那样直接预言分子功能，但对 RNA 的拱起和折叠有更多了解可能会为深入研究提供一些信息。

中国科学家与国际科学家的观点一样，非编码 RNA 研究部署中也强调了以上方面。根据"基因信息传递过程中非编码 RNA 的调控作用机制"重大研究计划来看，未来非编码 RNA 将重点关注以下领域的研究：

① 发现与遗传信息传递相关的新的非编码 RNA，特别是长非编码 RNA 及其功能；

② 与遗传信息传递相关的非编码 RNA 的生成、加工、修饰及代谢；

③ 非编码 RNA 与其他重要生物分子的相互作用、网络及其结构基础；

④ 非编码 RNA 研究的新方法、新技术。

CRISPR 技术的应用和表观遗传学的发展带动了非编码 RNA 的基础研究。根据现有研究基础，将来非编码 RNA 的重点发展趋势包括：基础研究向转化医学研究的前进以及公开平台技术的开发与共享。当前非编码 RNA 在疾病的诊断、治疗和预后中已经积累了可观的基础研究成果，把非编码 RNA 在人类疾病中的关键角色转化为重大疾病、神经退行性疾病和慢性病的检测手段和治疗策略，开发以非编码 RNA 为基础的治疗药物、高效疗法等新型治疗模式，将是非编码 RNA 研究的未来走向之一。同时，随着生物大数据的不断累积，RNA 数据资源平台的建设、数据分析工具的开发、数据样本的保护与共享将是科研和社会面对的共同问题。

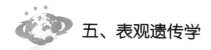

五、表观遗传学

（一）概述

近年来，人们越来越认识到表观遗传信息的异常变化在癌症以及其他疾病的产生中起的重要作用，尤其是去甲基化药物阿扎胞苷（azacitidine）及其脱氧衍生物 5- 氮杂 2′- 脱氧胞苷（5-Aza-dC）的成功临床应用后，表观遗传学在肿瘤生成和治疗、干细胞分化等诸多领域扮演怎样的角色，逐渐成为人们研究的热点。2003 年 10 月，人类表观基因组协会（Human Epigenome Consortium，HEC）正式宣布开始实施人类表观基因组计划（Human Epigenome Project，HEP），这标志着与人类发育和肿瘤疾病密切相关的表观遗传学和表观基因组研究又跨上了一个新的台阶[189]。

表观遗传学（Epigenetics）是与遗传学（Genetic）相对应的概念。遗传学是指基于 DNA 序列改变所引起的遗传变化；而表观遗传学则是指非 DNA 序列改变所引起的可遗传性变化。在 DNA 序列没有发生改变的情况下，基因功能发生了可遗传的变化，并最终导致了生物表型的变化，这种变化被称为表观遗传变异（epigenetic variation）。而表观遗传学就是研究表观遗传变异的遗传学分支学科[190]。与传统的遗传学不同，表观遗传信息并不符合孟德尔遗传规律，而且这类信息会因为环境的影响或者随着年龄的增长而随时可能发生变化。表观遗传变化对于生物体内各种细胞的发育和分化以及正常的细胞进程（例如，雌性哺乳动物 X 染色体的失活等）都是非常关键的。

表观遗传学主要包括 DNA 甲基化、组蛋白共价修饰、染色质重塑（chromatin remodeling）、基因沉默（gene silencing）和 RNA 编辑（RNA editing）等调控

---

189 黄庆，郭颖，府伟灵. 人类表观基因组计划 [J]. 生命的化学，2004, 24: 101-103.
190 BIRD A. Perceptions of epigenetics [J]. Nature, 2007, 447（7143）：396–398.

机制。表观遗传学的研究主要围绕三方面的主题展开：①表观遗传的机制与功能，包括表观遗传信息的建立和维持、表观遗传修饰与表观遗传调控相关的非编码 RNA，将细胞信号网络与表观遗传修饰、染色质重塑乃至基因表达等不同层面调控网络整合，深入认识从信号到表观遗传调控乃至个体生长、发育和对环境适应的分子机理等；②表观遗传学在重大医学问题研究上的应用，如表观遗传在干细胞分化与组织再生过程中的作用机制，表观遗传调控与学习和记忆能力，表观遗传密码与寿命的关系，表观遗传与重大疾病的发生发展，表观遗传机制在 DNA 损伤与修复过程中的功能，表观遗传在不同性别中的作用差异等；③与表观遗传相关的农业育种问题的研究，将阐明环境变化如何影响个体性状、植物抗性等[191]。

（二）重要进展

中国科学院上海生命科学研究院上海植物逆境生物学研究中心与科尔多瓦大学合作研究发现，拟南芥主动去甲基化途径中的新组件 APE1L 蛋白不仅是 DNA 主动去甲基化途径中的一个新组分，还与 DNA 磷酸酶 ZDP 同样是胚乳中 *FWA* 及 *MEA* 基因印迹所必需的，对于种子的发育非常重要。相关论文 2015 年 1 月 8 日在线发表在国际学术期刊 *Plos Genetics* 上[192]。

中国科学院上海生命科学研究院和普渡大学的研究人员证实，拟南芥 MBD7 和 IDM3 是阻止基因表达抑制和 DNA 高度甲基化的抗沉默因子。MBD7 优先结合到高度甲基化的 CG 密集区域，并与其他的抗沉默因子包括组蛋白乙酰转移酶 IDM1 以及 α 晶状体结构域蛋白 IDM2 和 IDM3 发生物理结合。以往的研究证实，IDM1 和 IDM2 可通过 5- 甲基胞嘧啶 DNA 糖基化酶 / 裂解酶 ROS1 来促进 DNA 主动去甲基化。因此，MBD7 通过将 IDM 蛋白招募到甲基化 DNA 上，促使 DNA 去甲基化酶发挥功能，转而限制了 DNA 甲基化并阻止了转

191 孙方霖. 表观遗传学后基因组时代的领舞者 [EB/OL]. [2008-2-19]. http://news.sciencenet.cn/htmlnews/ 200821984714429201518.html.

192 Yan L, Dolores C C, Weiqiang Q, et al. An AP Endonuclease Functions in Active DNA Dimethylation and Gene Imprinting in Arabidopsis[J]. PLOS GENETICS, 2015, 11(1): e1004905.

录水平的基因沉默。这一重要的研究发现发表在 2 月 12 日的 *Molecular Cell* 杂志上[193]。

植物着丝粒含有大量的重复序列和反转座子，结构复杂并受表观遗传学调控。中国科学院遗传与发育生物学研究所研究人员利用玉米遗传学家早年创制的 A-B 染色体相互易位系，利用特殊的遗传学表现标记结合染色体功能观察，通过 CENH3-ChIP-seq 数据分析，发现着丝粒错分裂后代中，大量染色体片段可以传递是因为利用基因组中非着丝粒区域的序列重新形成功能着丝粒。该研究组正在通过着丝粒不分离、错分裂及花粉辐射等方法详细研究着丝粒的形成机制，以及核小体组装与着丝粒形成过程中的调控机制。该研究部分成果于 2015 年 3 月 2 日在线发表于 *PNAS* 上[194]。

北京大学研究人员开发了一种通过化学标记和富集手段实现全转录组水平上假尿嘧啶 RNA 修饰的单碱基分辨率测序技术 CeU-Seq。利用这一技术，该研究不但揭示了假尿嘧啶的广泛存在、绘制了转录组中假尿嘧啶 RNA 修饰的高清谱图，也为这一转录后修饰参与基因表达调控的研究提供了重要工具，为近年来兴起的"RNA 表观遗传学"领域提供了崭新的研究方向。研究成果发表在 2015 年 6 月 15 日的 *Nature Chemical Biology* 杂志上[195]。

第二军医大学和上海交通大学的研究人员证实，肿瘤抑制因子 RIZ1 的 PR 结构域能够通过甲基化表观遗传修饰组蛋白 H3K9 来对抗恶性脑膜瘤。研究人员首先利用 TAT 蛋白转导技术表达纯化出 RIZ1-PR 活性多肽，然后证明了 RIZ1-PR 多肽能够诱导原代培养的脑膜瘤细胞凋亡和增殖抑制，并且在临床前小鼠试验中证明该多肽有显著的抑癌活性；在机制研究上，研究人员利用基因芯片表达谱进一步揭示，RIZ1-PR 多肽可以通过甲基化 H3K9 进行表观遗传重

193 Zhaobo L, Mingguang L, Xingang W, et al. The Methyl-CpG-Binding Protein MBD7 Facilitates Active DNA Demethylation to Limit DNA Hyper-Methylation and Transcriptional Gene Silencing[J]. MOLECULAR CELL, 2015, 57(6)：971-983.

194 Yalin L, Handong S, Junling P, et al. Sequential de novo centromere formation and inactivation on a chromosomal fragment in maize[J]. PNAS, 2015, 112(11): E1263-E1271.

195 Xiaoyu L, Ping Z, Shiqing M, et al. Chemical pulldown reveals dynamic pseudouridylation of the mammalian transcriptome[J]. NATURE CHEMICAL BIOLOGY, 2015, 11(8):592-593.

编程，进而调控下游基因表达。研究中验证了其中两个 H3K9 的靶标 c-Myc 和 TXNIP（硫氧还蛋白互作蛋白）在其肿瘤抑制活性中的作用。研究成果发表在 2015 年 7 月的 *Biomaterials* 杂志上[196]。

北大肿瘤医院病因学研究室在 *p16* 基因 DNA 甲基化功能的研究方面取得了重要进展。他们利用人工锌指蛋白构建了 *p16* 基因 DNA 特异性甲基化酶，实现了人工诱导 *p16* 基因 DNA 特异性甲基化，证明 DNA 甲基化能够直接抑制该基因转录。同时在细胞和动物水平证实 *p16* 基因甲基化失活促进肿瘤细胞转移。该研究在国内外首次为揭示 *p16* 基因甲基化的功能及其在肿瘤发展过程中的作用提供了直接证据。相关成果已于 2015 年 11 月 23 日发表在 *Genome Biology* 杂志上[197]。

中国科学院昆明植物研究所研究团队与华南农业大学研究人员合作，针对表观遗传修饰中的核心内容之一—— DNA 甲基化，采用人工合成第 48 世代的同源四倍体水稻（Oryza sativa ssp. indica，2n=48）及其对应世代的亲本二倍体籼稻矮脚南特为材料，利用亚硫酸氢盐转化测序、小 RNA 测序、转录组测序等方法，在全基因组水平上开展了多倍化事件发生后 DNA 甲基化变异与基因组短期效应关系的研究，首次为多倍化事件发生后植物基因组进化受表观遗传修饰影响的研究提供了重要的理论基础。该成果于 2015 年 12 月发表在 *PNAS* 杂志上[198]。

中国科学院上海生命科学研究院生物化学与细胞生物学研究所的最新研究发现，中介体并不局限于参加对"DNA 遗传密码"的解读，还能参与对"组蛋白密码"的调节控制，从而精细控制与细胞命运紧密相关的基因表达。这项研究阐明了转录中介体的表观遗传调控新功能，为细胞命运的可塑性提供了一种新的见解。该成果于 2015 年 12 月发表在 *EMBO Journal*（《欧洲分子生物学学

196 MaoHua D, Zhen W, Lei J, et al. The transducible TAT-RIZ1-PR protein exerts histone methyltransferase activity and tumor-suppressive functions in human malignant meningiomas[J]. Biomaterials, 2015, 56: 165-178.

197 Chenghua C, Ying G, Liankun G, et al. P16-specific DNA methylation by engineered zinc finger methyltransferase inactivates gene transcription and promotes cancer metastasis[J]. Genome Biology, 2015, 16.

198 Jie Z, Yuan L, Enhua X, et al. Autotetraploid rice methylome analysis reveals methylation variation of transposable elementsand their effects on gene expression[J]. PNAS, 2015, 112(50): 7022-7029.

会会刊》）杂志上[199]。

天津医科大学和哈佛医学院的研究人员证实，Ezh2 通过组蛋白甲基转移酶活性调控了自然杀伤细胞（NK 细胞）的分化和功能。研究人员调查了组蛋白甲基化抑制标记物（H3K27me3）对早期 NK 细胞分化的影响。组蛋白 - 赖氨酸 N- 甲基转移酶 EZH2 作为重要的表观遗传修饰酶，是 PcG（Polycomb group）蛋白家族的重要成员之一，在调控基因表达的过程中起关键作用。EZH2 主要对组蛋白 H3K27 进行甲基化，从而沉默下游基因。它在细胞增殖、分化及肿瘤形成方面都有重要作用。研究成果发表在 2015 年 12 月 14 日的 *PNAS* 杂志上。

DNA 甲基化检测具有很强的组织特异性，因此在液体活检应用中具有独特优势，将成为肿瘤诊断、治疗及预后检测的重要手段。中国科学院北京基因组研究所与第二军医大学上海长海医院合作，通过对 66 对前列腺癌和癌旁样本的 Y 染色体甲基化分析对比，发现了前列腺癌中特异性的甲基化位点。该位点前列腺癌诊断灵敏性和特异性分别达到了 94.6% 和 78.3%，远优于传统的 PSA 方法，且该方法是通过尿液样本检测，是一种非侵入无创性液体检测手段。液体活检是当前无创性诊断的研究热点，具有广阔的应用前景，是未来分子诊断技术发展的必然趋势。研究成果发表在 2015 年 12 月的 *Oncotarget* 杂志上[200]。

（三）前景与展望

自从表观遗传学提出以来，人们对其内容和机制以及与疾病的关系有了一定的了解，2003 年人类表观基因组计划的提出与实施，更加深了人们对表观遗传的理解与认识，引起了人们的重视。表观遗传学以不同于基因学的视角，被广泛应用于癌症治疗、胚胎检查、疾病药物研发等领域，成为生命科学研究的焦点之一，它弥补了经典遗传学的不足，为人类疾病的治疗提供了新的研究方向。表观遗传学引发了各类癌症和慢性自身免疫疾病新治疗药物的研发。2015

199 XiaoY, Zhanyun T, Xing F, et al. The Mediator subunit MED23 couples H2B mono-ubiquitination to transcriptional control and cell fate determination[J]. EMBO JOURNAL, 2015, 34(23): 2885-2902.

200 Lushuai Y, Shancheng R, Minjie Z, et al. Identification of specific DNA methylation sites on the Y-chromosome as biomarker in prostate cancer[J]. ONCOTARGET, 2015, 6(38): 40611-40621.

年 FDA 批准了礼来公司的 ramucirumab/Cyramza 与 Folfiri 结合用于治疗转移性结直肠癌，同时诺华的 HDAC 抑制剂 Farydak 和 Celgene 公司的 Istodax 也在 2015 年获 FDA 批准用于治疗多发性骨髓瘤。2014 年全球表观遗传学市场规模为 39.8 亿美元，预计以 19.3% 的年复合增长率增长。2016 年 3 月，谷歌风投联合其他几家投资机构将 2100 万美元投给了 Cambridge Epigenetix（CEGX）公司用于表观遗传学测序技术开发，可以看出，继基因组测序走上商业化道路后，表观遗传学也有希望成为资本争相追逐的一个科学技术发展的方向。此外，表观遗传学的研究成果与人类健康以及农业生产具有密切的联系，与表观遗传相关的农业育种问题的研究，将阐明环境变化如何影响个体性状、植物抗性等，如何利用表观遗传的相关原理培育出抗寒冷、抗干旱、抗盐碱等新植物品种以及经济性状优良的动物品种也是未来要面对的挑战。可以预见，表观遗传有着不可限量的前途，等待科学家们去开发探索。

六、结构生物学

（一）概述

结构生物学主要是用物理方法，结合生物化学和分子生物学方法，测定生物大分子空间结构、精细结构以及结构的运动，阐明其相互作用的规律和发挥生物功能的机制，从而揭示生命现象本质的科学。结构生物学研究可以提供生物大分子在原子分辨率水平的原子坐标、相互作用的细节信息以及生物大分子在行使其功能时的动态变化，这些结构信息与功能研究相结合，不仅能促进对生物大分子的生物功能和分子机理的认识，阐述重要的生物学问题，同时也能为探索与生物大分子功能失调相关疾病的发病机理、寻找疾病诊断的新靶标和新方法、设计和研发治疗疾病的药物等奠定分子基础。近年来，我国结构生物学研究发展迅速，研究前端已进入国际前沿，并正以新的深度和广度与有关生物学重大问题密切结合。同时，北京和上海分别建设的国家蛋白质科学研究基础设施的顺利落成和投入使用，为我国结构生物学界进一步取得高水平的研究成果创造了条件[201]。

（二）重要进展

中国科学院上海药物研究所等机构的研究人员获得了 G 蛋白偶联受体 P2Y1 受体（P2Y1R）与核苷酸类拮抗物 MRS2500 和非核苷酸类拮抗物 BPTU 的复合物晶体，分辨率分别达到 2.7 埃和 2.2 埃，揭示出 P2Y1R 具有两个完全不同的配体结合位点[202]。该研究是 G 蛋白偶联受体领域的重大突破，揭示出人类 P2Y1 受体的三维结构，有助于深入理解这种受体蛋白与不同药物先导分子的相互作用机制，帮助设计出副作用较小、更为安全的新型抗血栓药物。

中国科学院植物研究所等机构的研究人员揭示植物光合作用的光系统 I（PSI）与捕光复合物（LHCI）之间的特异性互作。他们对豌豆 PSI-LHCI 进行了结构分析，获得了分辨率高达 2.8 埃的晶体结构[203]。该研究为理解光合作用机制提供了重要的结构基础，有助于解释植物如何在捕获阳光的同时保护自身细胞不受伤害。

清华大学等机构的研究人员获得了分枝杆菌中胰岛素诱导基因 *Insig* 同源蛋白 MvINS 的高分辨率晶体结构，并通过大量生化分析揭示了人源 Insig 蛋白感受调控细胞内固醇类分子水平的生化机制[204]。该研究为进一步了解 Insig 蛋白和固醇调节元件结合蛋白信号通路相关作用机制打下基础。

中国科学院上海药物研究所等机构的研究人员利用自由电子激光（XFEL）技术，在原子水平上构建出与 G 蛋白偶联受体视紫红质（Rhodopsin）与阻遏蛋白（Arrestin）复合物的晶体结构[205]。该研究为了解 GPCR 介导的阻遏蛋白信号

201 王大成，秦文明，李娜，等. 结构生物学研究在中国 [J]. 生物化学与生物物理进展，2014, 10: 944-971.

202 Zhang D, Gao Z G, Zhang K, et al. Two disparate ligand-binding sites in the human P2Y1 receptor[J]. Nature, 2015, 520(7547): 317-321.

203 Qin X, Suga M, Kuang T, et al. Structural basis for energy transfer pathways in the plant PSI-LHCI supercomplex[J]. Science, 2015, 348(6238): 989-995.

204 Ren R, Zhou X, He Y, et al. Crystal structure of a mycobacterial Insig homolog provides insight into how these sensors monitor sterol levels[J]. Science, 2015, 349(6244): 187-191.

205 Kang Y, Zhou X E, Gao X, et al. Crystal structure of rhodopsin bound to arrestin by femtosecond X-ray laser[J]. Nature, 2015, 523(7562): 561-567.

转导通路提供了非常重要的见解，为获得其他 GPCR 复合物的结构提供了线路图，对于开发相关的药物也有至关重要的意义。

清华大学等机构的研究人员纯化出酵母内源性微小染色体维持蛋白复合物 MCM2-7，利用低温电子显微镜以 3.8 埃的总体分辨率确定了它的结构[206]。该研究为剖析 MCM2-7 复合物促进 DNA 复制的生化机理奠定基础，并为未来研究这一螺旋酶家族在真核生物中特异性的装配、激活和调控提供了思路。

清华大学等机构的研究人员获得了植物磺肽素（PSK）结合其受体（PSKR）的晶体结构[207]，揭示出 PSKR 识别 PSK 以及 PSKR 变构激活的结构基础，为设计出 PSKR 特异性小分子开启了新途径。

湖南师范大学等机构的研究人员采用冷冻电子显微镜揭示了包被在双链 RNA（dsRNA）病毒内部的 RNA 聚合酶及基因组结构，并成功构建了双链 RNA 病毒在复制和转录过程中内部 RNA 及其聚合酶的协同工作模型[208]。该研究提供了关于 dsRNA 病毒复制和转录机制的新见解，并为确定包被在高对称性结构中的低对称性复合物的结构铺平了道路。

清华大学等机构的研究人员利用脂质立方相结晶法和微聚焦 X 射线衍射法，获得了葡萄糖转运蛋白 GLUT3 与 D- 葡萄糖复合物的结构，分辨率达到 1.5 埃。此外，研究人员还获得了分辨率分别为 2.6 埃和 2.4 埃的向胞外开放 / 闭合两种构象下的 GLUT3 与麦芽糖复合物结构[209]。该研究为了解 GLUTs 的机制及动力学奠定基础，并为合理设计和优化配体提供了新见解。

清华大学等机构的研究人员采用冷冻电子显微镜确定了炎症小题复合物 PrgJ-NAIP2-NLRC4 轮样结构，阐明了 NLRC4 蛋白诱导自激活的分子机制[210]。这

206 Li N, Zhai Y, Zhang Y, et al. Structure of the eukaryotic MCM complex at 3.8 A[J]. Nature, 2015, 524(7564): 186-191.

207 Wang J, Li H, Han Z, et al. Allosteric receptor activation by the plant peptide hormone phytosulfokine[J]. Nature, 2015, 525(7568): 265-268.

208 Liu H, Cheng L. Cryo-EM shows the polymerase structures and a nonspooled genome within a dsRNA virus[J]. Science, 2015, 349(6254): 1347-1350.

209 Deng D, Sun P, Yan C, et al. Molecular basis of ligand recognition and transport by glucose transporters[J]. Nature, 2015, 526(7573): 391-396.

210 Hu Z, Zhou Q, Zhang C, et al. Structural and biochemical basis for induced self-propagation of NLRC4[J]. Science, 2015, 350(6259): 399-404.

种作用机制保证了NLRC4蛋白对于危险信号具有更强的敏感性，为机体及时有效的启动免疫应答反应提供保障。该成果也为研究其他天然免疫NOD样受体的作用机制提供了借鉴意义。

中国科学院生物物理研究所等机构的研究人员获得了Cas1-Cas2双交叉DNA复合物晶体结构，发现Cas1-Cas2识别外源入侵DNA分子机制，揭示了有关PAM依赖性的结构机制，同时也解释了核心蛋白Cas1和Cas2功能[211]。该研究为揭示原核生物这一新的抵御病毒及遗传物质的入侵机制奠定了重要的理论基础。

华南农业大学等机构的研究人员通过冷冻电镜和不对称重建，解析了休眠状态人类轮状病毒和昆虫胞质多形体病毒（q-CPV）内部dsRNA基因组以及q-CPV和t-CPV（有转录活性）中转录酶复合物（TEC）的原位结构[212]。该发现将感知环境线索的外部蛋白与病毒内的RNA转录关联起来。

中国科学院微生物研究所等机构的研究人员首次报道了烟曲霉毒素B内过氧化酶（FtmOx1）的晶体结构，以及FtmOx1分别与α-酮戊二酸和烟曲霉毒素B的复合物结构，并通过酶学实验结果验证了FtmOx1的功能[213]。该研究阐明了这一特别的环内过氧桥键的生物合成新机制，为发现催化青蒿酸形成青蒿素的环内过氧键合酶向前迈进了一大步。

华中农业大学等机构的研究人员利用先进的3D基因组技术，在单倍型水平上阐明了CTCF蛋白介导的染色质拓扑结构规律及其调控基因表达模式的分子机制[214]。该研究为进一步认识三维基因组的结构和功能以及疾病发生发展奠定基础，对疾病的临床精准医疗具有重要意义。

清华大学等机构的研究人员分离出了来自兔骨骼肌的电压门控离子通道

---

211 Wang J, Li J, Zhao H, et al. Structural and mechanistic basis of PAM-dependent spacer acquisition in CRISPR-Cas systems[J]. Cell, 2015, 163(4): 840-853.

212 Zhang X, Ding K, Yu X, et al. In situ structures of the segmented genome and RNA polymerase complex inside a dsRNA virus[J]. Nature, 2015, 527(7579): 531-534.

213 Yan W, Song H, Song F, et al. Endoperoxide formation by an α-ketoglutarate-dependent mononuclear non-haem iron enzyme[J]. Nature, 2015, 527(7579): 539-543.

214 Tang Z, Luo O J, Li X, et al. CTCF-Mediated Human 3D Genome Architecture Reveals Chromatin Topology for Transcription[J]. Cell, 2015, 163(7): 1611-1627.

Cav1.1 复合物，并采用单颗粒冷冻电镜技术利用直接电子检测和先进的图像处理揭示出了 Cav 通道与其辅助亚基的复合物详细结构[215]。该项结构分析为了解钙离子通道和钠离子通道相关功能和疾病机制奠定基础。

（三）前景与展望

近年来，成像技术的进步极大地推动了结构生物学发展，X 射线晶体衍射技术的完善扩展了结构生物学的研究靶标和范围，X 射线自由电子激光技术的发明显著地降低了 X 射线晶体学对于晶体大小的限制，直接电子探测器（Direct Detection Device，DDD）的发明和高分辨率图像处理算法软件的改进将冷冻电镜的分辨率由几十埃提高到几埃[216]。随着研究的发展和技术的进步，结构生物学已经完全超越单纯空间结构测定的本身，而是直接瞄准待测结构的生物大分子的功能，瞄准那些与功能紧密联系在一起的生物大分子、超大分子复合物的结构，并且已不再满足于静态结构的测定，而追求与生物大分子发挥生物功能相伴随的动态的结构的变化。此外，如何进一步应用和发挥结构研究价值也是结构生物学研究的一个重要方向，其中以结构为基础的药物设计、利用结构信息进行蛋白质功能与特性优化改良的蛋白质工程学研究都是结构生物学的重要主题[217]。

七、传染病与免疫学

（一）概述

免疫学是研究人体免疫系统结构和功能的科学，主要探讨免疫系统识别抗

---

215 Wu J, Yan Z, Li Z, et al. Structure of the voltage-gated calcium channel Cav1. 1 complex[J]. Science, 2015, 350(6267): aad2395.

216 孙玉娜，饶子和. 中国的 X 射线晶体学与结构生物学 [J]. 现代物理知识，2014, (5): 11-16.

217 丁建平. 结构生物学专题序言 [J]. 生命的化学，2014, 34(5): 591.

原后发生免疫应答及清除抗原的规律，并致力于阐明免疫功能异常所致疾病的病理过程及其机制。免疫学的基本理论和技术是诊断、预防和治疗某些免疫相关疾病特别是传染性疾病的基础，在生命科学和医学中有着重要的地位。2015年我国除了在机体保护性免疫反应机制研究中取得重要成果外，对禽流感病毒、结核感染、戊型肝炎、中东呼吸综合征、埃博拉病毒和幽门螺杆菌感染等疾病的感染机制和遗传基础进行了研究，同时，疫苗研究也取得了多项突破性成果。

（二）重要进展

1. 机体保护性免疫反应机制研究

中国科技大学等机构的研究人员证实多巴胺可通过多巴胺 D1 受体（DRD1）抑制 NLRP3 炎症小体[218]。该研究揭示出了炎症小体的一个内源性调控机制，并指出了 DRD1 有可能是 NLRP3 炎症小体驱动的一些疾病的潜在治疗靶点。

北京化工大学等机构的研究人员率先表征确定了一系列可激发免疫反应的外源或内源分子与 DNA 所生产复合体的空间结构，阐明了导致自身性免疫疾病中，免疫系统如何被外源或内源分子激活的统一分子机制[219]。这一突破性进展将对进一步找到新方法去治疗这一类疾病具有重要意义。

中国科学院生物物理研究所等机构的研究人员发现了通过细胞内囊运输调控肠道稳态的新机制。研究首次揭示了富亮氨酸重复激酶（LRRK2）通过调控潘氏细胞中的囊泡分泌而特异性调控抗菌活性物质溶菌酶，从而发挥控制肠道感染的重要作用[220]。该研究不但为炎症性肠炎相关疾病的治疗提供了新的潜在靶点，为增强肠道屏障功能发现了新策略，而且在分子水平揭示了潘氏细胞独特

218 Yan Y, Jiang W, Liu L, et al. Dopamine controls systemic inflammation through inhibition of NLRP3 inflammasome[J]. Cell, 2015, 160(1): 62-73.

219 Schmidt N W, Jin F, Lande R, et al. Liquid-crystalline ordering of antimicrobial peptide-DNA complexes controls TLR9 activation[J]. Nature materials, 2015, 14(7): 696-700.

220 Zhang Q, Pan Y, Yan R, et al. Commensal bacteria direct selective cargo sorting to promote symbiosis[J]. Nature immunology, 2015, 16(9): 918-926.

生理功能的细胞生物学基础。

中国科学院上海药物研究所等机构的研究人员通过揭示茉莉酸信号复合物的结构，解释了这一至关重要激素信号通路的受控机制，阐明了植物激素茉莉酸与三个关键蛋白 MYC、JAZ 和 MED25 的相互作用[221]。该研究不仅有助于科学家们开发出能够更好地抵御害虫、疾病和气候变化所导致的挑战的理想作物，也能帮助更好地理解在植物、动物和人类中相似的基因开启和关闭机制，进而为解决包括癌症在内的一些人类疾病提供思路。

中国科学院基础医学研究所等机构的研究人员阐明了 Tet2 蛋白消退炎症的具体作用机制。研究证实炎症消退过程中，在树突状细胞和巨噬细胞等天然髓系细胞内，Tet2 选择性介导抑制了白细胞介素 -6（IL-6）转录[222]。该项研究阐明了 Tet2 可通过组蛋白去乙酰化来发挥基因特异性转录抑制活性，在染色质水平上阻止 IL-6 的持续转录激活进而消退了炎症。

中国科学院生物物理研究所等机构的研究人员发现抗小鼠 CD47 抗体在野生型小鼠中的抗肿瘤效果主要是通过树突状细胞提呈抗原，并激活细胞毒性 T 细胞从而达到治疗肿瘤的目的[223]。该过程依赖于干扰素的分泌和 DNA/STING 信号通路的激活。该研究对于抗 CD47 抗体的临床实验和肿瘤抗体免疫治疗具有重要指导意义。

北京生命科学研究所等机构的研究人员借助 CRISPR/Cas9 基因组编辑技术进行全基因组筛查，发现了小鼠骨髓巨噬细胞中参与 caspase-11 和 caspase-1 介导的炎症坏死的宿主因子，证实 gasdermin D 蛋白缺陷的细胞可以抵抗胞质脂多糖和已知炎性体配体诱导的炎症坏死[224]。该项研究提供了炎性体介导免疫 / 疾病机制的新见解，并改变了对于炎症坏死及程序性坏死的认识。

221 Zhang F, Yao J, Ke J, et al. Structural basis of JAZ repression of MYC transcription factors in jasmonate signalling[J]. Nature, 2015, 525(7568): 269-273.

222 Zhang Q, Zhao K, Shen Q, et al. Tet2 is required to resolve inflammation by recruiting Hdac2 to specifically repress IL-6[J]. Nature, 2015, 525(7569): 389-393.

223 Liu X, Pu Y, Cron K, et al. CD47 blockade triggers T cell-mediated destruction of immunogenic tumors[J]. Nature medicine, 2015, 21(10): 1209-1215.

224 Shi J, Zhao Y, Wang K, et al. Cleavage of GSDMD by inflammatory caspases determines pyroptotic cell death[J]. Nature, 2015, 526(7575): 660-665.

2. 感染性疾病的感染机制和疫苗研究

近年来，禽流感病毒在全球呈流行爆发趋势，我国也先后出现人感染 H5N1、H7N9 等禽流感的病例，造成很大的社会影响。2015 年，中国农业大学等机构的研究人员检测了禽流感病毒 H10N8 的受体结合特性，并确定了它的血凝素蛋白（HA）与禽类和人类受体类似物形成复合物的结构[225]。该项研究揭示了 H10N8 禽流感病毒优先结合禽类受体的结构基础，提出 H10N8 是一种典型的禽类流感病毒。中国农业大学等机构的研究人员通过分析台湾地区所有 H6N1 亚型流感病毒 HA 蛋白中决定受体结合特性的关键性氨基酸位点变化，发现 186、190、228 位氨基酸在 H6N1 亚型流感病毒的受体结合特性转变中发挥了重要作用，揭示了禽流感病毒受体偏好性改变的结构基础，解析了禽流感病毒跨物种传播机制[226]。

深圳第三人民医院等机构的研究人员对 H7N9 病毒的进化和传播开展了大规模基因组分析。他们对 438 个病毒株的基因组进行了测序，发现随着病毒向南方传播，它演变为了三个主要分支，并具有多个次分支，证实这一病毒分化为一些地方性的谱系[227]。该研究阐明从疫情爆发开始时，H7N9 携带的一些突变使得它比 H5N1 禽流感能够更容易地从鸟类传播至人类。上海复旦大学等机构的研究人员发现机体在遇到 H7N9 流感病毒时会产生 CD8[+]T 细胞，这些细胞能记忆遇到的流感病毒株[228]。该研究将有助于指导开发能够抵御新病毒株的疫苗成分，通过注射一次通用型流感疫苗实现终身防护。

中国医学科学院等机构的研究人员评估了中国农村人群中的潜伏性结核流行率及其相关风险因素。研究结果显示结核菌素皮肤试验结果可能会受多种

225 Wang M, Zhang W, Qi J, et al. Structural basis for preferential avian receptor binding by the human-infecting H10N8 avian influenza virus[J]. Nature communications, 2015, 6: 5600-5606.

226 Wang F, Qi J, Bi Y, et al. Adaptation of avian influenza A (H6N1) virus from avian to human receptor - binding preference[J]. The EMBO journal, 2015, 34(12): 1661-1673.

227 Lam T T Y, Zhou B, Wang J, et al. Dissemination, divergence and establishment of H7N9 influenza viruses in China[J]. Nature, 2015, 522(7554): 102-105.

228 Wang Z, Wan Y, Qiu C, et al. Recovery from severe H7N9 disease is associated with diverse response mechanisms dominated by CD8[+] T cells[J]. Nature communications, 2015, 6: 6833-6844.

因素影响，包括卡介苗接种和年龄，还表明与采用 QuantiFERON 检测相比，采用皮肤试验方法进行检测可能会高估中国的潜伏性结核感染患病率[229]。该研究为进一步进行潜伏性结核感染流行率和预防性干预措施相关的系统研究提供了基础。

厦门大学等机构的研究人员研制出了一种新型的戊型肝炎（戊肝）疫苗。他们随机分配约 11.3 万名 16～65 岁的健康成人接种 3 针次戊肝疫苗或对照乙肝疫苗，在接种 3 针次戊肝疫苗的人群中，87% 的受试者在至少 4.5 年时间内体内持续存在对抗这一病毒的抗体，在该人群中疫苗的长期保护率达到 93.3%（95%CI，78.6～97.9）[230]。该疫苗是目前世界上唯一上市的戊肝疫苗。

香港大学等机构的研究人员发现中东呼吸综合征（MERS）冠状病毒已经在沙特的单峰驼中形成地方性流行，单峰驼不仅是 MERS 感染人类的直接源头，也是另外两种新型冠状病毒的自然宿主[231]。该项研究对于控制相关病毒传播具有重要的指导意义。

中国疾病预防控制中心等机构的研究人员发现埃博拉病毒遗传多样性在持续增加。研究获得了 440 个单核苷酸多态性位点，其中有四分之一的位点是非同义突变位点，有可能造成病毒蛋白结构和性质的改变[232]。该研究对于进一步开发相关疫苗和治疗方法具有指导意义。

军事医学科学院生物工程研究所等机构的研究人员对 2014 基因型埃博拉疫苗的安全性和免疫原性进行检验。随机双盲、安慰剂对照的 I 期临床试验的结果表明新的疫苗是安全的，能够引发受试者的免疫应答，不过还需要进一步试验，进行抵御病毒能力的评估以及免疫应答持久性考察，才能确定它是否能抵

---

229 Gao L, Lu W, Bai L, et al. Latent tuberculosis infection in rural China: baseline results of a population-based, multicentre, prospective cohort study[J]. The Lancet Infectious Diseases, 2015, 15(3): 310-319.

230 Zhang J, Zhang X F, Huang S J, et al. Long-term efficacy of a hepatitis E vaccine[J]. New England Journal of Medicine, 2015, 372(10): 914-922.

231 Sabir J S M, Lam T T Y, Ahmed M M M, et al. Co-circulation of three camel coronavirus species and recombination of MERS-CoVs in Saudi Arabia[J]. Science, 2016, 351(6268): 81-84.

232 Tong Y G, Shi W F, Liu D, et al. Genetic diversity and evolutionary dynamics of Ebola virus in Sierra Leone[J]. Nature, 2015, 524(7563): 93-96.

御埃博拉病毒[233]。

江苏省疾病预防控制中心等机构的研究人员进行了口服重组幽门螺杆菌疫苗的临床试验。他们通过对 4464 例 6～15 岁儿童进行随机双盲安慰剂对照试验，证明口服重组幽门螺杆菌疫苗具有良好的安全性和免疫原性，并能有效降低由感染引起的胃炎、胃及十二指肠溃疡及胃癌发病率，完成了世界首个口服幽门螺杆菌疫苗的Ⅲ期临床研究，即将申请上市销售[234]。该疫苗的成功研发向预防由幽门螺杆菌所导致的胃癌这个目标迈进了重要一步。

浙江大学等机构的研究人员创造性地将自然界中广泛存在的生物矿化现象应用于修饰和提升疫苗的性能[235]。该研究为提升腺病毒载体的使用效率和使用范围提供了一种崭新思路，对研发更有效地针对艾滋病、其他传染性疾病和肿瘤的疫苗及免疫治疗新策略具有重要科学意义和应用价值。

（三）前景与展望

免疫学作为生命科学的基础学科之一，一方面由于免疫分子和免疫细胞的诸多独有特征和生理功能，使其经常成为其他学科研究的首选对象；另一方面，作为机体的一大系统，免疫系统与神经系统、内分泌系统相互关系及调控机制的研究丰富了人们对机体内环境调节机制的理解。因此，以免疫系统为模式，研究生命科学的基本问题，如细胞的发育、分化、活化及其基因表达的调控等，成为免疫学发展一个主要方向。

作为一门应用性很强的学科，免疫学的许多研究成果从实验室研究直接转向生物技术产品的开发，多种细胞因子的重组产品、单克隆抗体、疫苗等作为新型生物制剂，已经或正在投入应用。全球抗体药物的销售额在生物技术药物

233 Zhu F C, Hou L H, Li J X, et al. Safety and immunogenicity of a novel recombinant adenovirus type-5 vector-based Ebola vaccine in healthy adults in China: preliminary report of a randomised, double-blind, placebo-controlled, phase 1 trial[J]. The Lancet, 2015, 385(9984): 2272-2279.

234 Zeng M, Mao X H, Li J X, et al. Efficacy, safety, and immunogenicity of an oral recombinant Helicobacter pylori vaccine in children in China: a randomised, double-blind, placebo-controlled, phase 3 trial[J]. The Lancet, 2015, 386(10002): 1457-1464.

235 Wang X, Sun C, Li P, et al. Vaccine Engineering with Dual - Functional Mineral Shell: A Promising Strategy to Overcome Preexisting Immunity[J]. Advanced Materials, 2015, 28(4): 694-700.

中占比达 30%，是生物技术药占比最大的类别。2014 年，全球处方药销售额前 10 位中，有 5 个是单克隆抗体药物，销售额均超过 60 亿美元。免疫相关的生物技术产品已被广泛应用于治疗肿瘤、自身免疫性疾病、感染性疾病和移植排斥反应等多种疾病，研发成果持续井喷。

作为一门与人类健康密切相关的学科，免疫学取得的一系列突破性进展为揭示肿瘤、感染性疾病、自身免疫性疾病、移植排斥、免疫缺陷等临床疾病的发病机制，以及这些疾病的诊断和治疗提供了新的技术方法和研究思路，特别是肿瘤免疫疗法入选了 Science 杂志评选的 2013 年十大突破，已成为当前的研发热点。随着生物医学研究新技术体系的建立与交叉融合，免疫学研究已在基因、分子和整体水平上得到全面发展，过去困扰免疫学家的一些技术难关，随着高通量技术平台的建立而获得突破；过去难以观察到的免疫现象或者免疫细胞与分子的变化，随着高敏感、高特异性技术方法的建立与应用而易于被检测。尤其是随着系统医学、转化医学理念的不断深化，免疫学的基础研究与临床应用出现了前所未有的发展态势，即围绕着临床实践中重大疾病的早期诊断、早期预防和早期治疗的重要科学问题，开展了越来越多的创新性研究，为诊断与防治包括传染病、肿瘤、器官移植排斥、自身免疫性疾病与过敏疾病等在内的人类重大疾病带来新的希望，也为生物高技术产业化的发展创造了新的增长点。

 ## 八、干细胞

（一）概述

干细胞自我更新及分化能力使其在疾病治疗和器官移植等领域具有巨大应用潜力，同时也为疾病研究和药物开发提供了有效的潜在工具，因此获得了国际的广泛关注。2015 年，研究人员在干细胞基础研究方面继续深入，在多能性维持、微环境调控、命运决定、细胞重编程等基础研究领域获得了一系列突破性成果，为干细胞领域的发展奠定了坚实的基础，并推动该领域向应用领域迈进。

我国在干细胞领域也取得了一系列突破。细胞重编程领域一直是我国的优势领域，2015 年科研人员进一步对重编程相关机制进行了深入探索，探明了重编程过程中的多种关键调控因子，并构建了一套全新的重编程因子，对于我国首创的小分子重编程技术，也进一步对内在的调控机制进行了深入研究。在干细胞生长和功能调控领域，除了对干细胞增殖、自我更新、分化等过程的调控机制进行进一步的研究外，我国在 2015 年获得重大突破，打破生殖隔离创造出一种新型干细胞——异种杂合二倍体胚胎干细胞，走在国际前沿；我国科研人员还在单倍体胚胎干细胞领域获得突破，建立了能稳定支持半克隆小鼠出生的类精子细胞，还实现了从卵子中获得了能够具有精子功能的单倍体胚胎干细胞。在疾病治疗领域，我国科研人员研究了干细胞对肝癌、早衰症、结直肠癌和系统性红斑狼疮等多种疾病的治疗潜力。

（二）重要进展

1. 细胞重编程

细胞重编程研究经历了多个阶段，从利用核移植技术获得了多利羊，到 2006 年 8 月，日本京都大学的山中伸弥（Shinya Yamanaka）通过基因导入技术成功地将小鼠皮肤细胞诱导成了能分化成多种细胞类型的诱导多能干细胞（iPS），再到近年来开始关注的研究方向，利用小分子化合物，精确调控细胞重编程，细胞重编程这一"逆转细胞命运"的技术取得了重大的突破。2015 年，我国在细胞重编程研究领域取得如下成果。

中国科学院遗传与发育生物学研究所等机构的研究人员报道了具有不同程度多能性的 4 种细胞中 mRNA 转录组的 m6A 修饰图谱，发现了 m6A 修饰在多能与分化的细胞系间的分布差异和发生在一些决定细胞特异分化的 RNA 分子上的细胞类型特异的 m6A 修饰[236]。该研究揭示了 miRNA 在调节 mRNAs 的

---

236 Chen T, Hao Y J, Zhang Y, et al. m6A RNA methylation is regulated by microRNAs and promotes reprogramming to pluripotency[J]. Cell Stem Cell, 2015, 16(3): 289-301.

m6A 形成过程中的作用，并为未来研究 m6A 修饰在细胞重编程中的作用提供了基础。

中国科学院广州生物医药与健康研究院等机构的研究人员阐明了在体细胞重编程中细胞重塑、mTORC1 和自噬之间的关系。重编程早期 mTORC1 被迅速关闭并激活自噬，如果人为保持 mTORC1 一直开启，细胞大小和线粒体都不会变化，即细胞重塑不会发生，同时重编程被严重抑制[237]。该研究对于从重编程角度研究衰老、癌症、糖尿病以及神经退行性疾病的相关机制具有重要意义。

中国科学院广州生物医药与健康研究院等机构的研究人员重新组建了一套不包含 Yamanaka 因子的全新 iPS 细胞诱导因子。研究发现癌基因 *c-Jun* 仅在体细胞中表达，在胚胎干细胞或 iPS 细胞中完全不表达，*c-Jun* 与多能性完全不相容[238]。这一全新的重编程因子组合为研究重编程机理提供了崭新的思路和模型。

中国科学院上海生命科学研究院生物化学与细胞生物学研究所等机构的研究人员应用小分子化合物组合诱导人成纤维细胞转化为神经细胞，并证明了该化合物诱导策略是生成阿尔茨海默病患者特异性神经元细胞的可行性方法[239]。该研究为神经系统疾病模型的构建，相关机制研究和药物筛选提供一个有用并可行的方法。

北京大学等机构的研究人员发现仅需两种不同的化学物组合即能将成纤维细胞转化为神经细胞。研究发现一个 BET 蛋白家族布罗莫结构域抑制剂 I-BET151，破坏了皮肤成纤维细胞的特异程序，而神经发生诱导剂 ISX9 帮助激活神经元特异性基因[240]。该研究为进一步采用纯化合物生成用于转化医学的特异神经元奠定基础。

---

237 Wu Y, Li Y, Zhang H, et al. Autophagy and mTORC1 regulate the stochastic phase of somatic cell reprogramming[J]. Nature cell biology, 2015, 17(6): 715-725.

238 Liu J, Han Q, Peng T, et al. The oncogene c-Jun impedes somatic cell reprogramming[J]. Nature cell biology, 2015, 17(7): 856-867.

239 Hu W, Qiu B, Guan W, et al. Direct conversion of normal and Alzheimer's disease human fibroblasts into neuronal cells by small molecules[J]. Cell Stem Cell, 2015, 17(2): 204-212.

240 Li X, Zuo X, Jing J, et al. Small-molecule-driven direct reprogramming of mouse fibroblasts into functional neurons[J]. Cell Stem Cell, 2015, 17(2): 195-203.

北京大学等机构的研究人员证实早期形成胚外内胚层（XEN）样细胞及晚期从 XEN 样细胞转变为化学诱导多能干细胞（CiPSCs）是化学重编程的必要条件。研究人员以分步方式精确操控细胞命运转变，建立了一个强大的化学重编程系统[241]。该研究显示化学小分子是调控细胞命运的理想手段，将有助于更好地理解细胞命运转变的内在机制，为化学诱导方法更加广泛地应用于体细胞重编程和再生医学领域奠定了基础。

中国科学院广州生物医药与健康研究院等机构的研究人员发现线粒体超氧信号的短暂激活对重编程有促进作用，但这一过程持续激活会妨碍重编程[242]。研究指出线粒体超氧信号会降低 Nanog 启动子的甲基化状态，通过上调 Nanog 实现促进重编程的效果。该研究揭示了超氧信号在细胞命运决定中起到了不可忽视的作用，这一功能是由表观遗传因子介导调控的。

2. 干细胞生长和功能调控

干细胞因其所具有的自我复制能力和多向分化潜能备受科学界关注。干细胞的分化能力及其分化方向受到体内外多重调控因素的影响，干细胞通过与这些调控因素之间的相互作用，调节其自身的增殖、分化，从而决定干细胞的命运。2015 年，我国在干细胞生长和功能调控研究取得如下成果。

中国科学院上海生命科学研究院生物化学与细胞生物学研究所等机构的研究人员利用 CRISPR-Cas9 技术，在小鼠的精原干细胞中修复了遗传缺陷，产生了完全健康的后代[243]。

上海同济大学等机构的研究人员利用单细胞 RNA 测序技术，结合加权基因共表达网络分析（WGCNA），揭示出了激活休眠神经干细胞的信号。血管内皮生长因子（VEGF）可激活 CD133$^+$室管膜神经干细胞（NSCs），加上碱性成纤

241 Zhao Y, Zhao T, Guan J, et al. A XEN-like state bridges somatic cells to pluripotency during chemical reprogramming[J]. Cell, 2015, 163(7): 1678-1691.

242 Ying Z, Chen K, Zheng L, et al. Transient activation of mitoflashes modulates nanog at the early phase of somatic cell reprogramming[J]. Cell metabolism, 2016, 23(1): 220-226.

243 Wu Y, Zhou H, Fan X, et al. Correction of a genetic disease by CRISPR-Cas9-mediated gene editing in mouse spermatogonial stem cells[J]. Cell research, 2015, 25(1): 67-79.

维生长因子（bFGF）则诱导了随后的神经谱系分化和迁移[244]。该研究表明了中枢神经系统整个脑室表面都存在有休眠的室管膜神经干细胞，并揭示出了在损伤之后可让它们激活的丰富信号。

中国科学院昆明动物研究所等机构的研究人员发现 Filia 是维持小鼠胚胎干细胞遗传物质稳定性的多功能调控因子，可从多个层次调控 DNA 损伤反应（DDR），在 DDR 的信号传导、细胞周期阻滞、DNA 损伤修复、损伤细胞的分化和凋亡过程中均起着独立的调控功能[245]。该研究首次从多个角度揭示 Filia 是多能干细胞维持遗传物质稳定性的关键调控因子，并为评价多能干细胞遗传物质稳定性提供了简单有效的分子标记。

中国科学院动物研究所等机构的研究人员的研究发现在特殊培养条件下生长的食蟹猴胚胎干细胞（cESC），能够整合到宿主胚胎中发展成嵌合体。特殊培养条件改变了 cESC 的生长特性、基因表达图谱和自我更新的信号通路[246]。该研究证明了用 ESC 生成嵌合体猴是可行的，可以在此基础上建立非人灵长类动物模型，进行多能性和人类疾病研究。

中国科学院马普学会计算生物学伙伴研究所等机构的研究人员建立了能稳定支持半克隆小鼠出生的"类精子细胞"单倍体细胞系，并证明这些细胞能携带 CRISPR-Cas9 文库进一步产生大量携带不同突变基因的小鼠[247]。该成果填补了哺乳动物在个体水平上进行遗传筛选的空白，为遗传发育研究提供新的体系。

中国科学院上海生命科学研究院营养科学研究所等机构的研究人员发现不论是在正常组织还是损伤修复过程中，绝大多数 c-kit[+]干细胞参与肺组织血管的形成，转分化为血管内皮细胞，且在损伤过程中增殖，参与损伤后的血管新生，

244 Luo Y, Coskun V, Liang A, et al. Single-cell transcriptome analyses reveal signals to activate dormant neural stem cells[J]. Cell, 2015, 161(5): 1175-1186.

245 Zhao B, Zhang W, Duan Y, et al. Filia is an ESC-Specific regulator of DNA damage response and safeguards genomic stability[J]. Cell stem cell, 2015, 16(6): 684-698.

246 Chen Y, Niu Y, Li Y, et al. Generation of cynomolgus monkey chimeric fetuses using embryonic stem cells[J]. Cell stem cell, 2015, 17(1): 116-124.

247 Zhong C, Yin Q, Xie Z, et al. CRISPR-Cas9-mediated genetic screening in mice with haploid embryonic stem cells carrying a guide RNA library[J]. Cell stem cell, 2015, 17(2): 221-232.

促进肺的修复过程，揭示了 c-kit⁺ 干细胞在肺的生理稳态和损伤修复过程中的作用[248]。该研究为 c-kit⁺ 干细胞临床转化治疗肺疾病提供了初步的参考依据。

上海同济大学等机构的研究人员论证了组蛋白甲基转移酶（SETDB1）通过与 PRC2 形成复合物，影响组蛋白 H3 第 27 位赖氨酸甲基化（H3K27me3）水平来调控靶基因表达和干细胞状态[249]。该研究通过结合生物信息学、干细胞生物学和生物化学手段，揭示了小鼠胚胎干细胞中 SETDB1 的表观遗传调控的新机制。

中国科学院上海生命科学研究院生物化学与细胞生物学研究所等机构的研究人员从卵子中产生了能代替精子使用的单倍体胚胎干细胞，并证明这些细胞能高效产生半克隆小鼠，从而简化了单倍体胚胎干细胞技术，同时提供直接证据证明印记基因的正常表达是胚胎发育的关键因素[250]。该研究促进了单倍体胚胎干细胞技术的广泛应用。

中国科学院动物研究所等机构的研究人员创造出一种新型的干细胞－异种杂合二倍体胚胎干细胞。这是首例人工创建的、以稳定二倍体形式存在的异种杂合胚胎干细胞，它们包含大鼠和小鼠基因组各一套，并且异源基因组能以二倍体形式稳定存在[251]。该研究为进化生物学、发育生物学和遗传学等研究提供新的模型和工具。

3. 干细胞与疾病

干细胞治疗是将自体或异体的健康干细胞移植或输入患者体内，以达到修复病变细胞或重建功能正常的细胞和组织的目的。干细胞治疗作为某些难治性疾病的新型治疗手段，被生命科学界寄予了无限的希望。而与肿瘤干细胞增殖

248 Liu Q, Huang X, Zhang H, et al. c-kit⁺ cells adopt vascular endothelial but not epithelial cell fates during lung maintenance and repair[J]. Nature medicine, 2015, 21(8): 866-868.

249 Fei Q, Yang X, Jiang H, et al. SETDB1 modulates PRC2 activity at developmental genes independently of H3K9 trimethylation in mouse ES cells[J]. Genome research, 2015, 25(9): 1325-1335.

250 Zhong C, Xie Z, Yin Q, et al. Parthenogenetic haploid embryonic stem cells efficiently support mouse generation by oocyte injection[J]. Cell research, 2015, 26(1): 131-134.

251 Li X, Cui X L, Wang J Q, et al. Generation and application of mouse-rat allodiploid embryonic stem cells[J]. Cell, 2016, 164(1): 279-292.

调控相关的信号的研究，将有助于开发出癌症治疗策略。2015 年，我国在干细胞与疾病方面的研究取得如下成果。

中国科学院生物物理研究所等机构的研究人员发现长链非编码 RNA *lncTCF7* 在肝癌肿瘤和肝癌干细胞中高水平表达，*lncTCF7* 是肝癌干细胞自我更新和肿瘤增殖的必要条件[252]。该研究发现了一条基于 lncRNA 提高肝癌干细胞致癌活性的 Wnt 信号调控回路，突显了 lncRNAs 在肿瘤生长和增殖中的重要作用，将有助于开发出有效的肝癌治疗和复发预防策略。

中国科学院生物物理研究所等机构的研究人员利用人类早衰症的干细胞模型，揭示了 WRN 蛋白在维持异染色质稳定性方面的全新功能，阐明了染色质的高级结构失序在细胞衰老中发挥的驱动性作用，并由此提出人类干细胞衰老可能归因于表观遗传改变和基因组不稳定性的互作[253]。该研究对于预防及治疗如癌症、糖尿病和阿尔茨海默病等年龄相关的疾病具有重要指导意义。

上海复旦大学等机构的研究人员发现促血小板生成素（TPO）通过激活赖氨酸降解促进了结直肠癌肿瘤起始细胞（TICs）向肝脏转移[254]。研究证实赖氨酸分解代谢生成了乙酰辅酶 A，进而促使 LRP6 乙酰化，并由此触发 LRP6 酪氨酸磷酸化，最终激活 Wnt 信号促进了 CD110＋ TICs 自我更新。该研究揭示 TPO 诱导的代谢重编程驱动了 CD110＋ TICs 发生肝转移，明确了结直肠癌肝转移潜在分子机制，对防止及治疗转移性结直肠癌具有重要的意义。

第四军医大学等机构的研究人员发现间充质干细胞移植（MSCT）可以挽救骨髓间充质干细胞（BMMSC）的功能并改善 Fas 缺陷的 MRL/lpr 小鼠（系统性红斑狼疮模型）的骨质疏松[255]。该研究揭示了 MSCT 通过表观遗传调控 Notch 信号改善红斑狼疮引起的骨质疏松的分子机制。

---

252 Wang Y, He L, Du Y, et al. The long noncoding RNA lncTCF7 promotes self-renewal of human liver cancer stem cells through activation of Wnt signaling[J]. Cell stem cell, 2015, 16(4): 413-425.

253 Zhang W, Li J, Suzuki K, et al. A Werner syndrome stem cell model unveils heterochromatin alterations as a driver of human aging[J]. Science, 2015, 348(6239): 1160-1163.

254 Wu Z M, Wei D, Gao W C, et al. TPO-induced metabolic reprogramming drives liver metastasis of colorectal cancer CD110＋ tumor-initiating cells[J]. Cell stem cell, 2015, 17(1): 47-59.

255 Liu S, Liu D, Chen C, et al. MSC transplantation improves osteopenia via epigenetic regulation of notch signaling in lupus[J]. Cell Metabolism, 2015, 22(4): 606-618.

（三）前景与展望

　　干细胞在疾病治疗中的巨大应用潜力是国际社会对该领域寄予厚望的最根本原因，在继续深入探究干细胞相关的基础调控机制的同时，科研人员对干细胞领域的关注重点正逐渐向下游转移，即基于各类疾病的干细胞研究及干细胞疗法开发正逐渐成为干细胞领域的研究焦点，这一转变也将加快干细胞疗法的开发进程。

　　我国与国际干细胞领域的发展始终保持同步，在生殖疾病、卵巢癌、结直肠癌等领域均开展了大量工作，获得了一系列国际领先的成果，为我国未来在这些领域的发展奠定了基础。此外，我国近年来在组织工程领域取得了一系列国际瞩目的重大成就，使我国在该领域走到了世界前沿，可能成为我国在国际干细胞与再生医学领域中领先的突破口。

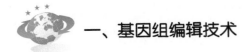

一、基因组编辑技术

（一）概述

自 2013 年首次报道 CRISPR-Cas9 系统在哺乳动物基因组编辑中的应用以来，以 CRISPR 为代表的基因组编辑技术受到了源源不断的高度关注。在过去的三年里，"魔剪" CRISPR 以其廉价、快捷、便利的优势，迅速席卷全球各地实验室，被认为是遗传研究领域的革命性技术。科学家们已将其熟练应用于作物育种、疾病模型构建、靶向药物研发等各个领域。科学家 Jennifer Doudna 和 Emmanuelle Charpentierye 也因发现 CRISPR-Cas9 系统获得了 2015 年度被喻为 "豪华版诺贝尔奖" 的生命科学突破奖[256]，并于 2015 年 4 月入选美国《时代周刊》发布的 2015 年全球最具影响力 100 人名单。2015 年 12 月，利用 CRISPR 技术首次编辑人类胚胎的中国科学家黄军就入选 *Nature* 杂志评选的 2015 十大年度人物[257]，而以 CRISPR-Cas9 为代表的基因组编辑技术则入选 2015 十大年度事件[258]。

基因组编辑依赖于位点特异的核酸内切酶在剪切位点通过 DNA 修复系统触发序列修改。目前，在该领域主要有三种技术，即锌指核糖核酸酶（ZFN）技术、转录激活因子样效应物核酸酶（TALEN）技术和 RNA 介导的成簇规律间

---

256 Breakthrough Prize. 2015 BREAKTHROUGH PRIZE CEREMONY[EB/OL]. https://breakthroughprize. org/?controller=Page&action=cere-monies&ceremony_id=3, 2015-05-20.

257 Nature. Nature's 10: Ten people who mattered this year. Nature, 2015, 528:459-467.

258 Nature. 365DAYS: the year in science[J]. Nature, 2015, 528:448-451.

隔的短回文重复序列 CRISPR-Cas 系统。

转录激活因子样效应物核酸酶（transcription activator-like effector nuclease，TALEN）技术与锌指核酸酶（Zinc-finger nuclease，ZFN）技术组成了一大类强有力的基因组编辑工具，由一个可编码的序列特异性 DNA 结合模块与一个非特异性的 DNA 切割结构域所组成，通过诱导 DNA 双链断裂（DNA double-strand break）来刺激容易出错的非同源末端连接或在特定基因所在的位置进行的同源定向修复，完成一系列遗传学编辑修饰操作。成簇规律间隔短回文重复（clustered regulatoryinterspaced short palindromic repeat，CRISPR）技术是最新出现的一种基因组编辑工具。与其他基因组编辑工具相比，CRISPR 技术更易于操作，具有更强的可扩展性，目前已成功应用于人类细胞、斑马鱼、小鼠以及细菌的基因组精确修饰。

CRISPR 是一类广泛分布于细菌和古菌基因组中的重复结构。研究表明，CRISPR 与一系列相关蛋白、前导序列一起，能为原核生物提供对抗噬菌体等外源基因的获得性免疫能力。这种结构的作用机理可能与真核生物的 RNA 干扰过程类似，最早于 1987 年在大肠杆菌（*Escherichia coli*）K12 的 *iap* 基因侧翼序列中被发现。21 世纪初，CRISPR 位点附近高度保守的 *Cas* 基因（CRISPR-associated genes）引起了研究者关注。*Cas* 基因是一类基因家族，编码的蛋白具有与核酸结合的功能。2005 年，得益于病毒、质粒测序数据的日益丰富，通过对测序数据的系统分析，研究者推测间隔序列可能与外来的病毒、质粒有关。通过一系列的研究，人们认识到 *Cas* 基因可以与 CRISPR 序列协同作用，使细菌对病毒具有获得性免疫功能，而间隔序列则编码引导 Cas 蛋白定位的向导 RNA 的部分区段。2007 年 3 月，Danisco 美国公司（Danisco USA Inc）、Danisco 法国公司（Danisco France Inc）与加拿大魁北克省 Laval 大学（Université Laval）的研究人员在 *Science* 上发表文章称，CRISPR 与 Cas 构成的 CRISPR-Cas 系统能够使细菌抵抗噬菌体，从而免受病毒和质粒侵害[259]。之后，研究人员逐步探明了 CRISPR-Cas 系统详细的免疫

---

259 RodolpheBarrangou, Christophe Fremaux, Héléne Deveau, et al. CRISPR Provides Acquired ResistanceAgainst Viruses in Prokaryotes[J]. Science, 2007, 315: 1709-1712.

机制，为 CRISPR-Cas 系统发展成为通用的 RNA 介导的可编程 DNA 核酸内切酶铺平了道路[260]。2012 年 8 月，加州大学伯克利分校的 Jinek M 等，在 *Science* 杂志上发表文章正式提出，利用 RNA 介导 CRISPR-Cas 系统可实现基因组编辑[261]，CRISPR-Cas 系统可作为基因组编辑工具。2013 年年初，*Science* 杂志公布了两项研究成果[262,263]，来自麻省理工学院和哈佛大学的研究团队利用产脓链球菌（*Streptococcus pyogenes*）和嗜热链球菌（*Streptococcus thermophiles*）中的 CRISPR 酶和 RNA，在小鼠和人类细胞的 DNA 中进行了插入、切割、修复和编辑。这两篇论文首次证明了 Cas9 核酸酶能用于哺乳动物细胞基因组的编辑。2013 年，CRISPR-Cas 基因组编辑技术成为年度生物技术领域最大"宠儿"，科学家纷纷在细菌、斑马鱼、小鼠、哺乳动物以及水稻和小麦[264]等各种生物系统中验证其有效性，并实现了对猴基因组的精确编辑[265]，提示该技术进行人基因组编辑的可能性。2014 年，该技术的应用研究仍旧如火如荼，已经有科学研究证实其在快速解析基因功能及基因间的相互作用、定向育种、构建疾病模型等方面都有效果显著的应用，尤其是在基因治疗和疾病研究方面显示出强大的应用潜力。

随着 CRISPR 技术在研究和疾病治疗领域不断取得新的突破，该技术已经是科研领域当之无愧的"明星"。2014 年，"863"计划在基因编辑及其应用研究方面进行重点支持，资助金额达 1200 多万元。2014 年，国家自然科学基金共资助了 31 个 CRISPR 技术相关项目，获批总金额约为 1300 万元。2015 年，

260 Gasiunas, G, Barrangou, R, Horvath P, et al. Cas9-crRNA ribonucleoprotein complex mediates specific DNA cleavage for adaptive immunity in bacteria. Proceedings of the National Academy of Sciences of the United States of America, 2012, 109(39) :2579-2586.

261 Jinek M, Chylinski K, Fonfara I. A Programmable Dual-RNA-Guided DNA Endonuclease in Adaptive Bacterial Immunity[J]. Science, 2012, 337 (6096): 816-821.

262 Le Cong, F. Ann Ran , David Cox, et al. Multiplex Genome Engineering Using CRISPR/Cas Systems[J]. Science, 2013, 339(6121) : 819-823.

263 Mali P, Yang L, Esvelt K M, et al. RNA-guided human genome engineering via Cas9[J]. Science, 2013，339(6121): 823-826.

264 Shan Q W, Wang Y P, Li J, et al. Targeted genome modification of crop plants using a CRISPR-Cas system[J]. Nature Biotechnology, 2013, 31(8): 686-688.

265 Niu Y, Shen B, Cui Y, et al. Generation of gene-modified cynomolgus monkey via Cas9/RNA-mediated gene targeting in one-cell embryos[J]. Cell, 2014, 156(4):836-843.

国家自然科学基金共资助 57 项 CRISPR 技术相关项目，较 2014 年明显上升；获批总金额超过 3100 万元。包括"孤雄单倍体胚胎干细胞携带 CRISPR-Cas9 文库用于筛选胚胎发育关键因子的研究"等项目。

（二）重要进展

1. CRISPR 用于人类胚胎编辑

2015 年，中山大学研究人员在 *Protein & Cell* 杂志发表的编辑人类胚胎相关的论文吸引了人们的关注。论文报道了该研究团队成功修改了人类胚胎的 DNA，为治疗一种在中国南方儿童中常见的遗传病——地中海贫血症提供了可能。这是 CRISPR 技术首次应用于人类胚胎编辑。

2. CRISPR 技术用于动物品种培育和改造

自 2013 年世界首只经过基因靶向修饰的小猴问世以来[266]，基因组编辑技术被迅速用于动物品种的改造。2015 年 1 月，中科院动物研究所又与昆明理工大学合作在 *Cell Research* 杂志报道制备了首例携带双等位基因突变猴模型，并在证实可以在灵长类胚胎水平进行精确基因编辑。这些工作极大地推动了基因编辑在疾病模型制备中的应用。2015 年 9 月，发表在 *Scientific Reports* 上的一项研究中，中国科学家通过将靶定 *MSTN* 和 *FGF5* 基因的 Cas9 mRNA 和 sgRNA，向单细胞阶段受精卵的共注射，成功制备了一个或两个基因修饰的转基因山羊；发表在 *Nature Communications* 上的一项研究中，研究人员构建出了两种蝴蝶的高质量参考基因组，并利用 CRISPR-Cas9 技术对蝴蝶进行了基因编辑；发表在 *Scientific Reports* 上的一项研究中，中国农业科学院北京畜牧兽医研究所的研究团队，首次结合 CRISPR-Cas9 与体细胞核移植技术获得了位点特异性的基因敲入猪模型。10 月，在线发表在《分子细胞生物学》杂志的文章中，中国科学

266 Niu Y, Shen B, Cui Y, et al. Generation of gene-modified cynomolgus monkey via Cas9/RNA-mediated gene targeting in one-cell embryos[J]. Cell, 2014, 156(4):836-843.

家利用 CRISPR-Cas9 技术成功培育两只肌肉生长抑制素（MSTN）基因敲除犬，在世界上首次建立了犬的基因打靶技术体系。

3. CRISPR-Cas 系统用于植物定点基因组编辑

中国科学院遗传与发育生物学研究所研究团队利用 CRISPR/Cas 特异识别病毒和外源 DNA 的特性，将该 CRISPR 切割系统引入植物，在植物中建立了这套 DNA 病毒防御体系。该研究成果 2015 年 9 月发表在 *Nature Plants* 上。2013 年，该研究团队利用 CRISPR-Cas 系统定点突变了水稻和小麦两个作物的 *OsPDS* 和 *TaMLO* 等 5 个基因[267]，首次证实 CRISPR-Cas 系统能够用于植物的基因组编辑。

4. CRISPR 技术改造人工精子

2014 年 3 月，*Cell Stem Cell* 杂志发表了中科院动物研究所的一项研究，其中研究人员将 CRISPR 技术和单倍体干细胞技术结合，可以快速制备多基因突变细胞系。2015 年 7 月，*Cell Stem Cell* 杂志上的一项研究中，中科院上海生命科学研究院李劲松研究员通过 CRISPR 技术对人工精子的一些基因进行了修改，这种人工精子能使卵细胞受精，并培养成小鼠幼崽（20% 的健康后代）。用这种人造精子细胞可以便捷、高效地繁殖出一大批半克隆的小鼠。

5. CRISPR 技术"脱靶效应"研究

中国医学科学院和北京生命科学研究所（NIBS）的研究人员，在 *Cell Research* 发表的一项研究中，利用一种公正的全基因组 ChIP-seq 方法，分析了人类基因组中 CRISPR-Cas9 的结合脱靶效应。2015 年 1 月 19 日，美国希望之城贝克曼研究所和浙江大学第一附属医院的研究人员在 *Nature Biotechnology* 描述了一种新策略，利用基于整合酶缺陷型慢病毒载体（IDLV）的技术，有望帮

---

267 Shan Q W, Wang Y P, Li J, et al. Targeted genome modification of crop plants using a CRISPR-Cas system[J]. Nature Biotechnology, 2013, 31(8): 686-688.

助科学家检测基因组编辑技术中的脱靶效应[268]。

（三）前景与展望

目前，CRISPR-Cas 为代表的基因组编辑技术自问世以来，优势无可比拟，科学家可以用它来对目标基因进行插入、删除或重写，对物种基因进行编辑加工，不仅能改变基因的功能，甚至可能创造新的生命。科学家们已经成功利用该技术在作物优化、疾病治疗等各个方面取得显著成果，在合成生物学、直接和多路干扰基因网络、体内外靶向性基因治疗、再生医学研究等领域的应用也全面展开。同时，科学家们也在继续大力投入到分析和解决可能出现的脱靶效应、提高系统效率和特异性、扩大应用到其他生物体、寻找更高效的编辑系统或工具等研究中。利用 CRISPR 技术寻找、确定和制备药物筛选靶（分子药靶）已成为新药研发的新思路，基因组编辑的作物／动物未来也有望走向市场，对脱靶效应的研究使得该技术更为精准，"精准基因组编辑"正逐步实现，而具有多重功能或更大识别序列的新系统正在涌现。此外，CRISPR 技术的快速发展带来的伦理和监管问题也得到全面关注。尤其是中山大学生命科学学院黄军就在 *Protein & Cell* 杂志上首次发表了编辑人类胚胎相关的论文后，关于究竟是否可以对人类胚胎进行编辑等伦理问题的争论越来越热烈。美国已宣布推出重大举措为人类基因组编辑制定指导准则，而英国则首次批准基于 CRISPR 技术进行人类胚胎编辑的相关研究。CRISPR 技术使用于人类胚胎或人类基因组，是否允许、如何监管等问题的讨论，仍将继续。

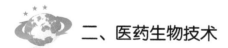

二、医药生物技术

医药生物技术作为生物技术最主要的应用领域，是生物技术的前沿技术和研究开发的热点，也是整个医药产业发展最重要的技术推动力。中国拥有近 14

---

268 Wang X, Wang Y, Wu X, et al.Unbiased detection of off-target cleavage by CRISPR-Cas9 and TALENs using integrase-defective lentiviral vectors. Nature Biotechnology, 2015, 33(2):175-178.

亿人口，医药产业不仅是健康问题，而且是巨大的社会、经济问题。随着国家科技投入的越来越大，我国生物医药创新能力已经大幅度提升。

（一）新药研发

疫苗产业是生物医药产业的重要组成部分，对疾病的预防与控制具有重要作用。近年来，我国科研人员在创新疫苗领域取得了重大突破。2015 年 6 月，我国研究人员历时近 30 年，自主研制的国家 1.1 类创新疫苗产品 Sabin 株脊髓灰质炎灭活疫苗（单苗）正式上市，打破了发达国家对脊髓灰质炎灭活疫苗生产的垄断；2015 年 7 月，第三军医大学邹全明团队历时 7 年自主研发的"超级细菌"疫苗——基因重组金黄色葡萄球菌疫苗，日前进入人体临床试验阶段。这是我国首个自主研发，也是国际上含抗原种类最多的"超级细菌"疫苗；2015 年 10 月，我国自主研发的重组埃博拉疫苗正式启动在塞拉利昂的 II 期临床试验，这是我国自主研制的埃博拉疫苗首次获得境外临床试验许可，开创了我国科技人员走出国门，在境外进行疫苗临床研究"零"的突破；2015 年 12 月，我国批准自主研发的预防用生物制品 1 类新药——肠道病毒 71 型灭活疫苗（人二倍体细胞）生产注册申请，突破了疫苗二倍体细胞规模化生产和质量控制关键技术的瓶颈，该疫苗的研发及使用对预防和控制手足口病流行至关重要；2016 年 3 月，中国科学院武汉病毒研究所与深圳出入境检验检疫局密切合作，成功分离出 1 株寨卡病毒，为我国开发具有自主知识产权的抗病毒药物、检测诊断试剂和中和抗体等的研究提供了物质基础；2016 年 4 月，我国研究人员描述了有史以来首个在一类强效抵抗 HIV 的免疫分子中发现的未成熟的或被称为"青少年（teenage）"抗体。

恶性肿瘤是严重威胁人类健康的常见病和多发病。近年来，分子生物学、药理学以及新一代分子测序技术和精准医学的不断发展，以及对肿瘤发生、发展机制的认识，大规模、快速筛选、基因工程等先进技术的发明和应用，加速了抗肿瘤药物的研发进程。抗肿瘤药物的研究与开发已进入一个崭新的时代。2015 年 12 月，百济神州的 PD-1 单抗 BGB-A317 获准进入临床研究，该抗体对于抑制肿瘤细胞生长，恢复免疫系统的功能具有重要的意义；2016 年 3 月，复旦大学将具有自主知识产权的用于肿瘤免疫治疗的 IDO 抑制剂有偿许可给美国 HUYA 公司；2016 年 6 月，由亚盛医药自主设计开发的精准化抗肿瘤药物 APG-115 已经获批进入美国临床，该药物对肉瘤、原发肝癌、原发胃癌等肿瘤可形成高效抑制。

我国在治疗其他疾病的药物研究开发领域也呈现出喜人的成果。2015 年 7 月，长春高新子公司金赛药业重磅生物制品注射用重组人促卵泡激素生产现场检查与 GMP 认证合并检查已审核通过，是首个国产重组产品，预计定价为进口产品的一半，安全性和疗效都较好，上市后有望迅速实现进口替代；同月，四川科伦药物研究院有限公司开发的重组抗表皮生长因子受体（EGFR）人鼠嵌合单克隆抗体注射液获国家食品药品监管总局注册受理。

"十二五"期间，中国在新药创制方面取得了积极进展，累计 90 个品种获得新药证书，135 个品种获得临床批件，阿帕替尼、Sabin 株脊髓灰质炎灭活疫苗等 18 个国际首创新药获批；一批临床前评价技术（GLP）平台通过国际认证，推动中国从制药大国向制药强国迈进。传染病防治专项在艾滋病、乙肝、结核病防治关键技术方面有所突破，填补多项空白，形成一批"中国方案"；建立完善了应对新发突发急性传染病防控技术体系，重大突发疫情实现从被动应付到主动应变，形成"中国能力"。具有自主知识产权的埃博拉疫苗实现了境外临床试验零的突破，在国际舞台上发出了"中国声音"。

（二）治疗与诊断方法

随着干细胞、基因编辑、免疫治疗等新医疗技术研究的不断深入，当前的疾病治疗与诊断方法有了更多的选择，为广大患者带来了福音。

1. 基因治疗

基因治疗（gene therapy）是指将外源正常基因导入靶细胞，以纠正或补偿因基因缺陷和异常引起的疾病，以达到治疗目的。基因治疗是随着 20 世纪七八十年代 DNA 重组技术、基因克隆技术等的成熟而发展起来的最具革命性的医疗技术之一，它是以改变人的遗传物质为基础的生物医学治疗手段，在重大疾病的治疗方面显示出了独特的优势。经过近 30 年的发展，基因治疗已经由最初用于单基因遗传性疾病的治疗扩大到 6000 多种疾病，如艾滋病、乙肝、癌症、镰刀贫血症、血友病、黏多糖贮积症 III 型、遗传性精神病、感染性疾病、心血管疾病、自身免疫性疾病和代谢性疾病等。基因治疗技术的突破使得基因治疗入选 *Sicence* 杂志 2009 年度十大突破之一。

根据 GlobalData 的研究数据，全球基因治疗市场的总交易数从 2013 年的 16 例增长到 2014 年的 36 例，同一时期，交易的综合价值从 1.228 亿美元猛增到 49 亿美元，这代表 40 倍的增长。在海外市场中，越来越多的企业开始看到基因治疗市场的价值。除了像蓝鸟（Bluebird）一样的新贵外，葛兰素史克、拜耳、辉瑞等大药厂也通过合作研发或者市场权利买断等方式向基因治疗领域投资，并且越来越多的制药巨头加入到了该市场的争夺中。

我国基因治疗基础研究和临床试验开展得相对较早，从 1987 年起就开始了基因治疗研究，于 1991 年进行了我国第一个基因治疗临床试验方案（血友病）。虽然我国基因治疗研究比美国起步晚，但仍然取得了显著的成果，在相应研究领域已居于较为领先水平（表 3-1）。此外，在基因治疗的基础研究领域，华东师范大学生命科学学院院长、邦耀生物首席科学家、上海市调控生物学重点实验室刘明耀教授和李大力教授课题组于 2016 年 3 月在国际著名学术期刊 *EMBO Molecular Medicine* 杂志上发表论文，率先证明了通过 Cas9 基因编辑技术原位修复 *F9* 基因突变治疗 B 型血友病的可行性。

表 3-1　中国基因治疗企业及研究方向

企业名称	研究方向
安科生物	参股博生吉生物科技 20% 股权，博生吉拥有 CAR-T 和 CAR-NK 技术平台，实体肿瘤 CAR-T 临床试验有望推进
中源协和	公司拟出资 5000 万元设立中源药业有限公司，新公司成立后，将致力于细胞基因疗法相关药物、靶向肿瘤治疗药物的开发
香雪制药	2015 年 2 月公司全资子公司香雪集团（香港）有限公司与 TCR-T 项目负责人李懿合资在香港成立香雪生命科学有限公司
劲嘉股份	与黄军就副教授合作，目标建立基于 CRISPR/Cas9 技术的地中海贫血疾病基因修正的技术体系。与中山大学抗衰老研究中心签署战略合作意向书，在"基因编辑与细胞治疗"等生物技术领域开展合作

企业名称	研究方向
银河生物	公司斥资 5 亿元投资南京生物，南京生物是南京大学模式动物研究所和南京生物医药研究院的产业化平台，在利用 CRISPR/Cas9 系统编辑敲除模式动物上具有领先的技术和经验
东富龙	全资子公司东富龙医疗参股上海伯豪生物 34% 股权。伯豪生物是国内领先生物的 CRO 公司，提供基因组编辑工具 CRISPR/Cas9 技术服务，可以快速高效实现任意哺乳动物（尤其是人类）细胞系基因敲除服务
信立泰	与本元正阳基因技术有限公司签署《上海市产权交易合同》，获得 "重组 SeV-Hgf2/dF 注射液" 在中国境内开发、生产、销售的独家使用权。该项目已在日本进入 II 期临床研究，在澳大利亚进入 I 期临床研究，在中国获得临床研究批件
诺思兰德	专注于重组蛋白质药物和基因治疗药物研发的高新技术企业。公司的基因治疗药物：重组人肝细胞生长因子裸质粒注射液属于 1 类新药，已完成 II 期临床，预计 2018 年上市

数据来源：浙商证券研究所. 2016. 解决传统低效治疗之路　肿瘤基因检测即将爆发。

2. 肿瘤免疫治疗

近几年来，肿瘤免疫治疗领域持续快速发展，进入 2.0 时代[269]，成为肿瘤治疗领域的一股新兴力量。肿瘤免疫疗法是指利用患者的免疫系统或输入外源的抗体、T 细胞来抗击肿瘤／癌症的治疗方法，具体可细分为抗体、基于 T 细胞免疫疗法、非特异性的免疫刺激剂和特异性的肿瘤疫苗 4 种。

因此，到目前为止，肿瘤治疗方法可分靶向癌细胞和靶向基质细胞两大类。靶向癌细胞的疗法包括：①化疗，主要有抗代谢制剂（Antimetabolites，如 5- 氟尿嘧啶、甲氨蝶呤、吉西他滨）、烷化剂（如环磷酰胺等）、氨茴环霉素、紫杉烷、拓扑异构酶抑制剂；②靶向疗法，如 Cetuxmab（EGFR）、Rituximab（CD20）、Trastuzumab（ERBB2/HER2）、Vemurafenib（BRAF）等；③放射疗法。靶向基质细胞的疗法主要有：①靶向血管的制剂，包括抗血管生成制剂，如 Bevacizumab（VEGFA），以及破坏血管的制剂；②免疫检查点抑制剂，如 AMP-224（PD1）、Ipilimumab（CTLA4）、MPDL3280A（PDL1）、Nivolumab（PD1）、Pembrolizumab（PD1）；③免疫调节剂，包括调节先天免疫细胞、获得性免疫细胞等的制剂[270]。研究人员在新疗法开发时，为达到更好的治疗效果，可能会使用

---

269 癌症免疫疗法迈入 2.0 时代，http://www.biodiscover.com/news/research/172378.html, 2016/01/23.

270 Seth B. Coffelt, Karin E. de Visser. Immune-mediated mechanisms influencing the efficacy of anticancer therapies. Trends in Immunology, 2015, 36(4): 198-216.

多种治疗方法，即组合疗法。

2015 年肿瘤免疫治疗领域继续在免疫检查点疗法、以嵌合抗原受体（CAR）T 细胞疗法为代表的细胞免疫治疗领域取得重要进展。自从 2014 年 FDA 批准了 2 个免疫检查点治疗药物后，2015 年 3 月，FDA 批准 Nivolumab 也可用于治疗鳞状非小细胞肺癌。另一个抗 CTLA-4 抗体——tremelimumab 正被开发用于治疗间皮瘤。另外，靶向多个通路、多种方法组合的组合疗法开发是肿瘤免疫治疗领域的重要趋势之一，组合方式包括：①免疫检查点抑制剂与 CAR-T 细胞疗法相结合；②免疫检查点抑制剂与治疗性疫苗组合[271]；③免疫检查点疗法与靶向疗法组合；④免疫检查点疗法与放射疗法组合。

2015 年我国在免疫检查点疗法开发、CART 细胞治疗等方面取得重要进展。

（1）免疫检查点疗法

截止到 2016 年 6 月 20 日，Cortellis 数据库中收录中国在研的抗 CTLA-4 疗法有 5 个，比去年同期增加了 3 个。这 5 个新药都处于发现阶段，分别是中山康方生物医药有限公司开发的抗 CTLA-4/ 抗 PD-1 双特异性人源化抗体；中美冠科生物技术（太仓）有限公司的抗 CTLA-4 组合放射疗法；苏州华兰基因工程有限公司的 ipilimumab 生物仿制药；中国台湾源一生物科技股份有限公司开发的 JHL-1155；苏州金盟生物技术有限公司开发的 GM-05。

截止到 2016 年 6 月 20 日，Cortellis 数据库中收录的中国在研抗 PD-1 疗法有 20 个，比去年同期增加 14 个。这 20 个在研药物中，1 个处于临床试验 2 期，即恒瑞制药公司开发的 SHR-1210；2 个处于临床 1 期，分别是百济神州公司开发的 BGB-A317 和上海君实生物医药科技有限公司开发的重组人源化抗 PD-1 单抗；其他都处于发现研究阶段。重要开发机构包括百济神州公司（3 个）、嘉和生物药业有限公司（已被云南沃森生物技术股份有限公司收购，2 个）、信达生物制药（苏州）有限公司（2 个）、中美冠科生物技术（太仓）有限公司（2 个），其他开发 1 个在研药物的机构包括第四军医大学、四川大学、福建海西

---

271 Yago Pico de Coana, Aniruddha Choudhury, Rolf Kiessling. Checkpoint blockade for cancer therapy:revitalizing a suppressed immune system[J]. Trends in Molecular Medicine, 2015, 21（8）: 482-491.

新药创制有限公司、哈尔滨誉衡药业有限公司、精华制药集团股份有限公司、上海恒瑞制药公司、上海君实生物医药科技有限公司、苏州 MabSpace 生物科学公司、香港李氏大药厂控股有限公司、中美华世通生物医药企业、中山康方生物医药有限公司。我国在抗 PD-1 新疗法开发领域有一定的实力。

（2）T 细胞临床试验

检索中国临床试验注册中心网站获得的结果表明，截止到 2016 年 6 月底，我国注册开展了 15 项 T 细胞治疗临床试验，其中 2015 年注册 3 项，2016 年 1～5 月注册了 10 项临床试验，表明我国的 T 细胞治疗领域正在快速发展中。这些临床试验中使用的主要是 CAR T 细胞（如血管介入疗法介导的靶向 GPC3 的嵌合抗原受体 T 细胞技术、肿瘤血管介入疗法介导的靶向 CEA 的嵌合抗原受体 T 细胞技术、血管介入疗法介导的靶向 EGFRVⅢ 的嵌合抗原受体 T 细胞技术），还有自体 γδT 细胞等；适应证包括难治性 B 细胞急性淋巴细胞白血病、消化系统肿瘤、恶性脑胶质瘤、晚期结直肠癌、晚期肝细胞癌、间皮瘤和胰腺癌、膀胱癌、晚期非小细胞肺癌等 [272]。

（3）组合疗法开发

我国的在研药物中，有少量是组合疗法，如中美冠科生物技术（太仓）有限公司将抗 CTLA-4 抑制剂与放射疗法组合，中山康方生物医药有限公司开发的同时靶向 CTLA-4 和 PD-1 的双特异性人源化单抗等。

（4）肿瘤新靶点发现研究

我国研究机构还开展了相关新靶点发现研究。例如中科院上海生命科学研究院生物化学与细胞生物学研究所研究人员发现，"代谢检查点"可以调控 T 细胞的抗肿瘤活性，并鉴定出肿瘤免疫治疗的新靶点——胆固醇酯化酶 ACAT1 以及相应的小分子药物前体 [273]。

2010 年以来，免疫检查点疗法治疗转移性黑素瘤、CAR T 细胞治疗复发或

---

272 中国临床试验注册中心，http://www.chictr.org.cn/searchproj.aspx.

273 中科院上海生科院发现提高 T 细胞抗肿瘤免疫功能新方法，http://china.huanqiu.com/hot/2016-03/8725440.html，2016-03-17.

难治性 B-ALL 的成功表明，可以通过作用于免疫系统来间接地治疗癌症，产生可持续的疾病控制效果。其他基于免疫系统的疗法也获得一些进展，为肿瘤治疗带来希望，包括：疫苗、靶向肿瘤的单抗、免疫调节小分子药物、溶瘤细胞病毒，以及在化疗和放疗中结合免疫调节。研究表明，可以根据新生抗原呈递能力及其微环境将肿瘤分成多种类型，这些不同的类型对免疫疗法产生不同的应答。这种新型的分型方法，将帮助研究人员根据每种癌症选择合适的免疫疗法组合，并随着精准医学的发展，最终实现对每个患者选择最合适的个性化治疗方法。

（三）人类遗传资源生物样本库

人类遗传资源生物样本库称为生物银行（Biobank），主要是指标准化收集、处理、储存和应用健康和疾病生物体的生物大分子、细胞、组织和器官等样本（包括人体器官组织、全血、血浆等）及与这些生物样本相关的临床、病理、治疗、随访、知情同意等资料及其质量控制、信息管理与应用系统。生物样本库发展到现在已十分多样化，从常见的组织、器官库，如血液库、眼角膜库、骨髓库，到拥有正常细胞、遗传突变细胞、肿瘤细胞和杂交瘤细胞株（系）的细胞株（系）库，近年来出现了脐血干细胞库、胚胎干细胞库等各种干细胞库以及各种人种和疾病的基因组库。这些生物库为血液病、免疫系统疾病、糖尿病、恶性肿瘤等重大疾病的防治起到了非常重要的作用。

生物样本作为生命科学基础研究与转化医学研究的宝贵资源，近年来被世界各国高度重视。目前国内外已经有一大批已经建立并运行良好的生物样本库范例，筹划建立研究目标明确、特色鲜明、规模适度的高质量生物样本库（表 3-2）。

表 3-2　国内外主要生物样本库及其特点

名称	特点
英国生物样本库（UK Biobank）	建于 1999 年，为大型前瞻性人类遗传队列研究生物样本库。主要针对心脏病、癌症、糖尿病和阿尔茨海默病等中老年疾病危险因素调查，采集 40～69 岁普通人群血液和尿样本，及其遗传数据和生活方式等医疗信息，研究遗传和环境的复杂互作与疾病风险
丹麦国家生物样本库（Danish National Biobank）	建于 2012 年，是世界上最大的生物样本库之一。拥有超过 1500 万份生物样本，具有完整的人口信息并与国家医疗系统联网

名称	特点
美国癌症研究所生物样本库（OBBR）	建于 2005 年，为肿瘤组织样本库。建立样本采集、处理、保存、检索与分发，以及伦理和相关临床与个人信息数据库等全过程的技术规范
国际生物和环境样本库协会（ISBER）	建于 1999 年，含动物标本库、环境资源库、人体样本库、微生物菌种库、博物馆资源库、植物／种子库等不同类型的生物资源库
日本生物样本库（Biobank Japan）	采集患者组织样本、普通人血液和尿样本及其临床信息，用于常见疾病和药物研究
美国精确生物服务	建于 1994 年，为美国国立卫生研究院提供生物样本库服务
中国天津协和干细胞库	经国家卫生部研究的脐带血造血干细胞库
全美癌症研究基金会天津医科大学肿瘤医院肿瘤组织库	建于 2003 年，具有国际标准化的肿瘤组织库，用于开展新的肿瘤分类、诊断和预后标准，开发肿瘤早期检测实验技术和新型治疗策略等研究
中国普通微生物菌种保藏管理中心	建于 1979 年，中国专利生物材料和各类微生物资源国家级保藏中心
中国海洋微生物菌种保藏管理中心	建于 2004 年，负责中国海洋微生物菌种资源收集、整理、鉴定、保藏、供应与国际交流
生物芯片上海国家国家工程研究中心生物样本库	建于 2003 年，人体组织样本库和构建组织芯片
中国海军特勤人员生物样本库	建于 2008 年，采集特勤人员作业相关生物样本及其相关信息，为特勤人员健康维护和提高作业能力积累科学数据

数据来源：赵晓航，钱阳明. 2014. 生物样本库——个体化医学的基础. 转化医学杂志，3（02）：69-72.

中国生物样本库正不断向标准化迈进[274]，包括样本处理不断规范、信息的采集和整合的规范、样本入库和存储的规范。

（1）样本处理规范

对样本的标准化处理是构建样本库最重要也是最核心的一部分，高质量的生物样本不仅决定了后续样本信息获取的成败，同时国家也对处理后的样本有着明确的质量规定。面对来之不易的原始样本，不仅要求实验室操作人员具备良好的实验室技能，还需要优质的实验室基础设备作为保障样本质量的硬件支撑。实验室设备的任何故障与缺陷都将对样本处理带来不可逆的负面影响。因此，选择优质的设备合作伙伴对实验室及生物样本库而言不仅关键而且必要。

---

274 资料来源：第七届中国生物样本库标准化建设与应用研讨会，2015.

（2）信息的采集和整合的规范

通过前面一系列处理后的原始样本，下一步需要通过基因测序手段获取其生物学信息，这些信息作为生物样本库大数据的基础组成，在转化医学应用中发挥着重要作用。一个错误的生物信息不但很有可能改变整个大数据诊断的方向，更有可能影响人们对疾病的认知与判断。因此，面对样本信息必须秉持"零容忍"态度。目前，我国测序工作主要由"国家队"与"企业队"组成，其中深圳国家基因库，也是我国首个国家级基因库，在样本测序及信息服务中代表着国内最高水平。深圳国家基因库不仅致力于生物样本和基因数据的收集、保存及分类管理，还通过与国内企业海尔生物医疗的合作，共同促进生物样本库的临床应用，推动中国生命科学的发展。

（3）样本入库和存储规范

样本入库要做到样本信息进行核查（电话、录音、条形码），入库样本要求全过程质控（包括预检、抽检、常规检查等），日均样本处理量的要求等。根据一个项目采集的整体计划来设计样本的存储方案，内容包括存储设备、容器、冻存架、冻存管及其容量等。一个好的存储方案可有效地利用空间，节约经费，更加规范地进行管理，保证样本的存储安全。

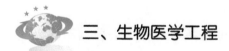

三、生物医学工程

（一）数字诊疗装备

数字诊疗装备是医疗服务体系、公共卫生体系建设中最为重要的基础装备，也是催生新一轮健康经济发展的核心引擎，具有高度的战略性、带动性和成长性。由于技术创新能力不强，产学研用结合不紧密，创新链和产业链不完整等，我国医疗器械特别是高端影像诊断和大型治疗等数字诊疗装备的技术竞争力薄弱，高端数字诊疗装备主要依赖进口。

为增强我国数字诊疗装备的技术竞争力，推动医疗器械产业发展，全面落实

《国家中长期科学和技术发展规划纲要（2006—2020年）》和"中国制造2025"的相关任务，2015年"数字诊疗装备研发"重点专项列为国家重点研发计划首批启动的6个试点专项之一并正式进入实施阶段，同年11月发布了20个重点方向中的9个重点方向指南，涉及多模态分子成像、大型放疗设备等重大战略性产品。

1. 多模态分子成像

国产全数字化PET探测器已经完成动物样机研制，空间分辨率接近2.0mm，在荧光光学成像方面形成了工程原理样机成像，开展了PET-MRI的预先研究。已经实现高分辨全数字临床PET-CT的技术突破和核心部件、并完成磁兼容PET探测器，基本具备了开展新一代多模态分子成像系统研制的工程化和产业化基础。

2. 新型X-射线计算机断层成像

国产64排CT已经获得医疗器械许可证并成功上市，64排CT已经完成了国产化探测器的研制，开展国产化的5MHu球管和探测器晶体材料及其64排以上探测器的预先研制，为我国国产新一代CT的研制打下了一定的基础。

3. 磁共振成像

2015年5月，联影3.0T MRI uMR 770获得国家食品药品监督总局的批准，正式上市，这是中国首台自主研发的3.0T MRI系统。uMR 770系统的性能达到国际先进水平，如磁场均匀性、梯度性能、射频发射和接收通道数、应用和科研范围等；特别是部分技术属于国际首创，如动态多极调节技术，可以实时动态对于磁场均匀性和射频场均匀性优化补偿，并针对不同部位和患者特点进行定制化优化，实现更高的图像质量，整体图像质量可提高30%。上市之后，uMR 770正式在各个医院和科研机构装机，支持中国的临床和科研工作，目前装机量已经超过10台。

4. 新一代超声成像

初步掌握了单晶材料制备及其单晶一维探头制造、低密度（24×24）二维

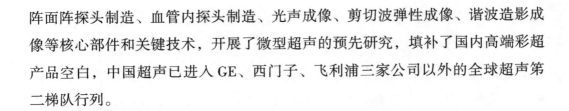

阵面阵探头制造、血管内探头制造、光声成像、剪切波弹性成像、谐波造影成像等核心部件和关键技术，开展了微型超声的预先研究，填补了国内高端彩超产品空白，中国超声已进入 GE、西门子、飞利浦三家公司以外的全球超声第二梯队行列。

5. 大型放射治疗设备

快速调强放疗系统取得注册证、实时影像引导放疗系统已完成临床验证，质子/重离子治疗进行了关键技术和核心器件的研发，开展了基层放疗设备的应用评价，国产设备产品种类基本齐全，功能和性能能够满足基层使用要求。依托大科学工程，国内已形成相对完整的放疗设备核心技术和配套器件供应链。新华医疗、江苏瑞尔、应用物理所等单位分别在光子调强、影像引导、质子加速器方面具有一定基础。

6. 医用有源植入式装置

我国自主研制的脑起搏器成功上市，自主成功研制的迷走神经刺激器，开展了双腔心脏起搏器和人工心脏的预先研究工作，实现了我国在有源植入式神经调控器械领域"零"的突破。清华大学、北京天坛医院和北京品驰医疗设备有限公司组成"产学研用"联合团队，快速推动系列脑起搏器研发、生产和临床应用，已获得 6 个三类医疗器械注册证、4 个二类医疗器械注册证，在全国 51 家医院实现临床应用，完成 1400 例次植入手术，市场占有率达到 30% 以上。

（二）生物医用材料

生物医用材料领域旨在突破共性关键技术，研制前沿高端、高值替代、量大面广的生物医用材料及制品，大幅降低植介入医疗器械和高值医用耗材成本。"十二五"期间，通过科技支撑计划支持了"骨科、神经及术中新型生物医用材料"和"支架、关节、人造血管等高端植介入重大产品研发"等项目。2016 年"生物医用材料研发与组织器官修复替代"重点专项被列为优先启动的重点专项之一，并正式进入实施阶段。

1. 三氧化二砷药物涂层支架产品

三氧化二砷药物涂层支架产品于 2015 年 7 月被认定为北京市新产品。截至目前，已在全国 100 余家心血管医院及中心开展使用，为心脏介入医疗器械市场注入了新"血液"，该支架是除雷帕霉素、紫杉醇以外的第三类药物支架，打破了进口支架和仿制支架占据国内市场的局面。

2. XINSORB 生物全降解冠脉雷帕霉素洗脱支架系统

"XINSORB 生物全降解冠脉雷帕霉素洗脱支架系统"技术达到世界领先水平。国内第一例接受 XINSORB 支架植入的患者已于 2015 年 9 月完成了术后 2 年的影像学随访，结果显示术后 2 年右冠原支架植入部位管腔通畅，支架内轻度内膜增生，无支架内再狭窄。IVUS 显示术后 2 年支架面积、管腔面积均较术后即刻和术后 6 月无明显差异。临床表明，XINSORB 的疗效并不亚于金属支架，且能减少术后新发或恶化心绞痛的发生。

3. 个性化椎间融合器设计与制作系统

个性化椎间融合器设计与制作系统成功应用于临床。该系统突破了专用于椎间融合器设计的个性化几何参数测量与特征分析、基于个性化特征的植介入体与人体相互作用的生物力学分析等关键技术，并建立了包含主流的融合器类型的融合器数据库。该系统相关技术还可以扩展到个性化植介入体的优化设计和制造，具有十分广阔的市场前景。

4. 脊髓损伤修复材料"脊髓重建管"

脊髓损伤修复材料"脊髓重建管"进入临床试验阶段。该材料属经修复材料，有可能帮助截瘫患者实现损伤后脊髓形态和功能上的恢复，具有很好的临床应用前景。这是我国同类项目中第一个获准进入临床试验的项目，研究成果属于世界领先水平。同时，为了推进临床应用的进程，中美双方开展国际合作，应用我国研发的新技术治疗截瘫病人，共同进行临床试验研究以及治疗后

功能恢复的评价。

5. 人工髋关节的等离子喷涂多孔钛生产线

我国建成年产 5 万套人工髋关节的等离子喷涂多孔钛生产线。我国利用自主专利技术研制了世界首台低温磁控溅射镀膜机，形成年产 8 万套人工髋关节镀膜生产线；在此基础上，建成年产 5 万套人工髋关节的等离子喷涂多孔钛生产线。上述两个技术平台已为国内主要人工关节生产企业提供技术服务。

6. 羟基磷灰石脊柱融合器产品生产线

我国建成或在建 5 条羟基磷灰石脊柱融合器产品生产线。纳米羟基磷灰石粉体生产线及多孔磷酸钙陶瓷生产线（成都普川生物医用材料股份有限公司）、元素掺杂纳米羟基磷灰石粉体生产线（武汉亚洲生物材料有限公司）、多孔钽金属气相沉积生产线（江苏创发生物科技有限公司）、胶原膜生产线（福建省博特生物科技有限公司）四条生产线已通过 GMP 认证。此外，本领域在骨诱导人工骨材料、元素掺杂 nano-HA 粉体、新型骨修复材料、软组织修复和术中生物材料等新型生物医用材料，以及小口径人造血管、新型人工椎间盘、多种类型血管支架等高端植介入医疗器械等方面也取得了突破性技术进展。

（三）体外诊断

2015 年，在一系列政策和科技项目的持续支持下，我国体外诊断技术和产品取得一系列突破，步入了高速发展轨道。

1. 核心技术研发取得一批重要成果，在细分领域形成比较优势

在液体活检关键技术研究方面，丽珠集团研制的稀有细胞分离平台、北京中科纳泰与国家纳米科学中心研发的多肽纳米磁珠捕获和分离 CTC 技术、武汉大学研发的基于微流控芯片的 CTC 富集技术等填补了国内空白。在纳米检测领域，苏州纳米技术与纳米仿生研究所等六家院所在纳米可视生物芯片、纳微流控、纳米催化、纳米机器人、纳米发光材料等领域都获得重要突破，形成了比

较优势。此外，浙江大学成功研制用于高通量测序仪、数字 PCR 仪等设备的微腔光微流生物传感器，北京大学成功研制硅纳米线单分子检测器件，打破了国外垄断。中国科学院深圳先进技术研究院和浙江大学成功研制柔性阵列式微针酶电极，突破了无创生化检验技术瓶颈。

2. 重大产品进口替代取得重要突破，与国外差距逐渐缩小

2015 年年底，中科院苏州生物医学工程技术研究所完成我国首台数字 PCR 原理机验证，技术性能接近 Bio-Rad 产品。深圳瀚海基因生物有限公司自主开发的我国首台第三代单分子测序仪样机已经通过评审。传统便携式检验设备与纳米技术、信息技术、互联网和大数据深度融合的智慧即时检测是互联网＋时代的标志性产品，乐普科技公司推出的乐锐心血管检测平台、北京中生金域诊断技术股份有限公司研制的智能阴道微生态分析系统等智慧 POCT 产品，已于近期投放市场。微生物鉴定用飞行时间质谱仪的国产化取得突破，北京理工大学研制的微型质谱仪已进入太空。此外，苏州生物医学工程技术研究所研制的拥有完全自主技术的"流式细胞仪"，已进入产业孵化阶段。军事医学科学院、北京热景生物技术有限公司联合研制的上转换发光免疫分析仪，在国际上率先实现了该技术的产业化，获 2015 年度国家技术发明二等奖。

3. 产业快速发展，市场高速增长

受慢病高发、老龄化以及医保覆盖面扩大驱动，我国体外诊断市场增长迅猛，目前已有 600 家左右生产企业，9000 家左右经营与服务企业，形成了北京、上海、深圳、江苏、广州、成都、武汉 7 大产业集群。据中国医药工业信息中心发布的《蓝皮书》，2014 年我国医疗器械市场总量达到 2760 亿元，体外诊断产品占比为 16%。McEvoy & Farmer 报告显示，2015 年我国体外诊断市场约 510 亿元，整体增速 17%，占据全球市场份额的 5%，是全球体外诊断增长最快的市场。

4. 资本大举进入，促进行业整合提升

截至 2015 年，我国以体外诊断为主营的上市公司已有 47 家，其中 2014

年上市 11 家，2015 年 14 家，已形成了一个相对成熟而又活跃的子板块。近年来，全球体外诊断产业集聚度不断提高，创新和并购贯穿体外诊断发展主线，我国行业收购兼并如火如荼，2015 年共发生 12 宗重大并购，涉及资本近 60 亿元人民币。通过重组，一批优质的国内龙头企业脱颖而出，行业集中度将逐步提高。

5. 企业自主创新能力提升，细分市场优势显现

2015 年体外诊断共授权 182 项专利，其中企业申请居多，显示我国体外诊断企业创新能力有所提升。长期以来，外企占据我国体外诊断市场一半以上份额，但在分子诊断和 POCT 细分市场，国产产品占比逐年增加，2015 年分子诊断占比已达 70%，POCT 也由 2014 年的 46% 增至 57%。

（四）移动医疗

移动医疗即通过使用移动通信技术，提供医疗服务和信息。2015 年随着移动医疗的实践，移动医疗的概念已扩展到一切医疗和健康相关的软硬件移动技术和相关服务，已经发展成为重大的战略性产业方向和投资重点。

1. 相关政策的出台推动移动医疗的发展

2015 年我国出台"多点执业""线上处方药""远程诊疗"等政策，为移动医疗市场的发展奠定了良好的政策导向。同时，2015 年国家发布了三大关于个人税收优惠健康险的相关政策，为移动医疗行业探索以商业保险支付的盈利模式提供制度保障。

2. 移动医疗的主要优势

一是将已有的医疗技术和服务集成改造，使之适合基层医疗机构、社区和家庭（个人），包括筛选适合、必须、急需的"移动"技术和服务内容，实现小型化、移动化、便捷化、集成化和低成本化，形成相关服务内容和解决方案；二是通过数字化、网络化、智能化和机器人化等"移动"软/硬件技术和服务（包括

预约、支付、导医等），实现"防诊治"一体化和去中心化，既达到医疗和健康服务公平"可及"，又解决由此带来的服务能力放大问题；三是突破原有医疗模式、理念和方法的局限，在对健康本质新认识的基础上，大力发展创新技术和服务，如穿戴、家置、车配技术和连续、即时检测和监测技术等，发展与之匹配的智能辅助诊治手段。

3. 主要实现的技术突破

一是重装／大型医疗器械小型化和移动化，主要有移动 DR、CT、MR 等现代高端成像诊断技术，结合远程解读和会诊技术等；二是诊疗设备集成车载，包括体检设备、一般和专用诊疗设备集成车载，如急救设备、牙科设备、妇科诊疗设备等；三是远程监控及监护技术，如"移动医疗设备 - 人体局域网（BAN）"监测心脏病、糖尿病和哮喘发病，糖尿病、高血压出院病人远程监护，心脏起搏器植入病人远程监护，慢阻肺病人远程监护；四是新型非接触式和穿戴式监测技术，如睡眠、呼吸监测、T 波监测、家庭病床、车配健康环境、家庭（个人）快检技术等；五是移动医疗应用方案，如移动溶栓、移动白内障手术、移动透析、移动医学影像、无线查房、移动护理、药品分发及用药管理、病人条码标识、无线语音和网络呼叫、智能和自主管理等。除丁香医生、杏树林等 PC 端医疗垂直企业向移动端延伸外，四川启典移动医疗系统设备、春雨医生等移动端设计、制造与应用近年亦不断涌现，相关技术和服务的内涵和外延还在快速发展和拓展。

 四、工业生物技术

中国是最早提出并实施可持续发展战略的国家之一。可持续发展战略的重要内涵，在于推进经济、社会、环境三大支柱的建设，从而走出一条低能耗、低污染、高效益的新型经济发展道路。生物制造具有环境友好、过程高效、可持续发展等显著特点，是新一代物质加工模式，是我国发展现代生物经济的重要技术支撑。工业生物技术是生物制造的关键技术，以生物催化为核心的工业生物技术在我国可持续发展技术体系中的地位已经被提到空前重要的战略高度。

（一）绿色生物催化

生物催化过程是依托微生物与酶进行的现代制造技术。几乎所有已知的有机反应类型，都能找到相应的生物催化反应过程。生物催化所特有的催化效率高、反应条件温和、副反应少、选择性高、催化剂无毒可完全降解、生产安全性高等优势，完美地体现了绿色化学原则，正是人们所寻求的绿色化学过程。随着分子生物技术及反应工程的系列重要突破，新型高效生物催化剂和绿色生物催化过程的开发速度明显加快。近年来，在我国政府的倡导和支持下，生物催化已经成功应用于大规模化学品绿色制造领域，取得了一批代表性成果，并在典型大宗化学品的节能减排降耗等方面作出了突出贡献。

南京工业大学研究团队主持的"酵母核苷酸的生物制造关键技术突破及产业高端应用"项目，解决了酵母中 RNA 含量低、核酸酶 P1 活性低以及产品分离纯化等问题，建成了国际上规模最大的、技术最先进的酵母 - 核酸 - 核苷酸的生物制造生产线并实现了产业高端应用，取得了显著的经济和社会效益。该成果荣获 2015 年度国家技术发明奖二等奖。

华东理工大学研究团队主持的"定向转化多元醇的细胞催化剂创制及其应用关键技术"项目，瞄准多元醇绿色转化的目标，成功开发了高效的细胞生物催化剂，实现了具有自主产权的众多多元醇定向转化及其高值化学品的绿色制造，在鲁南制药等 4 家企业实现工业生产，生产的新型抗糖尿病药物米格列醇等 5 个产品近 3 年为企业新增产值 15 亿元。该成果获得 2015 年度国家技术发明二等奖。

2015 年 8 月，浙江工业大学研究团队主持的"化学 - 酶法高效组合催化制备阿托伐他汀钙"项目，构建了高活性、高选择性的羰基还原酶基因工程菌和卤醇脱卤酶基因工程菌，实现全生物法构建阿托伐他汀钙的所有手性中心。项目在浙江新东港药业股份有限公司应用实施，建成年产 60 吨阿托伐他汀钙原料药和阿托伐他汀钙 2 亿片生产线，规模国内第一，主要技术经济指标优于国内外同类技术。项目革除了易燃易爆的硼烷和四氢呋喃、二氯甲烷、甲醇等溶剂的使用，乙醇单耗降低 80%，节能减排成效显著。

江南大学研究团队"酮酸发酵法制备关键技术及产业化"项目，针对酮酸这一具有羧基和酮基的有机酸，采用生物发酵法生产酮酸，解决了化学合成法存在的诸如原料价格高、消耗多，工艺过程高温高压，导致产品成本高、能耗大等缺点。该成果形成了涵盖菌种定向高通量选育、理性代谢途径改造和发酵过程优化的专利群；核心专利获得世界知识产权组织（WIPO）与国家知识产权局联合颁发的 2014 年中国专利金奖。同时转让多家企业，获得了较好的社会和经济效益，项目成果获得 2015 年国家技术发明二等奖。

2015 年 11 月，中国科学院天津工业生物技术研究所研究团队用含有芳香酸脱羧酶的重组大肠杆菌作为生物催化剂，在常压水相体系实现了 Kolbe-Schmitt 反应，并通过在体系中添加沉淀剂季铵盐，解决了可逆平衡反应转化率低的问题，推动反应平衡大大向羧化方向进行，对间苯二酚和邻苯二酚的羧化转化率可达 97%，为二氧化碳固定及有机芳香酸的绿色合成提供了新的途径。

（二）生物分离工程

生物分离是生物制造过程中不可或缺的关键环节，决定了生物产品的质量、安全性和成本。由于生物产品浓度低、成分复杂，其分离成本高达生产总成本的 60% 以上。长期以来，我国生物分离工程应用中高端分离纯化介质和装备基本依靠进口，分离工艺普遍存在能耗高、污染严重、控制粗放、效率低等缺点，与国外先进水平相比存在较大差距。但经过多年努力，我国的色谱、膜分离、结晶等分离纯化技术在发酵产品、调味品、生物大分子、蛋白质、药物分子等典型生物产品的应用中已取得了重大进展。

1. 色谱分离技术及应用

针对传统色谱分离介质粒径不均一，用于蛋白质药物分离时，会降低分离精度，影响产品纯度和收率等问题，中国科学院过程工程研究所开发了利用膜乳化技术制备粒径均一微球的技术。该技术可用于制备粒径为 10～100μm 和 0.1～30μm 的颗粒介质，制备的批次重复性可控制在 5% 以内。相关技术和产品在国内外 300 多家单位获得应用，包括 GE Healthcare、Pfizer、Unilever、中科院化学所、中国医学科学院植物药物研究所、复旦大学等，促进了我国生物分离技术进步及产业发展。

中国科学院大连化学物理研究所多年来致力于高效硅胶介质的研究和应用，掌握了球形硅胶基质工业生产技术、硅胶表面键合技术并研发了系列功能键合材料；发展了超长反相色谱毛细管硅胶整体柱、杂化整体柱和分子印迹整体柱的制备新技术，实现了小分子化合物、生物大分子及手性化合物的高效、高选择性分离分析；建立了从分析规模、中试到工业化生产工艺开发的流程，可以满足各类天然产物、药物分子分离纯化需求，与齐鲁制药、海正药业、浙江医药等制药企业建立了紧密合作关系。

南京工业大学基于分子模拟技术，设计和开发了丁醇高效吸附分离介质 - 聚苯乙烯二乙基苯（KA-I）树脂，比商业化树脂的最大吸附容量高 2～3 倍，且洗脱收率超过 99.5%。他们还设计了新的核苷酸分离介质，首次用一次树脂分离实现了 4 个核苷酸的高收率和高纯度稳定分离。相关技术获 2015 年国家技术发明二等奖。

2. 膜分离技术及应用

高性能的膜是膜技术研究和工程应用的核心。近年来结合生物产品分离及生产的特点，我国开发了系列有机膜、无机膜及有机 - 无机杂化膜物，在发酵液澄清、产物分离等方面均取得了良好效果。南京工业大学和相关企业合作，实现了陶瓷膜系列化生产，在发酵液澄清中实现了规模化应用。同时开发了性能优良的渗透汽化优先透水陶瓷膜，实现了产业化应用。中国科学院过程工程研究所通过对有机硅材料和无机纳米材料的分子设计和表面改性，开发了综合性能优异的有机 - 无机杂化渗透汽化优先透有机物膜，制备了具有国际先进水平的渗透汽化优先透有机物膜。

针对生物膜分离过程中浓差极化和膜污染这一国际难题，中国科学院过程工程研究所开发了一种高效、低能耗的新型膜过程——"膜过滤 - 汲取"集成技术和装备，特别适合对剪切敏感活性产物的分离，已成功应用于蛋白质和中药浸提液的浓缩分离工程。同时，他们还开发了一种基于系统水力学控制的膜过程污染控制技术——周期性换向 - 脉冲冲刷技术，已在 60 万吨酱油超滤精制生产线中获得产业化应用，取得了节能 80%、节水 50%、优质品产率提高 5%、膜使用寿命提高 2 倍以上的显著效果。华东理工大学发明了基于分子修饰和物性调控的膜分离关键技术，实现了 95% 大豆低聚糖、低盐酱油、红枣多糖等的规模化清洁生产和甲壳素、氨基葡萄糖生产过程废酸、碱回收综合利用。

3. 结晶技术及应用

结晶技术是众多生物基产品制造过程中距离终端产品最近的单元分离技术之一，对生物产品的质量和成本有重要影响。天津大学长期致力于医药结晶小试研究、中试研发、工程放大及工程设计直至产业化转化工作，开发了包括溶液结晶、熔融结晶、反应结晶、盐析结晶等多项新型耦合结晶技术；自主构建了结晶基础数据库、结晶技术工艺包、结晶装置计算机辅助设计软件包及专家系统。揭示了药物晶体超分子组装机理，研发了绿色精制结晶成套工艺，集成创新了高端医药产品的精制结晶生产线，实现了结晶新技术、新工艺和新装备的突破，获得 2015 年国家科技进步二等奖。

综上，我国在生物分离技术研究和应用领域取得了长足的进步，相关分离介质、技术与装备研究基本与国外现有研究水平保持同步，为下一步产业开发与应用奠定了良好的基础。但总体来说，创新能力与产业化水平仍然有限，研究成果与产业应用之间还有相当距离。相信随着我国生物分离工程研究水平的不断进步和国家"双创"政策的实施，"十三五"期间，我国生物分离工程技术及应用必将取得更大进步，为我国生物产业和生物经济的发展提供更坚实的技术支撑。

 五、农业生物技术

农业生物技术是生物技术在农业领域应用的统称，是当今世界发展最快的高新技术领域之一，逐步改写了人类数世纪以来的物种进化史，现正以蓬勃发展之势在解决人类面临的粮食、资源、环境、能源及效率等可持续发展瓶颈问题的过程中扮演着重要角色，发挥着巨大的作用。

我国的农业生物技术研究开始于 20 世纪 70 年代初期，应用花药、子房离体培养再生新植株的单倍体育种及应用原生质体融合技术培育新品种的研究；70 年代后期即开始了基因工程基础技术研究，并启动转基因的动植物研究；80 年代我国以基因工程为主导的农业生物技术工作逐步发展起来，并且研究领域不断扩大。特别重要的是，国家在"863"计划中把生物工程作为选定的 7 个重点研究领域的首项，并且将农业生物技术作为该项工程的第一个研究主题，涉及高产杂交水稻新品种、农作物抗性的生物技术良种、农作物蛋白质改良基因工程、生物固氮能力利用、主要家畜和鱼类的生物技术育种、生物技术提高育种牛繁殖率、动植物生物工程新技术新方法及农业高技术产品的试种和示范等 8 个研究专题，"973"计划和"国家转基因植物研究与产业化专项"等对我国的农业生物技术也进行了直接支持。在政府重视和国家政策的扶植下，经过 40 多年的发展，我国农业生物技术研发已取得了较大的成绩，尤其是在转基因水稻技术方面处于世界先进的技术水平。

2015 年 7 月，中国水稻研究所王克剑研究员在水稻遗传重组研究领域取得重要进展，相关研究成果于近期在线发表在 Cell 旗下子刊《分子植物》（Molecular Plant）上，这也是水稻所承担的浙江省自然科学基金重点项目"水稻重组与联会基因的分离及功能研究"取得的重要成果；同月，华南农业大学亚热带农业生物资源保护与利用国家重点实验室潘庆华教授课题组在国际学术期刊 Scientific Reports 在线发表了学术论文，阐明 Pib 相关水稻品种稻瘟病抗性丧失的分子机制；2015 年 8 月中国科学院遗传与发育生物学研究所植物基因组学国家重点实验室研究员储成才和其合作者中国科学院院士李家洋课题组通过对一水稻大粒显性突变体（Big grain1，Bg1-D）的研究，发现 BG1 编码一个受生长素特异诱导的早期响应的未知功能蛋白，在水稻茎和穗的维管组织中特异表达。

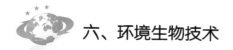 六、环境生物技术

环境生物技术是指直接或间接利用生物或生物体的某些组成部分或某些功能，建立降低或消除污染物的生产工艺或能够高效净化环境污染，同时又能生产有用物质的工程技术。科技的发展充分证明了环境生物技术在解决环境问题过程中所示出的独特功能和优越性，它的纯生态过程，体现出了可持续发展的战略思想，它具有速度快、消耗低、效率高、成本低、反应条件温和以及无二次污染等显著优点。

近一年来我国在环境生物技术领域的研究取得了喜人的成果。

2015年9月，中国科学院合肥物质科学研究院在细菌生物传感器对水环境中砷的快速检测方面取得新进展。研究针对砷这一危害较大的环境污染物，通过定向进化技术构建更加灵敏高效的砷的细菌生物传感器，实现了方便易行、低成本的快速检测。

2016年1月，中国科学院青岛生物能源与过程研究所，通过基因组分析和关键酶表征，发现海洋褐藻生物具有一个完整的褐藻（褐藻胶、甘露醇和海带多糖）降解利用系统，在海洋褐藻生物降解研究方面取得进展；同月，中国石油化工集团公司华北分公司工程设计研究院首次利用"微生物＋膜"污水处理工艺在红河油田301注水站试验成功，确保了污水回注水质达标，提高了红河油田采出水有效利用率。

2016年5月，宁夏希望田野生物农业科技有限公司取得了宁夏回族自治区环保厅颁发的危险废物经营许可证，许可其对泰乐菌素、硫红霉素等4种抗生素菌渣和污泥进行收集、利用，这标志着宁夏回族自治区在抗生素菌渣和污泥无害化处理研究领域获得突破性进展。

2015年9月，江南大学完成了城市污泥高含固厌氧发酵定向产乙酸示范工程的建设与启动，进料含固率可高达10%以上，大大缩小了污泥发酵罐体积，充分厌氧消化后的污泥经高压板框压滤机脱水，形成含固率约40%的泥饼和富含高浓度有机酸的发酵液产品；并将发酵液回用到污水的脱氮除磷外加碳源，

提高了污水脱氮除磷效果。这实现了污泥的资源化、减量化处理。

2015 年，由南京农业大学资源与环境科学学院开发的生物沥浸污泥深度脱水技术，在无锡市芦村污水处理厂实现了稳定运行。在不加任何化学絮凝剂的情况下，通过生物淋滤调理，用隔膜厢式压滤机进行压滤脱水，泥饼含水率可稳定地降低到 60% 以下，且外观呈土黄色块状，无臭味，泥饼有机质和高位热值在生物沥浸处理前后没有降低。

2015 年，研究人员提出了"海绵城市"新理念，以多目标雨水系统构建为切入点，针对城市内涝的缓解和城市生态环境的改善，在海绵城市建设中，通过自然生态本底植被、土壤、湿地等对雨水的渗透和净化作用，保护和恢复城市自然生态格局的理念和思想。

2016 年，北京桑德环境工程有限公司为主的研究机构，提出了高效藻类塘处理农村面源污水的新技术。目前我国农村生活污水排放量不断增加，但处理情况却不容乐观，96% 的村庄未建设排水渠道和污水处理系统，造成了农村环境的严重污染。研究结果表明，在确定藻类最佳培养基的基础上，藻类塘对污水中氨氮去除率高达 95% 以上，TP 去除率达 60% 以上，COD 去除率高达 90% 以上。

2015 年，中国科学院城市环境研究所提出了潜流/垂直流改进型人工湿地处理河道水的新技术。针对微污染河道水 C/N 比不足和磷浓度低的问题，将传统人工湿地改进后用于处理，改进后的人工湿地包含潜流段和垂直流段，潜流段填充沸石和腐木，其中腐木作为补充碳源，垂直流段填充水泥砖块，并种植美人蕉。

2015 年，西安建筑科技大学提出城市污水处理厂污泥醇化制取生物柴油新技术。污水处理厂污泥含有较高的脂质，这些脂质可以通过醇化转化为生物柴油的主要成分脂肪酸甲酯。

2016 年 5 月，武汉益生泉生物科技开发有限责任公司提出人造生物膜强化污水处理及污泥减量新技术，将微生物细胞固定在适当载体上，制备成不同功能和剂型的产品，净化污水，除磷、脱氮，回用资源，实现污水处理从源头上削减污泥量。该产品的特点是在水体中不流失、安全、高效、长效，在高浓度

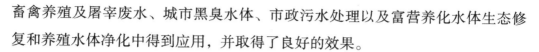

畜禽养殖及屠宰废水、城市黑臭水体、市政污水处理以及富营养化水体生态修复和养殖水体净化中得到应用，并取得了良好的效果。

2016年7月，九江学院等研究单位提出葡萄藻生物膜贴壁培养处理含钴工业废水与烃类生产的耦合技术。工业废水污染日趋严重，水体中重金属钴污染因难处理、高危害等问题成为废水净化的关键，传统治理重金属工业废水的方法难以应用。为寻求处理工业废水"绿色生态"可行性路径，本技术以葡萄藻为研究对象，应用贴壁培养技术对含钴工业废水进行处理。

2016年7月，武汉市江夏区环境保护局提出了蚯蚓生物滤池处理含难降解有机物废水的新工艺。有机物是城市污水中的主要污染物，不仅包括大量易降解的典型有机物，还包括含量较少但毒性较大的疏水性难降解苯环类有机物。本工艺还为农村污水处理工程的设计、运行与实际应用提供了丰富的数据资料。

第四章 生物产业

我国生物产业经过多年快速发展，具备较好的技术积累和产业基础，拥有广阔的市场前景，是我国抢占未来竞争制高点的重要突破口。《"十二五"国家战略性新兴产业发展规划》强调要着力构建生物产业体系，明确提出了到2020年把生物产业发展成为国民经济支柱产业的发展目标。"十二五"以来，我国生物产业一直保持着年均20%左右的增速，2013年产业规模达到2.8万亿元，2014年产业规模达到3.16万亿元[275]，预计到2020年将达到8万亿至10万亿元。"十二五"期间，商业模式创新和产品创新成果不断涌现，发展水平稳步提升，产业投资日益活跃，国际合作不断加强，一批行业龙头企业在国际市场上崭露头角，并在部分领域形成了较强的核心竞争力。

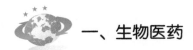 一、生物医药

2015年是"十二五"收官之年，医药工业围绕"稳增长、调结构、促改革、惠民生"的发展目标，积极应对经济转型新常态，整体保持了较快的增长速度，在主要工业大类中保持前列。但主要经济指标增长进一步放缓，医药工业面临换挡调速的挑战，提质增效和创新发展的任务更加迫切。

（一）医药终端需求稳步增长

2015年，我国60岁及以上老年人口升至2.2亿，增加750余万，占比

---

275 我国生物产业产值2014年达3.16万亿元. 2015，URL: http://news.xinhuanet.com/fortune/2015-07/24/c_1116032258.htm.

16.1%，老年人医疗服务需求增长迫切。2015 年，我国医疗卫生与计划生育总支出 11 916 亿元，增长 17.1%，拉动医药终端需求持续增加。全年全国医疗卫生机构总诊疗量达 80 亿人次左右，入院人数超过 2.1 亿人，增长 5%。样本医院统计显示，全年医院购药金额同比增长 6.0%。据统计，药品终端市场总体规模已达 13 775 亿元，同比增长 7.6%，较 2010 年增长近 2 倍（图 4-1）。

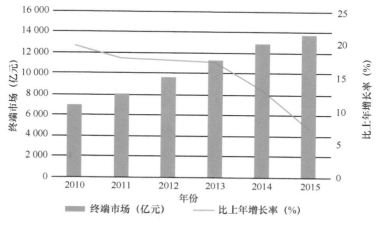

图 4-1　2010—2015 年我国医药终端市场增长趋势

数据来源：中华人民共和国工业和信息化部. 2016. 2015 年医药行业运行情况报告。

（二）医药产业总体增速继续放缓

1. 主营业务收入增速继续放缓

"十二五"以来，医药工业规模以上企业主营业务收入逐年增长，较"十一五"末增长了一倍多。根据统计快报，2015 年医药工业实现主营业务收入 26 885.2 亿元，同比增长 9.0%，高于全国工业增速 8.2 个百分点，但较上年降低 4.0 个百分点，多年来首次低至个位数增长（图 4-2）。各子行业增速均出现下降，中成药降幅最大（表 4-1）。

表 4-1　2015 年医药工业主营业务收入完成情况

行业	主营业务收入（亿元）	同比（%）	比重（%）	2014 年增速（%）
化学药品原料药制造	4 614.21	9.83	17.16	11.35
化学药品制剂制造	6 816.04	9.28	25.35	12.03
中药饮片加工	1 699.94	12.49	6.32	15.72

续表

行业	主营业务收入（亿元）	同比（%）	比重（%）	2014 年增速（%）
中成药制造	6 167.39	5.69	22.94	13.14
生物药品制造	3 164.16	10.33	11.77	13.95
卫生材料及医药用品制造	1 858.94	10.68	6.91	15.48
制药机械制造	182.02	8.94	0.68	11.02
医疗仪器设备及器械制造	2 382.49	10.27	8.86	14.63
医药工业	26 885.19	9.02	100	13.05

数据来源：中华人民共和国工业和信息化部. 2016. 2015 年医药行业运行情况报告。

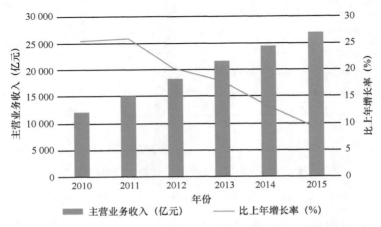

图 4-2　2010—2015 年我国医药工业主营业务收入增长趋势

数据来源：中华人民共和国工业和信息化部. 2016. 2015 年医药行业运行情况报告。

2. 利润增速高于收入

　　"十二五"期间，医药工业规模以上企业利润总额也逐年增长，较"十一五"末增长了近一倍，但增速不稳定，总体呈现逐年下降趋势。2015 年医药工业实现利润总额 2768.2 亿元，同比增长 12.2%，高于全国工业增速 14.5 个百分点，较上年下降 0.04 个百分点。利润增速高于主营业务收入增速，主营业务收入利润率增长 0.3 个百分点（图 4-3）。各子行业中，中成药和生物制品的利润率增幅较大（表 4-2）。

表 4-2　2015 年医药工业利润总额和利润率完成情况

行业	利润总额（亿元）	同比（%）	利润率（%）	2014 年利润率（%）
化学药品原料药制造	351.03	15.34	7.61	7.35
化学药品制剂制造	816.86	11.20	11.98	11.64

续表

行业	利润总额（亿元）	同比（%）	利润率（%）	2014年利润率（%）
中药饮片加工	123.90	18.78	7.29	7.04
中成药制造	668.48	11.44	10.84	10.30
生物药品制造	386.53	15.75	12.22	11.70
卫生材料及医药用品制造	169.86	13.04	9.14	9.17
制药机械制造	19.00	1.63	10.44	11.49
医疗仪器设备及器械制造	232.56	5.34	9.76	10.27

数据来源：中华人民共和国工业和信息化部. 2016. 2015年医药行业运行情况报告。

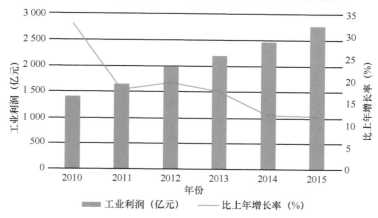

图4-3　2010—2015年我国医药工业利润增长趋势

数据来源：中华人民共和国工业和信息化部. 2016. 2015年医药行业运行情况报告。

3. 出口增速再现回落

进入"十二五"后，医药工业规模以上企业出口交货值增长放缓，从2011—2015年连续4年个位数低速徘徊发展。2015年医药工业实现出口交货值1798.5亿元，同比增长3.6%，增速较上年回落3.0个百分点，创下新低。根据海关进出口数据，2015年医药产品出口额为564亿美元，同比增长2.7%，增速较上年下降4.7个百分点。出口结构有所改善，药品制剂和医疗设备出口所占比重增加，生物药品出口增速超过10%，制剂出口比重提高到10.2%（图4-4）。

4. 固定资产投资放缓

2015年医药制造业完成固定资产投资5812亿元，同比增长11.9%，较上年下降3.2个百分点，高出全国制造业增速3.8个百分点。GMP改造升级、新产品产业

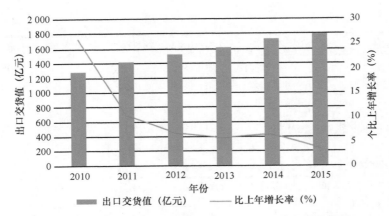

图 4-4　2010—2015 年我国医药工业出口交货值增长趋势

数据来源：中华人民共和国工业和信息化部. 2016. 2015 年医药行业运行情况报告。

化仍是医药企业投资重点，生物药领域投资增加，一批新的生物药工厂投入建设。

5. 重点区域领衔发展

2015 年中西部地区的医药工业主营业务收入增速快于东部地区 5.2 个百分点，高于全国平均水平 3.5 个百分点。主营业务收入达到千亿元以上的省份有 9 个，中西部地区已占到 4 个，四川和湖北省的主营业务收入首次超过千亿元。

（三）医药创新进展突出

1. 创新产品获批上市

在国家重大新药创制、战略性新兴产业和技术改造专项等扶持政策推动下，医药企业创新投入加大、进展突出。完成审评审批上市药品 350 个，化学仿制药数量大幅减少，但生物制品和中药获批上市数量显著增加，分别达到 22 个与 60 个。具有自主知识产权的 Sabine 株脊髓灰质炎灭活疫苗、手足口病疫苗获批生产，聚乙二醇修饰干扰素、利奈唑胺、达托霉素等重要治疗领域的国产仿制药获批，为患者用药可及性与可支付性提供了重要保障（表 4-3）。此外，医疗器械领域创新也日趋活跃，128 层 CT、3.0T 磁共振、生物工程角膜、3D 打印骨科植入物、核酸分析仪等高端新产品获批上市。

表 4-3　2015 年完成审评建议批准上市药品

注册分类	新药	改剂型	仿制药	进口药	合计
化学药品	59	10	157	42	268
中药	7	39	14	/	60
生物制品			14	8	22
合计			350		

数据来源：国家食品药品监督管理总局药品审评中心. 2016. 2015 年度药品审评报告。

2. 质量水平提高

①药品质量标准提高，2015 版新《药典》实施，共收载品种 5608 种，新增 1082 种。②注册制度改革实施，《关于改革药品医疗器械审评审批制度的意见》发布，加强研发和生产监管，强化临床数据核查，提高产品注册标准，加快审评审批速度，开展仿制药质量一致性评价，调整药品注册分类，试点上市许可持有人制度，推进医疗器械分类改革，抑制过度重复申报等。③新版 GMP 认证顺利完成。截至 2015 年年底，制药企业整体通过率约 75%，药品生产质量水平明显提升。CFDA 发布《医疗器械生产质量管理规范现场检查指导原则》，将进一步提升医疗器械生产企业质量保证水平。

3. 国际化步伐加快

①制剂国际高端市场认证增多。国内已通过欧美质量体系认证的制剂企业约 50 余家，恒瑞医药、华海药业向欧美市场出口的制剂单品种年销售额超过 1 亿美元；生物药品加快走向国际市场，2015 年华兰生物流感疫苗顺利通过 WHO 预认证。②创新医药技术和产品出口增加，恒瑞医药、苏州信达将创新药物技术转让给国外公司，特别是恒瑞医药以总额 7.7 亿美元将研发的 PD-1 单抗药物的国外权益转让给美国 Incyte 公司，实现了中国制药企业首次创新生物药品技术的出口。国内医药企业开展国际多中心临床试验药物达 30 余个，绿叶制药的利培酮缓释微球注射剂在美国实现快速提交新药申请（NDA）。东软集团研发的 CT、磁共振等大型医疗设备成功出口到美国、德国、俄罗斯等 100 多个国家的 9000 多家医院。

4. 兼并重组更趋活跃

证券委等四部门发布《关于鼓励上市公司兼并重组、现金分红及回购股份的通知》，大力推进兼并重组市场化改革。医药企业兼并重组步伐加快，成为资本市场投资的热点之一。2015 年国内医药行业兼并重组交易金额达到 1000 亿元，同比增长约 80%，已公告的并购案例数达 260 起，其中约有 10% 为海外并购。传统医药企业向新兴领域的并购或风起云涌，比如互联网医疗、基因测序、细胞治疗、干细胞等新技术或新模式。较大的并购项目为国药集团旗下的中国中药以 82 亿元控股天江药业，绿叶集团旗下的绿叶医疗收购澳大利亚第三大私立医院集团 Healthe Care，交易金额达 6.88 亿美元，成为目前中国在海外最大规模的医疗业务并购项目。海外并购成为新发展方向，海普瑞以 2 亿美元收购美国制药企业赛湾生物。

5. 保障体系更加完善

①医药产品供应保障体系进一步得到加强。《关于完善公立医院药品集中采购工作的指导意见》明确了低价药、急救与妇儿用药直接挂网销售，保障了药品市场的稳定供应。中央和地方两级常态短缺药品的储备机制进一步健全，用量小、临床必需的基本药物品种定点生产试点工作顺利推进，首批 4 个产品已实现稳定有序供应。②国产大型医疗设备应用加快，工信部与卫生计生委共同推进遴选了两批 10 种优秀国产医疗设备产品，包括符合基层需要的台式 B 超、X 线机和全自动生化分析仪以及磁共振（MRI）、计算机断层扫描（CT）设备、全自动血细胞分析仪等。

（四）部分领域发展势头较好

1. 国内血制品市场规模较小，未来五年有望快速增长

血制品主要以健康人血浆为原料，采用生物学工艺或分离纯化技术制备的生物活性剂，主要包括人血白蛋白、静脉注射用人免疫球蛋白、人凝血因子Ⅷ、人凝血酶原复合物、人纤维蛋白原、破伤风免疫球蛋白等。

国内血液制品市场规模已由 2011 年 109 亿元增加至 2015 年的 165 亿元，近 5 年年均复合增长率（CAGR）为 17.8%。随着血制品价格放开、浆站审批数量增加、产品结构优化等，预计 2015—2019 年血制品行业的 CAGR 为 27.8%，到 2019 年市场规模有望增长至 557 亿元（表 4-4）。

表 4-4　我国主要血制品市场增长趋势

产品	2011—2015 年 CAGR（%）	2015—2019 年 CAGR（%）
人白蛋白	17.30	26.70
免疫球蛋白	17.00	28.50
凝血因子	40.30	39.30

数据来源：中国医药工业信息中心。

此外，多个新产品开发推进血浆利用效率提升。2011 年以来多家企业获得新的产品批件进入临床试验，鉴于我国血制品行业的现状（只有少数企业能够生产 6 个以上产品），未来血制品的综合利用率还有较大提升空间（表 4-5）。

表 4-5　2011 年至今国内血制品获批准进入临床研究的产品

企业名称	产品名称	企业名称	产品名称
同路生物	• 人凝血酶原复合物 • 人凝血因子Ⅷ • 冻干静注乙型肝炎人免疫球蛋白（PH4）	广东丹霞	• 人凝血因子Ⅷ • 静注人免疫球蛋白（PH4） • 组织胺人免疫球蛋白
邦和药业	• 人凝血酶原复合物	广东卫伦	• 人凝血酶原复合物
成都蓉生	• 静注巨细胞病毒人免疫球蛋白（PH4） • 静注肠病毒 71 型人免疫球蛋白（PH4）	河北大安	• 静注人免疫球蛋白（PH4）
博雅生物	• 人凝血因子Ⅷ	湖南紫光	• 人凝血酶原复合物（PH4）
广东双林	• 人凝血因子Ⅷ	上海科新	• 重组人免疫球蛋白 ε 和 γ 的 Fc 融合蛋白注射液
武汉中原瑞德	• 人凝血因子Ⅷ	四川远大蜀阳	• 人凝血酶原复合物
武汉生物制品所	• 人凝血因子Ⅷ • 静注人免疫球蛋白（PH4）	新疆德源	• 静注人免疫球蛋白（PH4）
山西康宝	• 人凝血因子Ⅷ • 人凝血酶原复合物	玉溪九州	• 马破伤风免疫球蛋白 • 马抗狂犬病免疫球蛋白

数据来源：中国医药工业信息中心。

2. 医疗机器人全球市场增速快，国内医疗机器人市场蕴含巨大潜力

医疗机器人是指用于医院、诊所的医疗或辅助医疗的机器人，是一种智能型服务机器人。医用机器人种类很多，按照其用途不同，有临床医疗用机器人（包括外科手术机器人）和诊断与治疗机器人、医用教学机器人、护理机器人、康复机器人等。早在 1985 年，研究人员借助 PUMA 260 工业机器人平台完成了机器人辅助定位的神经外科活检手术，这是首次将机器人技术运用于医疗外科手术中，标志着医疗机器人发展的开端。

根据波士顿咨询的统计数据，商业机器人市场于 2015 年达到了 59 亿美金，主要受益于在商业机器人中占比极大的医疗及手术机器人的迅速增长，未来市场份额有望在 2025 年达到 170 亿美金，取代军用机器人板块成为第二大机器人市场。

据 BCG 波士顿咨询测算，截至 2016 年 1 月，全球医疗机器人行业每年营收达到 74.7 亿美元，预计未来 5 年年复合增长率能稳定在 15.4%，至 2020 年，全球医疗机器人规模有望达到 114 亿美元。其中，手术机器人占 60% 左右市场份额。报告表示目前北美市场目前为最大市场，而由于政府医疗投入加大，医疗系统重组和人们对微创手术意识加强，未来市场重心将逐渐往亚洲市场转移（图 4-5）。

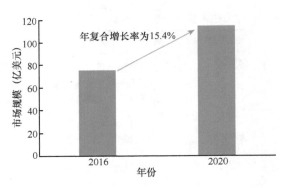

图 4-5　全球医疗机器人发展预测

数据来源：BCG 咨询。

国内医疗机器人虽暂时处于行业周期的萌芽时期，处于研发阶段，目前尚无产业化。但我们预计在国务院国家各部委颁布的例如《中国制造 2025》《医药产业健康发展指导意见》等一系列重大政策的鼓励扶持下，行业将实现长效跨越式发展。目前涉足医疗机器人研发的既有类似于哈工大和国防科大的高校科研院所，也有楚天科技集团、思哲睿智能医疗设备、妙手机器人科技集团、沈阳六维康复机器人等集团公司，而近几年，高校和企业合作，科研资源相济、资本协助、产业化链条式发展逐渐成为未来行业内的战略导向。目前医疗

机器人公司具有代表性的是进行手术机器人研发的博实股份，进行外骨骼手术机器人研发的楚天科技，两者均是通过与高校合作的方式进行开发（表4-6）。

表4-6 国内医疗机器人研发机构

公司	医疗机器人类型	合作单位	进展
楚天科技	外骨骼机器人	国防科技大学	外骨骼机器人为切入点，主要用于残疾人和老年人生活自理，由国防科技大学负责列装申报，未来也会用于军队负重
新松机器人	康复机器人（骨科牵引辅助机械手）	—	正在申请医疗器械产品、医疗器械生产许可证及医疗器械质量管理体系认证
迪马股份	外骨骼机器人	成都电子科技大学	2015年4月签署《产学研合作协议》
妙手机器人	手术机器人	天津大学	"妙手S"处于临床试验阶段，预计2~3年后会市场化
博实股份	参股思哲睿医疗、手术机器人	—	第二代产品已经完成产品定型，即将进入型式检验，在申请临床实验许可证后，即将开展临床试验，如进展顺利，2~3年可取得医疗产品注册

3. 传统疫苗市场规模稳定，二类疫苗市场发展潜力巨大

疫苗不仅是目前预防传染病最有效手段，也被认为是最具成本效益的卫生干预措施，根据美国疾病预防和控制中心统计，部分治疗与接种疫苗费用之比高达27倍，显示疫苗有利于节约大量治疗费用。随着人类对健康的观念从"疾病→治疗→健康"逐渐向"健康→预防→健康"转变，疫苗越来受到人们的重视。根据免疫计划，疫苗分为一类疫苗和二类疫苗，两者的根本区别在于政策、付费方式、流通环节、利润和驱动力等方面的不同。一类苗的生产、价格、渠道销售受国家严格管控，主要用于儿童免疫计划，接种覆盖率和婴儿出生率稳定导致一类疫苗市场规模平稳。

随着我国人均经济消费能力的提高，具有高技术含量、高价格特点的二类疫苗越来越被大众所接受，国内二类苗的比例在2010—2015年期间得到提高，从2010年的14.43%上升到了2015年的20.74%，近几年来该比例一直稳定在20%左右。二类疫苗中的乙肝、流感、Hib结合疫苗等由于市场竞争较为激烈，受负面事件及GMP认证影响等批签发起伏不定。近年来，新上市的新型疫苗，批签发和市场表现较为靓丽，其中主要是技术含量较高的多联疫苗/结合疫苗等，如Sanofi于2011

年 5 月在中国上市的 5 联疫苗潘太欣 DTaP-IPV-Hib 在达到相同免疫效果前提下大幅减少接种次数。同样的还有智飞生物的 3 联 Hib-AC 结合疫苗于 2014 年上市，2015 年批签量高达 488.60 万剂，招标价格约为 200 元 / 剂，市场潜力不容小觑。

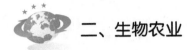

二、生物农业

（一）生物育种

1. 我国种业市场规模全球第二

近年来，我国种子市场规模一直保持较大幅度增长。2014 年，我国种子市场规模 750 亿元，仅次于美国，是全球第二大种子市场。分类来看，杂交玉米种子、杂交水稻种子市场规模分别约 310 亿元、230 亿元，占比 43%、32%，是种子行业主战场。从成长空间来看，当前种子仅占生产本的 6%，而海外占比一般达到 10% 左右，杂交玉米种子还有很大的增长空间（图 4-6）。

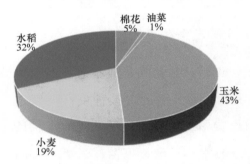

图 4-6 国内种子结构市场（2014 年）

数据来源：中国产业信息网。

随着种子市场的放开，种子经营的主体呈现多元化。2011 年 8 月颁布的《农作物种子生产经营许可管理办法》，更是大幅抬高了种业企业的门槛。国内种业经过市场化初期的无序发展之后，种子企业数量开始迅速下降，从 2011 年约 8600 家减少到 2014 年的约 5064 家（图 4-7）。

国内种子市场偏低的市场集中度，也为行业并购提供了可能，从与全球种业对比结果看，世界前 20 强种子企业的市场份额 73%，但国内仅有 25%，远低于世界平均水平（图 4-8）。

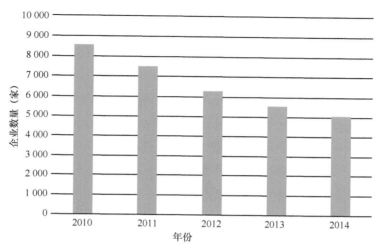

图 4-7　国内种子企业数量

数据来源：中国产业信息网。

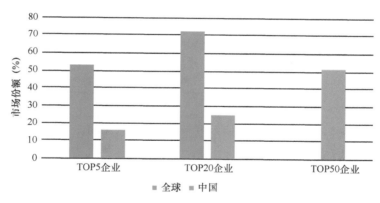

■ 全球　■ 中国

图 4-8　国内种业市场集中度较低

数据来源：中国产业信息网。

2. 我国生物育种产业化进程减慢

生物育种是保障我国国家粮食安全的战略选择和农业科技创新的既定国策。国家先后将转基因育种技术列入 863、973、国家科技重大专项、战略性新兴产业等规划。"十二五"期间，我国获得具有重大育种价值的关键基因 137 个，获得 1036 项专利，仅次于美国，取得了抗虫棉、抗虫玉米、耐除草剂大豆等一批重大成果。新型转基因抗虫棉累计推广 4 亿亩，减少农药使用 40 万吨，增收节支效益达 450 亿元；建立了较为完整的转基因育种技术体系和生物安全评价技术体系，提升了我国自主基因、自主技术、自主品种的研发能力，为保障我国粮食安全提供有力的科技支撑。目前，仅仅只有棉花、番木瓜等非食用品种的商业化种植，2015 年，我国转基因棉花种植面积达到 5000 万亩，国产抗虫棉占市场份额达 95% 以上，番木瓜推广面积达 15 万亩。

随着中国转基因安全管理体系日益成熟，政策导向逐步转变为"慎重推广"。2005 年至今，中央"一号文件"多次提及转基因，但在 2016 年之前，内容多以"技术研究""科学普及""加强管理"等基础工作为主，2016 年"一号文件"首次提出"在确保安全的基础上慎重推广"，政策导向发生实质性的改变。此外，多年来，中国逐步建立了与国际接轨的转基因生物安全管理的法律法规、技术规程、行政监管的多层次管理体系，涉及转基因的各领域管理工作日益成熟。一直以来，中国政府着力于转基因技术的研究、科普以及安全管理，而对于其商品化推广较为谨慎，此次"一号文件"口风的转变意义重大，或预示着未来中国政府对于转基因推广政策的松动趋势（表 4-7）。

表 4-7　中央"一号文件"提及转基因内容

年份	相关内容
2016	加强农业转基因技术研发和监管，在确保安全的基础上慎重推广
2015	加强农业转基因生物技术研究、安全管理、科学普及
2014	加强以分子育种为重点的基础研究和生物技术开发
2013	无
2012	继续实施转基因生物新品种培育科技重大专项。大力加强农业基础研究，在农业生物基因调控及分子育种等方面突破一批重大基础理论和方法
2011	无
2010	继续实施转基因生物新品种培育科技重大专项，抓紧开发具有重要应用价值和自主知识产权的功能基因和生物新品种，在科学评估、依法管理基础上，推进转基因新品种产业化

数据来源：公开资料。

（二）微生物肥料

目前，国内已有多个品牌的微生物肥料在市场上推广使用，并已形成了生物有机肥、复合微生物肥料、微生物肥料、微生物菌剂、生物修复菌剂、根瘤菌菌剂、光合细菌菌剂、内生菌根菌剂等多系列产品，这在一定程度上满足了农户的用肥需求。当前微生物肥料企业总数在1000个以上，年产量1000万吨，年产值200亿元，累计应用面积超2亿亩，微生物肥料已成为新型肥料中年产量最大、应用面积最广的品种，是解决农业可持续发展问题的突破口。

　　我国从20世纪90年代就开始进行微生物肥料登记，随着微生物肥料的质量标准和安全标准的制订和完善，促进了微生物肥料产业的发展。2011—2015年，农业部微生物肥料和食用菌菌种质量监督检验测试中心正式登记微生物肥料产品有975个（图4-9），其中2013年登记的微生物肥料产品数量最多，达281个。从产品类型来看，三种类型的微生物肥料每年获得登记的数量相差不大。

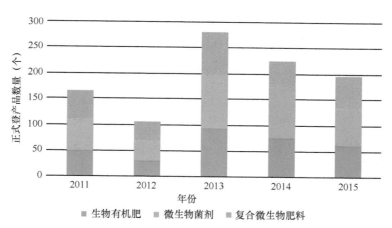

图4-9　2000—2015年中国正式登记的微生物肥料产品数量年度分布

数据来源：农业部微生物肥料和食用菌菌种质量监督检验测试中心，2016.6.30。

（三）生物饲料

　　生物饲料是解决我国食品安全的重要措施之一，也是生产绿色、有机等高端畜产品的主要材料和技术手段。目前，生物饲料的市场值达到每年30亿美元，并以年均20%的速度递增，国内有1000余家企业专门从事生物酶制剂、益生素、植物提取物类饲料添加剂的生产加工。且生物饲料以其节约粮食、减缓人畜争粮的优点，为饲料的开源节流提供了一种新型的有效途径。

随着科学技术的发展，生物饲料的研发得到了较快的发展，目前国内外研发的生物饲料主要品种已达数十个，主要包括饲料酶制剂、饲用氨基酸、维生素、益生素（直接饲喂微生物）、饲料用寡聚糖、天然植物提取物、生物活性寡肽、饲料用生物色素、新型饲料蛋白、生物药物饲料添加剂等。我国生物饲料技术研发在很多方面都取得了长足进步和重要成果，部分品种达国际水平；但是整体水平依然略显不足，缺乏战略性和基础性平台技术研究，部分产品仍以模仿国际成熟、先进技术为主。

　　其中，饲用酶制剂一直是饲料添加剂领域最为引人关注的研究热点之一。20 世纪 70 年代，酶制剂开始应用于配合饲料中。随着现代生物技术，尤其是微生物的基因改造和发酵技术的迅速发展，生物酶制剂的生产成本越来越低。作为饲料添加剂的一个新品种，饲用酶制剂逐渐得到饲料工业和养殖业的认可。20 世纪 90 年代，饲用酶制剂开始了在饲料工业中的规模化应用，目前已成为世界工业酶产业中增长速度最快、势头最强劲的一部分。据市场研究公司 MarketsandMarkets 发布的饲用酶市场报告称，到 2020 年全球饲用酶市场总值将达到 13.71 亿美元，2015—2020 年的复合年增长率为 7.3%。

　　从国内饲用酶制剂的典型开发企业来看，广州溢多利是国内最大的饲用酶制剂生产企业，是首个上市的饲用酶生产公司，自 1991 年成立以来，一直专注于饲用酶制剂的研发、生产、应用与销售，核心产品为饲用复合酶、饲用植酸酶和饲用木聚糖酶等。目前，溢多利公司饲用酶制剂合计年产能为 14 000 吨，其中饲用复合酶产能为 5400 吨，饲用植酸酶产能为 8600 吨（表 4-8）。挑战集团成立于 1997 年，目前已研制开发出 30 多个系列的 300 余种产品，产品具有较高的科技附加值和广泛的市场适用性。新华扬成立于 2000 年，是一家集动物生物添加剂的研发、生产、销售为一体的农业高新技术开发企业，目前主要生产饲用酶制剂产品，2011 年登上《福布斯》最具潜力企业榜。此外还有北京昕大洋、夏盛实业集团、湖南尤特尔、英恒生物等，国内这些饲用酶企业比较年轻，其研发投入相对较少，主要还是依靠国内各大高校及研究机构。

表 4-8　国内饲用酶制剂的典型开发企业及其代表产品

企业	简介	代表产品
溢多利	国内最大的饲用酶制剂生产商，核心产品为饲用复合酶、饲用植酸酶和饲用木聚糖酶	溢多酶
新华扬	成立于 2000 年。主要生产饲用酶制剂产品	华扬酶
挑战集团	成立于 1997 年，由中国农业科学院创办，以饲料添加剂、预混料和兽药为主要发展方向	特节酶
北京昕大洋	成立于 1999 年。主要产品为饲料添加剂、预混料，国内最早专业生产和销售植酸酶的厂家之一，率先获得中国第一个植酸酶产品生产许可证和批号，最早推出猪专用植酸酶	植酸酶
夏盛集团	成立于 1996 年，总部位于北京，两个酶制剂生产基地分别位于宁夏银川市和河北沧州市，是中国发酵工业协会常务理事单位、酶制剂分会常务理事单位，被中国发酵工业协会评定为"全国酶制剂行业重点生产企业"，饲用酶事业部成立于 1998 年	夏盛酶
尤特尔	成立于 2000 年 2 月，公司在北美地区和上海建立了菌种研究中心和应用中心，在湖南、山东建有两个大型的发酵生产基地，生产规模近 8 万吨	尤特尔
华扬生物	总部位于国家自主创新示范区·武汉东湖新技术开发区，是集畜禽和水产等动物保健品、饲料添加剂、生物水质改良剂、生物医药的研发、生产、销售和服务及养殖试验基地等于一体的集团化企业	华扬酶
英恒生物	致力于生物技术产品和动物营养与饲料添加剂产品的研发、生产、销售	英恒酶

数据来源：毛开云，陈大明，江洪波. 2016. 饲用酶制剂产业发展态势分析. 生物产业技术，（2）：56-58。

（四）生物农药

我国生物农药的研究始于 20 世纪 50 年代初，目前已经进入相对较为快速的发展阶段。宁南霉素、申嗪霉素、寡糖链蛋白等一批具有我国自主知识产权的生物农药品种的面世和成功商业化，说明我国生物农药已经取得了一定的成果，但与国际领先水平相比，仍有一定差距。

1. 生物农药的登记占比不高

1984 年我国恢复了农药登记管理制度以来，对生物农药进行了重新登记。截至 2015 年底，我国已登记的各类农药制剂数量共计 34 315 个，涉及 671 种有效成分。其中，生物农药制剂共 4293 个（含抗生素），涉及的活性成分为 112

种，分别占整个农药登记数量的 12.1% 和 16.7%（表 4-9，图 4-10）。目前美国已登记的生物农药制剂 1420 个，占总登记制剂数的 8.3%；登记的生物农药有效成分 248 种，占总登记有效成分数的 20%。与美国相比，我国无论是在有效成分占比还是制剂占比方面都存在一定的差距。

表 4-9　我国生物农药登记产品与有效成分（截至 2015 年 11 月）

类别	有效成分种类	产品总数	大宗产品有效成分
微生物农药	36	443	苏云金杆菌、枯草芽孢杆菌、蜡质芽孢杆菌、棉铃虫核型多角体病毒
植物源农药	30	331	苦参碱、除虫菊素、印楝素、乙蒜素、蛇床子素
生物化学农药	15	376	乙烯利、赤霉酸、芸苔素内酯
抗生素	21	3033	阿维菌素、井冈霉素、春雷霉素
植物疫苗	8	106	氨基寡糖素、香菇多糖
天敌生物	2	4	松毛虫赤眼蜂
合计	112	4293	

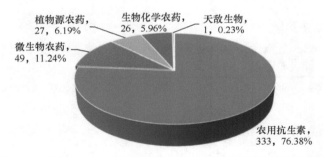

图 4-10　截至 2015 年底我国登记的生物农药类别数量及其占比

数据来源：国内生物农药登记最新情况. 2016. URL: http://www.nongyao168.com/Article/1029702.html。

2. 生物农药的产品较为单一

目前，我国已登记的生物农药产品依旧集中在如阿维菌素等大宗类抗生素产品上，产品相对较为单一。在已登记的 4293 种生物农药制剂产品中，仅含抗生素这一类产品就达到 3033 种，占比高达 70.65%。

3. 生物农药的研发企业分散

截至 2015 年底，全国农药生产企业共计 2232 家（包括 105 家境外企业），其中抗生素类农药生产厂家 709 家，其他生物农药生产厂家 428 家，合计占总农药生产企业的 51%；若除去抗生素类厂家，生物农药企业占比达 19.2%，占比仍较高。但从规模上来说，企业类型主要为中小型，分布较为零散。且企业产品布局较为单一，通常只有 1～2 个产品，规模小，未能形成完整的产品系列，发挥不出多种农药产品及组合的协同作用，这不利于生物农药行业的壮大和规模化发展。

（五）兽用生物制品

近年来，随着兽用生物制品研发力度不断加大，研发技术逐渐成熟，市场需求增长率也不断提高。根据《2015—2020 年中国兽用生物制品行业发展趋势与投资战略报告》的统计数据，2014 年兽用生物制品市场规模为 122.45 亿元，2015 年为 138.95 亿元，同比增长 14.7%。2016 年预计市场规模为 156.25 亿元，同比增长 12.4%（图 4-11）。

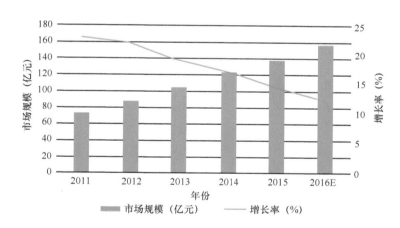

图 4-11　2011—2015 年兽用生物制品市场规模及增长率情况

数据来源：中研普华. 2015—2020 年中国兽用生物制品行业发展趋势与投资战略报告。

2014 年兽用生物制品产能达到 5355 亿头份，同比增长 11.4%；2015 年总产能达到 5762 亿头份，同比增长 7.6%；2016 年预计总产能达到 6227 亿头份，同比增长 8.1%（图 4-12）。

从需求端看，兽用生物制品的需求量不断加大；从供给端来看，随着 GMP 和 GSP 认证的实施，国家对兽用生物制品监管力度的加强，这些都将影响兽用生物制品行业的增长速度和市场规模，因此提供优质、优价、差异化的产品是

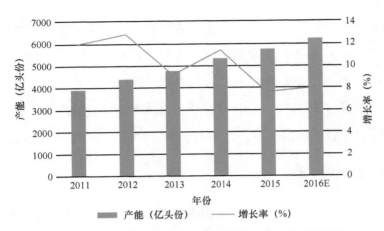

图 4-12　2011—2015 年兽用生物制品产能及增长率情况

数据来源：2015—2020 年中国兽用生物制品行业发展趋势与投资战略报告。

企业保持市场竞争力和可持续发展的根本保障。

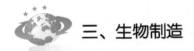 三、生物制造

（一）生物发酵产品

我国传统工业生物发酵产品包括氨基酸、有机酸、淀粉糖、多元醇、酶制剂、酵母、功能发酵制品等。从"十二五"时期整体来看，我国生物发酵产业规模继续扩大，总体保持平稳发展态势，主要生物发酵产品产量从"十一五"末期 2010 年的 1800 万吨增加到 2015 年的 2426 万吨，年总产值从 2000 亿元增至近 2900 亿元。目前我国生物发酵产业产品总量居世界第一，是名副其实的发酵大国（图 4-13）。

2015 年，我国生物发酵产业总产量达到 2426 万吨，微幅增长 0.2 %。其中，氨基酸产量 370 万吨，同比下降 0.5 %；有机酸 212 万吨，同比减少 0.9%；多元醇 157 万吨，同比下降 2.5%；淀粉糖 1200 万吨，同比上涨 0.1%；酶制剂 120 万吨，上涨 4.3%；酵母 31.8 万吨，同比上涨 3.2%；功能发酵制品 335 万吨，同比上升 1.5%（图 4-14）。

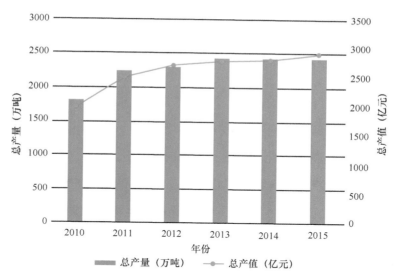

图 4-13 2011—2015 年我国主要发酵产品的总产量和总产值

数据来源：石维忱. 2016. 生物发酵产业现状及未来发展趋势. 2016 工业生物过程优化与控制研讨会。

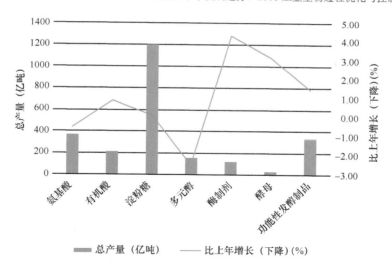

图 4-14 2015 年我国发酵行业主要产品产量及其增长（下降）趋势

数据来源：石维忱. 2016. 生物发酵产业现状及未来发展趋势. 2016 工业生物过程优化与控制研讨会。

近几年在国内外大经济环境持续影响下，多年积累的各种深层次矛盾逐渐浮出水面，"十二五"时期产业出现发展转折点，增速降幅明显，产业进入了深度调整新常态阶段。目前存在四大突出问题：一是市场需求和产能矛盾突出，产业大而不强，产能结构性过剩未得到有效缓解；二是原材料、环保等生产要素成本增加，加大企业发展压力；三是核心技术、装备开发能力不足，多数依赖进口，水平亟待提高；四是产品审批、标准滞后在一定程度上制约了行业发展。

（二）生物基化学品

由于摆脱了对化石原料的依赖，同时避免了石油基产品制备过程的高能耗和高污染，基于资源和环境可持续发展的双重考量，以可再生的生物质资源替代不可再生的化石资源制备化学品是未来发展的主要趋势。据世界经济合作与发展组织预计，到 2025 年，生物基化学品的产值将超过 5000 亿美元/年，占全部化学品的 25% 左右，目前全球生物经济处于起步向快速发展的跃升期，生物制造产业势头强劲，已成为现代生物经济和生物产业发展的重点。目前，该行业面临的关键问题是如何巩固已有市场，不断扩大市场并提高生物基化学品的经济性，为相关产品建立强大的供应链。

从全球主要生物基产品市场来看，生物乙醇占主导地位，销售额达 580 亿美元/年，其次是一些较小但仍然重要的产品，如正丁醇、糠醛、醋酸、乙酸、乳酸和木糖醇等（表 4-10）。而市场最小的产品有 3-羟基丙醛（HPA）、丙烯酸、异戊二烯、己二酸、5-羟甲基糠醛和异丁烯。此外，生物基琥珀酸是市场增长最快的产品，主要源于其产业所涉及的广度和深度。从价格来看，目前生物基 2,5-呋喃二甲酸（FDCA），乙酰丙酸、金合欢烯和聚羟基烷基酸酯（PHA）的价格最高。一旦相关转换技术实现商业化，预计这些产品可能价格下降到约 1000 美元/吨。

表 4-10　生物基市场和总市场（生物基＋石油）的价格和销量

产品	生物基市场				总市场（生物基＋石油）		
	价格（美元/吨）	销量（千吨/年）	销售额（百万美元/年）	占总市场比例（%）	价格（美元/吨）	销量（千吨/年）	销售额（百万美元/年）
醋酸	617	1 357	837	10	617	13 570	8 373
乙烯	1 300～2 000	200	260～400	0.20	1 100～1 600	127 000	140 000～203 000
乙二醇	1 300～1 500	425	553～638	1.50	900～1 100	28 000	25 200～30 800
乙醇	815	71 310	58 141	93	823	76 677	63 141
3-羟基丙醛（HPA）	1 100	0.04	0.04	100	1 100（假定）	0.04	0.04
丙酮	1 400	174	244	3.20	1 400	5 500	7 700
丙烯酸	2 688	0.3	0.9	0.01	2 469	5 210	12 863
乳酸	1 450	472	684	100	1 450	472	684

续表

产品	生物基市场				总市场（生物基＋石油）		
	价格（美元/吨）	销量（千吨/年）	销售额（百万美元/年）	占总市场比例（%）	价格（美元/吨）	销量（千吨/年）	销售额（百万美元/年）
1,3-丙二醇（PDO）	1 760	128	225	100	1 760	128	225
1,4-丁二醇（BDO）	>3 000	3	9	0.10	1 800～3 200	2 500	4 500～8 000
异丁醇	1 721	105	181	21	1 721	500	860
正丁醇	1 890	590	1 115	20	1 250～1 550	3 000	3 750～4 650
异丁烯	>>1 850	0.01	0.02	0.00	1 850	15 000	27 750
琥珀酸	2 940	38	111	49	2 500	76	191
糠醛	1 000～1 450	300～700	300～1 015	100（假定）	1 000～1 450	300～700	300～1 015
异戊二烯	>2 000	0.02	0.04	0.00	2 000	850	1 700
衣康酸	1 900	41	79	100（假定）	1 900	41.4	79
乙酰丙酸	6 500	3	20	100（假定）	6 500	3	20
木糖醇	3 900	160	624	100（假定）	3 900	160	624
2,5-呋喃二甲酸（FDCA）	/（高）	0.045	～10	100（假定）	/（高）	0.045	～10
5-羟甲基糠醛（5-HMF）	>2 655	0.02	0.05	20	2 655	0.1	0.27
己二酸	2 150	0.001	0.002	0.00	1 850～2 300	3 019	5 600～6 900
山梨醇	650	164	107	100（假定）	650	164	107
对二甲苯	1 415	1.5	2.1	0.00	1 350～1 450	35 925	48 500～52 100
金合欢烯	5 581	12	68	100（假定）	5 581	12.2	68
海藻脂类	>>1 000	122	>122	100（假定）	>>1 000	122	>122
聚羟基烷基酸酯（PHA）	6 500	17	111	100（假定）	6 500	17	111

数据来源：① European Commission. 2015. From the Sugar Platform to biofuels and biochemical；②于建荣，毛开云，陈大明，等. 2016. 生物基化学品市场与产业化分析. 生物产业技术，（3）：40-44。

对 10 种典型生物基化学品的主要研发者、研发现状、主要市场及应用、替代石油基成本和温室气体排放情况进行比较，从产品研发的企业竞争角度来看，不同产品领域，形成不同竞争态势，如生物基丙烯酸开发已形成两个关键的战略伙伴关系，即巴斯夫 / 嘉吉 / 诺维信（欧盟地区）和 OPXBio/ 陶氏（美国区），而巴西 Braskem 公司是聚乙烯唯一的商业化生产者；从研发现状来看，大部分仍处于中试到示范阶段，部分实现商业化规模，如生物基琥珀酸；从市场应用方来看，大部分用于替代石油基产品，部分产品用于替代现有产品，如 FDCA 替代 TPA 用于聚酯生产，产生新一代 PEF 聚合物；从相对于石油基产品的替代成本来看，部分替代品会低于石油基产品，如生物基丙烯酸和生物基 1,4- 丁二醇，而部分产品如生物基己二酸成本竞争力与石油基相当，生物基琥珀酸几乎与化石替代品相当，并有望更便宜；从温室气体减排方面，所有生物基化学品均在不同程度上降低温室气体排放量，这也是生物基化学品越来越受到消费者欢迎的原因之一（表 4-11）。

　　经过"十二五"期间的发展，中国完成了乙烯、化工醇等传统石油化工产品的生物质合成路线的开发，实现了生物法 DL- 丙氨酸、L- 氨基丁酸、琥珀酸、戊二胺 / 尼龙 5X 盐等产品的中试或小规模商业化，针对一批化学原料药与中间体生产开发了清洁高效的生物工艺，在提高产品品质的同时，取得了显著的节能减排效果。在产学研合作的推动下，具备了生物法生产精细化学品的技术能力，在国际市场上有竞争力。例如，中国科学院上海生命科学研究院与下属工业生物技术中心为近百家合作伙伴定制了近 200 种酶，应用于 21 种产品或工艺，包括 DL- 丙氨酸等 9 条首创工艺、L- 叔亮氨酸等 4 条首仿工艺，及 L- 瓜氨酸等 8 条工艺的技术升级。中国科学院天津工业生物技术研究所与山东寿光巨能金玉米开发有限公司合作开发生物法制备高光纯 D- 乳酸工艺，年产 1 万吨高光纯 D- 乳酸的产业化生产线在 2015 年投产。中国科学院天津工业生物技术研究所研究团队成功开发出微生物发酵法生产丁二酸的核心技术，构建了高效生产丁二酸的大肠杆菌细胞工厂，并在国际上首次提出了以 NADPH 为还原力的丁二酸合成新途径。该技术已转让给山东兰典生物科技股份有限公司，并在 $10m^3$ 发酵罐中完成中试，丁二酸产量达 106g/L，转化率达 1.02g/g 葡萄糖，

表4-11 典型生物基化学品产业化分析

生物基产品	研究现状	主要研发企业	主要市场及应用、价值主张	相对于石油基产品的替代成本	温室气体减排比较
丙烯酸	中试规模	两个关键的战略伙伴关系。即巴斯夫/嘉吉/诺维信（欧盟地区）和OPXBio/陶氏（美国区）	直接替代石油基丙烯酸，产品广泛应用于化工中间体。市场主要在涂料、黏合剂、卫生用品材料、纤维、纺织品、树脂、洗涤剂、清洁剂、弹性体、地板抛光和涂料等领域	一旦商业化后，生物基丙烯酸的生产成本低于石油基20%～48%	减少>70%的温室气体排放
己二酸（ADA）	中试规模	欧盟公司有Biochemtex和DSM，拥有在未来的商业生产计划。美国的一些项目已经达到中试规模（Rennovia、Verdezyne）	替代石油基己二酸，满足石油化工业中尼龙66和全球鞋类市场中聚氨酯的需求	预计成本竞争力与石油基相当。一些生产商有望通过降低资本支出和设施费用显著节约成本	减少70%～95%的温室气体排放，这取决于石油中氧化亚氮密度
1,4-丁二醇（BDO）	商业化规模	Genomatica公司（美国）直接通过糖发酵生产BDO。欧盟的一些公司（BASF, Novamont, 帝斯曼, Biochemtex）在Genomatica公司技术的基础上生产PBT。JM-Davy从Myriant的琥珀酸路线生产BDO	直接替代石油基BDO。BDO用来制造GBL和重要溶剂四氢呋喃，PBT也可以通过聚合对苯二甲酸和BDO制成，具有高的拉伸强度，拉伸弹性和耐湿热性	生产成本可以比石油基BDO低15%～30%。当石油价格为45美元/桶，天然气价格为3.5美元/百万英热单位（BTU）*的时候，生物基1,4-丁二醇具有竞争力	减少70%～117%的温室气体排放，取决于石油基BDO的加工和原料过程
金合欢烯	示范规模	该市场只有一个参与者，US-based Amyris公司，没有欧洲的公司参与	从金合欢烯衍生的角鲨烷以其优异的保湿性能，用于润肤剂这个重要市场。其在轮胎工业也有应用潜力，与常规的替代品相比，具有优良的物理性能。用于燃料，其物理性能和稀释性同C15异链烷烃是一致的	在润肤剂产业，其价格已具有吸引力；在轮胎行业，其接近已有价格，生产成本高于柴油喷煤	甘蔗来源的金合欢稀用作柴油或喷气燃料，与常规化石燃料相比，减少80%温室气体排放量
2,5-呋喃二甲酸（FDCA）	中试规模	只有少数企业活跃，欧盟Avantium（已从壳牌独立）主导。Corbion Purac、AVA Biochem，诺维信也很活跃	替代TPA用于聚酯生产，产生新一代PEF聚合物。可应用于塑料饮料瓶（较PET具有优良的阻隔性能），同样作为一种平台化合物用于新型溶剂生产	目前生产成本高，因为规模小，所以还没有实现商业化	减少45%～68%的温室气体排放量

* 英热单位（British thermal unit，简记作BTU），英、美等国采用的一种计算热量的单位，它等于1磅（约0.454kg）纯水温度升高1℉（1℉=5/9温度差）所需的热量，1百万英热单位=1055兆焦。

续表

生物基产品	主要研发企业	研究现状	主要市场及应用、价值主张	相对于石油基产品的替代成本	温室气体减排比较
异丁烯	生产厂家少，欧盟有 Global Bioenergies、Lanxess，欧盟以外主要有 Gevo、Butamax	从研发到中试规模	可以制备橡胶用于汽车工业，也可以作为燃料和润滑油添加剂和生物燃料前体	在目前的市场条件下作为抗氧化剂应用在食品工业中，或许可以产生效益	减少 20%~80% 的温室气体减排量，并取决于原料的温室气体排放量
聚羟基脂肪酸酯（PHAs）	欧盟的活跃情况与中国和美洲相比不温不火。欧盟的关键厂家是 Biomer、Bio-on，美国最大厂家是 Metabolix 公司	从示范阶段到商业化规模	可完全生物降解。在传统塑料工业中多有应用，具有潜力（由于可调特性、相似 PP 和 PE）。可以在现有的石化塑料厂进行处理。然而，高昂的成本限制了其更广泛应用	生产成本持续上涨，可以通过与糖厂合作降低成本	淀粉、甘蔗素原料纤维素原料分别有减少 20%、80%、90% 的温室气体排放量
聚乙烯（PE）	目前在欧洲还没有商业化厂家。巴西 Braskem 公司是唯一的商业化生产者	商业化规模	直接替代石油基 PE，作为塑料包装材料。不能生物降解，但目前可在垃圾级分类中被回收	相对于石油基 PE，基于成本，其销售价格会高出 30%~60%。高产量下这种价格差可能会下降	甘蔗原料的温室气体减排量>50%，采用木质纤维素原料将获得更高的温室气体减排可能
聚乳酸（PLA）	大型公司如 NatureWorks 公司（美国）和 Corbion Purac 公司（荷兰）分别主导 PLA 和 LA 的生产。PLA 和 LA 的生产还有 9 家其他欧盟生产商（Futerro、Pyramid Bioplastics、Synbra Technology 等）	商业化规模	生物途径优于石化。PLA 主要用于包装、绝缘、汽车零部件和纤维。具有坚固耐用、可降解、易堆肥和低毒性特点。它可以被再循环降解为乳酸，可掺入纸塑料混合材料包装中	目前生产成本无法确定，需要通过规模化生产来确定。相较于石油基 PS、PP 和 PET，其会有一个稍高的市场价格	PP、PS 和 PET 有减少 30%~70% 的温室气体排放量，提高转化率条件下更可能上升到 80%
琥珀酸（丁二酸）	Reverdia/Succinity（欧洲）、Bioamber（加拿大）、Myriant（美国）	从示范到商业化规模	用于替代化石原料的丁二酸，几乎可以替代化石己二酸树脂、增塑剂、聚酯多元醇等，性能有所提高	自 2013 年以来，几乎与化石替代品相当，价格有望更低。现在化石丁二酸主要在小的应用领域上	减少 75%~100% 以上的温室气体排放。影响温室气体排放强度的主要因素是原料生产和碳排放强度

数据来源：① European Commission. 2015. From the Sugar Platform to biofuels and biochemical；② 于建荣，毛开云，陈大明，等. 2016. 生物基化学品市场与产业化分析. 生物产业技术，(3): 40-44。

生产速率达 3g/L·h，预期 2016 年建成国际上最大的年产 5 万吨丁二酸的产业化生产线。

（三）生物基材料

随着资源日渐趋紧，石油供给压力增大，生物能源产业、生物制造产业已成为全世界的发展热点，其经济性和环保意义日渐显现，产业发展的内在动力不断增强。生物基材料由于其绿色、环境友好、资源节约等特点，正逐步成为引领当代世界科技创新和经济发展的又一个新的主导产业。2014 年，全球生物基材料产能已达 3000 万吨以上，生物基塑料表现尤其突出。据产业情报机构 Lux Research 报道，受美国和巴西市场增长带动，全球生物基塑料产能在 2018 年将跃升至 740 万吨以上。

我国的生物基材料产业发展迅猛，关键技术不断突破，产品种类速增，产品经济性增强，生物基材料正在成为产业投资的热点，显示出了强劲的发展势头。2014 年，我国生物基材料总产量约 580 万吨，其中再生生物质制造生物基纤维产品约 360 万吨，有机酸、化工醇、氨基酸等化工原料生物基化学品约 140 万吨，生物基塑料约 80 万吨，同比 2013 年增长约 20%。

1. 生物基塑料

生物基塑料是生物基材料一个大的品种，按照其降解性能可以分为两类，即生物降解生物基塑料和非生物降解生物基塑料。生物降解生物基塑料包括聚乳酸、聚羟基烷酸酯、二氧化碳共聚物、二元酸二元醇共聚酯、聚乙烯醇等；非生物降解生物基塑料包括聚乙烯、尼龙、聚氨酯等多个品种。目前，从我国技术研究及产业化进度来看，主要还是以生物降解塑料为主，包括聚乳酸（PLA）、聚羟基烷酸酯、二氧化碳共聚物（PPC）、聚丁二酸丁二酯（PBS）、聚丁二酸-己二酸丁二酯（PBSA）、聚对苯二甲酸-己二酸丁二酯（PBAT）等聚合物以及淀粉基塑料方面（表 4-12）。

表 4-12　国内生物基聚合物的生产厂家及产能

产品	生产企业	产能（万吨/年）
PBS	安庆和兴化工有限公司	1
	杭州亿帆鑫富药业股份有限公司	1.3
PBSA	广州金发科技股份有限公司	3.0
PBS＋PBAT	山东悦泰生物新材料有限公司	2.5
	新疆蓝山屯河聚酯有限公司	0.5
	金晖兆隆高新科技有限公司	2.0
PLA	浙江海正生物材料有限公司	1.5 5.0（在建设中）
	江苏允有成生物环保材料有限公司	1.0
	江苏仪征化纤纺织有限公司	0.4
	南通九鼎新材料股份有限公司	1.0
	马鞍山同杰良生物材料有限公司	1.0
	深圳光华伟业股份有限公司	0.1
	吉林中粮生化有限公司	1.0（在建设中）
	山东金玉米生化有限公司	1.0（在建设中）
	河南龙都天仁生物材料有限公司	1.0（在建设中）
PPC	浙江台州邦丰塑料有限公司	1.0
	河南天冠集团有限公司	0.5
	江苏中科金龙化工股份有限公司	2.2

数据来源：刁晓，翁云宣，黄志刚，等. 2016. 国内生物基材料产业发展现状. 生物工程学报，32（6）：715-725。

2. 生物基纤维

生物基合成纤维包括 PLA 纤维，PHBV 与 PLA 共混纤维、PTT 纤维、PBT 纤维等。生物基新型纤维素纤维包括纤维（天丝）、竹浆纤维、麻浆纤维，我国在该领域有着重大创新。其中我国 PLA 纤维生产规模约为 1.5 万吨/年，生产企业分布在江苏、上海、河南等地；PTT 是由 PDO 和 PTA 缩聚制成的芳香族聚合物，以此聚合物为原料，可生产各种 PTT 长丝和短纤维。目前该纤维已应用于纺织领域，总产能约 3 万吨/年，主要产地为江苏、上海、辽宁等；以竹浆粕为原料的竹浆纤维是我国生物基纤维行业的一大创新成果，总产能约 12 万吨/年，技术和产品国际领先。主要产地为河北、河南、四川、上海等（表 4-13）。

表 4-13 我国生物基纤维市场生产企业及产能情况

生物基纤维	产品	生产企业	产能（万吨/年）	总产能（万吨/年）
生物基合成纤维	PLA 纤维	上海同杰良生物材料有限公司	0.03 吨	1.5
		河南龙都天仁生物材料有限公司	1	
		海宁新能纺织有限公司	—	
		张家港市安顺科技发展有限公司	—	
	PTT 纤维		?	3
	PBT 纤维	无锡市兴盛新材料科技有限公司	3	4?
		南通盛虹高分子材料有限公司	1	
		中国石化仪征化纤股份有限公司	—	
		浙江恒力复合材料有限公司	—	
生物基新型纤维素纤维	天丝	保定天鹅化纤集团有限公司	万吨级	
		山东英利实业有限公司	1.5	
	竹浆纤维		12	12
	麻浆纤维		0.5	0.5
	海洋生物基纤维		0.2	0.2

数据来源：刁晓，翁云宣，黄志刚，等. 2016. 国内生物基材料产业发展现状. 生物工程学报，32（6）：715-725。

（四）生物能源

中国是世界上第三大生物燃料乙醇生产国和应用国，仅次于美国和巴西，2014 年产量约 216 万吨[276]。近年来，在国家财税政策调节的引导下，中国燃料乙醇行业逐渐向非粮经济作物和纤维素原料综合利用方向转型，积极开展技术工艺开发和示范项目建设。2014 年，中粮集团、中国石化集团等单位开发了适用于玉米秸秆等多种原料的全套纤维素制乙醇的生产技术，形成 5 万吨/年纤维素制乙醇生产工艺包，可为万吨级示范装置的建设提供技术支撑；山东龙力生物科技股份有限公司投资建设 40 万吨秸秆综合利用项目，规划年产纤维素乙醇 3 万吨；黑龙江建业燃料有限责任公司与丹麦生物燃料技术控股公司合作投建大型秸秆综合利用加工基地，设计年产 30 万吨秸秆纤维素乙醇，预期建成全球最大的生物乙醇燃料转化加工基地。纤维素乙醇商业化过程中的主要瓶颈之一是缺乏能够同时代谢

---

276 中国科学院. 中国工业生物技术白皮书 2015，2015.

六碳糖和五碳糖的商业酵母。上海工业生物技术研发中心与丹麦诺维信公司合作，在山东大学协助下共同开发的秸酿™酵母，与诺维信已经推出的纤维素酶配合使用，大大提高从玉米秸秆和甘蔗渣等多种生物质原料到燃料乙醇的转化率并降低生产成本，使大规模商业化利用纤维素生产燃料乙醇成为可能。目前该酵母产品已在全球范围的纤维素乙醇商业项目中成功应用。

中国生物柴油产业发展处于成长期，生物柴油总产能 300 万～350 万吨，但由于受到原料供应的限制，生产装置开工率不足，2014 年产量约为 121 万吨，尚无法满足巨大的市场需求。为此，生物柴油企业正在积极寻求替代原料，开发和推广生物柴油新技术，加快建设工业装置。生物航油研发近年取得突破性应用进展。2014 年，中国科学院广州能源研究所攻克了以高粱秆、玉米秆等秸秆原料转化为航空燃油的关键技术及转化设备，在辽宁营口建立了 150 吨/年生物航空燃油的中试系统，产品达到国际生物航空燃油标准，具备了应用于航空飞行的质量可行性；2015 年 3 月，利用中国石化集团开发的废弃油脂生物燃料，中国首次使用混合生物航油完成了载客商业飞行并取得成功。同时，中国科学院多个研究所、华东理工大学、中国海洋大学，以及中国石化集团等多家科研机构和企业正在积极合作开展微藻培养和生物柴油转化技术研发，新奥集团股份有限公司正在内蒙古开展国家级微藻生物能源产业化示范项目，逐步推进微藻生物柴油的产业化道路。

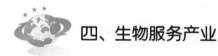

四、生物服务产业

（一）合同研发外包

合同研究组织（Contract Research Organization，简称 CRO）是一种学术性或商业性的科学机构和个人，负责实施药物研究开发过程所涉及的全部或部分活动，基本目的在于代表客户进行全部或部分的科学或医学试验，以获取商业性的报酬。CRO 公司通常由熟悉药物研发过程和注册法律法规的专业化人才组成，具备规范的服务流程，在一定区域内拥有合作网络，可以在较短的时间内完成客户所需的专业研究服务，降低医药企业新药研发的风险。

CRO 企业主要分为临床前 CRO 和临床试验 CRO 两大主要类别，目前临床前 CRO 主要从事化合物研究服务和临床前研究服务，其中化合物研究服务包括调研、先导化合物和活性药物中间体的合成及工艺开发；临床前研究服务服务包括药代动力学、药理毒理学、动物模型等。临床试验 CRO 主要以临床研究服务为主，包括 I 至 IV 期临床试验技术服务、临床试验数据管理和统计分析、注册申报以及上市后药物安全监测等。

根据 Frost & Sullivan 统计数据，2008 年至 2015 年全球 CRO 市场规模呈持续增长态势，金额从 173.5 亿美元增长到 2015 年的 351.2 亿美元，年均复合增长率为 10.6%，其中临床 CRO 市场规模从 138.8 亿美元增加至 2015 年的 284.9 亿美元，年均复合增长率为 10.8%。若考虑随后全球 CRO 市场规模以 10.5% 的增长率持续增长，预计 2017 年有望达到 430.9 亿美元，其中临床 CRO、临床前 CRO 市场规模分别达 351.5 亿、79.4 亿美元，占比分别为 81.6%、18.4%。

1. 我国 CRO 行业高速发展期

我国 CRO 行业起步较晚，2000—2004 年药明康德、尚华医药、泰格医药、博济医药等本土 CRO 公司的成立，标志着中国 CRO 行业的逐渐兴起。医药研发外包服务业（CRO）作为现代服务业中的一种新产业，具有高技术含量、高附加值的特点，在我国呈现加速发展态势。

根据全国医药技术市场协会的有关数据，2007 年我国 CRO 市场规模只有 48 亿元，2015 年达到 379 亿元左右，年均复合增长率为 29.5%。其中，临床 CRO 市场从 27 亿人民币增长到 215 亿人民币，年均复合增长率为 29.6%，占 2015 年我国 CRO 市场的 56.7%；临床前 CRO 市场从 2007 年的 21 亿元增长为 2015 年的 164 亿元，年均复合增长率 29.3%，市场占比为 43.3%（图 4-15）。

2. 我国 CRO 优势地位全球排名第二

世界知名咨询机构科尼尔曾对新兴市场的 CRO 进行分析，从患者、成本、政策法规、专业人才、基础设施 / 社会环境等角度分析了各国 CRO 产业的竞

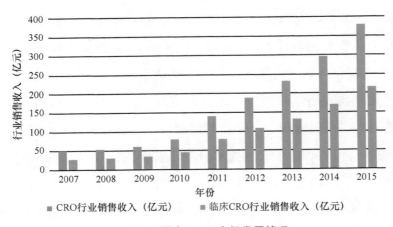

图 4-15　国内 CRO 市场发展情况

数据来源：全国医药技术市场协会。

争优势，综合评分来看，我国以良好的患者优势、成本优势和人才优势排名第二，是除美国外 CRO 行业发展最有优势的国家。

相比发达国家高昂的研究成本，在我国开展一项 CRO 业务，研究成本相对更廉价，这也是中国 CRO 市场能吸引日益增加的海外订单的重要原因。在我国，由于受试人群广泛、医疗收费价格低廉且人工成本相对较低，进行 CRO 试验比西方发达国家有较大的优势。一项完整的 CRO 业务主要提供临床前试验和临床试验服务，临床前试验阶段包括化合物筛选、毒理实验和动物试验，其中每项试验中国 CRO 成本分别占发达国家成本的 30%～60%、30% 和 30%。临床试验阶段主要涵盖 I 期临床和 II 至 III 期临床，在中国进行 CRO 试验的成本分别是发达国家的 30%～60%，这成为我国吸引全球 CRO 订单的最核心原因。另一方面，我国本土由于老龄化的趋势和庞大的人口数量带来的对医疗市场的巨大需求也成为海外制药企业将中国看成必争之地的重要原因。

3. 大中型 CRO 公司正向大型跨国企业靠拢

2000 年药明康德的建立标志着我国 CRO 行业的开端。过去十五年，国内 CRO 行业蓬勃发展，涌现出数千家 CRO 企业。以泰格医药、博济医药为代表的本土大中型 CRO 公司，借鉴国外 CRO 巨头发展模式和经验，积极通过内生扩张和外延并购的方式完善原有产业链，拓展国际化发展道路，并且借助资本优势寻找新的商业模式（表 4-14）。

表 4-14 中国 CRO 企业概况

公司	成立时间	化合物研究	临床前研究	临床试验	药品注册审批	服务客户	营业收入（百万元）	员工数量
宝诺科技	2005	▲	▲			全球	NA	500＋
尚华医药	2007	▲	▲			国外/欧美	690（2011 年）	2 000＋
昭衍新药	1995		▲	▲		国外/欧美	187.4（2014 年）	500＋
亚太药业	2001			▲	▲	国内	380.03（2015 年）	135
依格斯	1999			▲	▲	国外	NA	NA
凯维斯	1997			▲	▲	国外	NA	100＋
泰格医药	2004		▲	▲	▲	国外为主	624.56（2015 年）	1 400＋
百花村	2002		▲	▲	▲	国内	110.91（2015 年）	350＋
博济医药	2002		▲	▲	▲	国内	143.87（2015 年）	290＋
药明康德	2000	▲	▲	▲	▲	国外为主	3.011（2015 年）	10 000＋
太龙药业	2005	▲	▲	▲	▲	国内为主	74.07（2015 年）	200
方恩医药	2007			▲	▲	国外为主	176.3（2014 年）	41
赛德胜	2010			▲	▲	国内	40.71（2015 年）	230＋
海金格	2006			▲	▲	国内	17.11（2015 年）	60

数据来源：公开资料。

（二）合同生产外包

全球 CMO（Contract Manufacture Organization，合同生产外包）行业处于持续增长态势。据 Business Insights 数据显示，2011 年，全球医药定制研发生产行业的市场规模仅为 319 亿美元，到 2014 年已增长至 448 亿美元，预计未来保持着约 10% 的增长速度，预计到 2017 年将达到 628 亿美元的市场规模。从区域看，由于欧美制造成本较高，发达国家 CMO 增速低于全球平均速度，而新兴国家尤其是中国、印度的增速则高于全球平均增速。目前中国医药定制生产处于发展期，根据 Informa 报告，2012 年中国 CMO 市场规模已经接近 150 亿元，预计未来将保持 15% 以上的增长速度，并于 2017 年超过 300 亿元。

中国凭借人才、基础设施和成本结构等各方面的竞争优势，已经日益成为跨国制药公司优先选择的战略外包目的地。中国医药 CMO 市场近几年都保持了

10% 以上的增长速度，根据 Informa 的预测，2012—2017 年中国医药 CMO 市场平均增速为 17.4%，2017 年市场规模将达 50 亿美元。从市场结构来看，临床期生产平均增速为 9.5%，而商业化生产的市场平均增速将达 18.7%（图 4-16）。

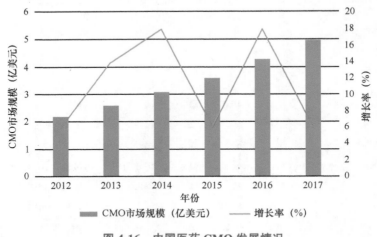

图 4-16 中国医药 CMO 发展情况

数据来源：Informa 报告。

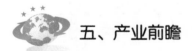

五、产业前瞻

（一）分子诊断

分子诊断是应用分子生物学的技术和方法获得人体生物大分子及其体系存在结构或表达调控的变化水平，为疾病的防治、预测、诊断、治疗和预后判断提供信息和决策依据的新兴学科。分子诊断既可以进行个体遗传病的诊断，也可以进行产前诊断。分子诊断检测的是遗传物质的状态变化，遗传物质的编码决定表达成什么样的蛋白，表达成什么样的蛋白又决定了具体的个体是什么样的表型，具体的表型又可能影响面对不同的病原体时的症状、进展等。因此人体基因遗传物质（核酸）的状态和变化情况检测是分子诊断的核心。核酸检测从工艺上来说包括核酸提取、核酸扩增和核酸检测，核酸检测技术包括核酸分子杂交、基因测序、基因芯片技术等。

1. 分子诊断市场发展前景看好

由于分子诊断技术可针对产生疾病的相关基因进行准确诊断，又可以在发病前对疾病易感性做出预估，相较于其他体外诊断技术具有速度更快、灵敏度更高、特异性更强等优势，因此分子诊断不但可以广泛应用于传染性疾病、血液筛查、遗传性疾病、肿瘤分子诊断等领域，还能在部分应用领域替代其他体外诊断技术，成为体外诊断技术中重要的发展和研究方向。据美国咨询公司MarketsandMarkets预测，全球分子诊断市场的规模有望从2015年的近60亿美元增长到2020年的93亿美元，年均复合增长率达到9.3%。

从分子诊断的发展历史分析，可将分子诊断分成三个阶段：1978年美籍华裔科学家简悦威等应用液相DNA分子杂交技术成功地进行了镰形细胞贫血症基因诊断，标志着分子诊断的诞生，此阶段分子诊断仅应用于检测遗传病以及产前诊断；1985年Kary Mullis发明PCR技术，实现PCR-DNA/RNA检测，标志着分子诊断进入了第二阶段，应用领域扩展到临床应用、商品检疫、法医鉴定等领域；1992年美国Affymetrix公司制造出第一张基因芯片，标志着分子诊断进入生物芯片阶段，分子诊断应用进一步扩展（图4-17）。

从近年来全球分子诊断市场热点的时间轴看，2004年集中在传染病诊断、移植分子配型方面；2008年，转移到了肿瘤敏感性检测、遗传病筛查与诊断方面；

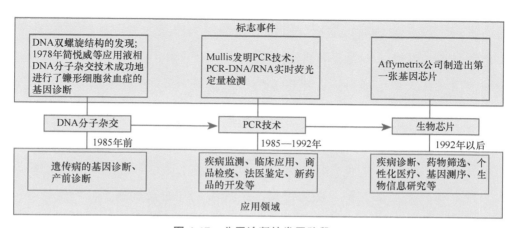

图4-17　分子诊断的发展阶段

数据来源：广证恒生. 2016. 探寻生命原始奥秘，分子诊断亟待爆发。

2012 年，分子诊断技术大范围应用到肿瘤个性化治疗、昂贵药物治疗监测、药物代谢基因组学等；2015 年，用于床旁检测（POC）、法医等；2015 年以后，人群健康筛查与体检、重大疾病预警与诊断、公众分子基因档案建立等方面的应用将成为发展趋势（图 4-18）。从市场热点来看，分子诊断市场前景看好。

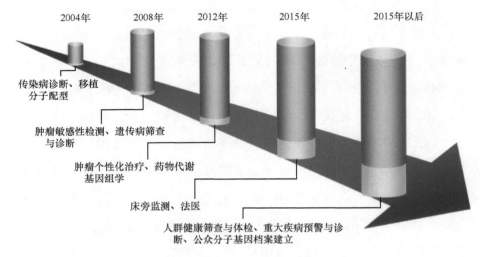

图 4-18　全球分子诊断市场热点时间线

数据来源：公开资料整理。

2. 市场呈现出寡头垄断的竞争格局

分子诊断行业集中度高，从 20 世纪 70 年代开始，全球体外诊断市场随着技术发展而成长，目前已形成数百亿美元的巨大市场。行业现阶段发展成熟，技术壁垒高，聚集了一批著名跨国企业，罗氏、诺华、Hologic 等领先分子诊断领域，前 8 大公司市场份额占比达 88%，市场集中度非常高，其中，罗氏为全球最大的分子诊断公司，2012 年市场占比达 32%。2012—2014 年收入分别为 12.5 亿、11.64 亿和 11.65 亿美元（图 4-19）。

国内分子诊断行业处于起步阶段，企业大多小而散，主要企业包括达安基因、华大基因、之江生物、益善生物、至善生物、迪安诊断、科华生物等；同时，部分上市企业也涉及分子诊断领域，如北陆药业、新开源、千山药机等，主要通过并购的方式进入分子诊断行业；另外，国际知名企业如罗氏、雅培、

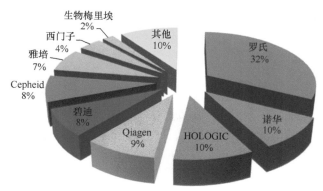

图 4-19 全球分子诊断行业竞争格局

数据来源：Roche Diagnostics business Insight.

西门子等也占有一定的市场份额。国内分子诊断行业初步形成了"2＋X"的市场格局（"2"即达安基因和华大基因），达安基因为分子诊断龙头企业，主营分子诊断产品（试剂和仪器）研发和生产，2014 年底市场占有率达 23.5%；华大基因是检测服务领域的领先企业，尤其是在基因测序领域走在国内前列，收入来源主要为生育健康类、基础科研类和复杂疾病类服务，2014 年三者营收占比高达 96.1%。

3. 多方因素助推中国分子诊断行业发展

中国分子诊断市场规模较小，但增长迅速，市场规模从 2010 年 16.5 亿元增长至 2014 年的 45.9 亿元，CAGR（年均复合增长率）达 29.1%，占 IVD 市场的比例从 2010 年的 11% 增长至 2014 年的 15%，分子诊断市场增长率高于 IVD 整体增长率；按照分子诊断占比保持 15% 不变估算，预测 2019 年分子诊断市场规模将达到 108 亿元，分子诊断有望成为最有前景的体外诊断细分领域之一（图 4-20）。

（1）老龄化加剧，分子诊断需求提升

截至 2014 年年底，全国 60 岁及以上老年人口 21 242 万人，占总人口的 15.5%（图 4-21），其中 65 岁及以上老年人口 13 755 万人，占总人口的 10.1%[277]。

---

277 数据来源：2014 年社会服务发展统计公报。

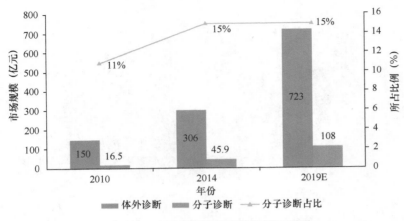

图 4-20 中国分子诊断市场规模及预测

数据来源：广证恒生. 2016. 探寻生命原始奥秘，分子诊断亟待爆发。

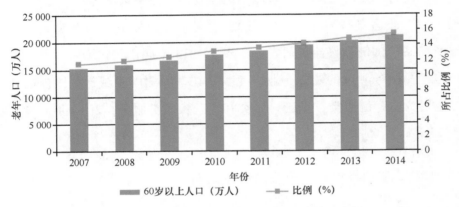

图 4-21 60 岁及以上老年人口占全国总人口比例

数据来源：2014 年社会服务发展统计公报。

按照国家或地区 60 岁及以上老年人口占人口总数的 10%，或 65 岁及以上老年人口占人口总数的 7% 的老龄化社会标准，我国已于 1999 年进入老龄社会，是较早进入老龄社会的发展中国家之一。国家统计局以 2015 年 11 月 1 日零时为标准时点进行的全国 1% 人口抽样调查数据显示，大陆 31 个省、自治区、直辖市的人口（含现役军人）中，60 岁及以上人口为 22 182 万人，占 16.15%，其中 65 岁及以上人口为 14 374 万人，占 10.47%。同 2010 年第六次全国人口普查相比，60 岁及以上人口比重上升 2.89 个百分点，65 岁及以上人口比重上升 1.60 个百分点。这说明，我国的人口老龄化仍在加剧。

老年人患病率相对较高，是肿瘤、心脑血管病、慢性气管炎、糖尿病等慢性病的高发人群，医学检验服务需求较高，且用药需求量大。目前的医学检验主要通过生物化学、免疫学及分子生物学等体外诊断方法测定患者的血液、体液、细胞或肿瘤标志物，以判断患者病情，再通过药物进行治疗。因此，老龄人口的迅速增长为医疗市场提供了较大的消费人群，将进一步促进分子诊断服务行业的发展。

（2）技术水平提高，促进分子诊断国产化

经过近 30 年发展，中国生物产业技术水平不断提高，在生物信息、基因组、蛋白质工程、生物芯片、干细胞等生命科学前沿领域具有较高的研究水平，完成了国际人类基因组计划 1% 测序工作。如在超级杂交稻育种技术与应用、转基因植物研究等领域达到国际先进水平，动物体细胞克隆技术也日臻完善。

生物产业技术水平的提高推动了中国生物化学原料行业的发展，带动了行业技术进步，改变了一些原材料必须从国外进口的现象，一方面提高了产品的稳定性，另外一方面降低了采购、运输、时间、资金成本，促进了分子诊断行业的发展。为国内分子诊断行业的发展提供了重要保障。

（3）产业政策支持，保障分子诊断产业发展

2015 年 2 月，体外诊断入选科技部"十三五"国家重点研发计划重点研发任务建议征集范围。6 月《体外诊断试剂注册管理办法》鼓励体外诊断试剂的研究与创新，对创新体外诊断试剂实行特别审批。监管部门对行业整体呈现逐步放开和支持态度，提高行业门槛和规范性，利好行业发展（表 4-15）。

表 4-15 分子诊断行业部分产业政策

时间	领域	文件	内容
2015 年 2 月	体外诊断	《关于开展科技部"十三五"国家重点研发计划优先启动重点研发任务建议征集工作的通知》	体外诊断入选科技部关于开展"十三五"国家重点研发项目征集范围
2015 年 6 月		《体外诊断试剂注册管理办法》	第一类体外诊断试剂实行备案管理，第二类、第三类体外诊断试剂实行注册管理。鼓励体外诊断试剂的研究与创新，对创新体外诊断试剂实行特别审批

续表

时间	领域	文件	内容
2015 年 1 月	基因检测	《关于产前诊断机构开展高通量基因测序产前筛查与诊断临床应用试点工作通知》	二代基因测序放开临床试点信号：审核通过 108 家医疗机构入选开展 NIPT 高通量测序技术临床试点，13 家机构开展植入前胚胎遗传学诊断临床试点
2015 年 3 月		第一批肿瘤诊断与治疗项目高通量基因测序技术临床试点单位名单发布	上海市肿瘤医院、上海市中山医院、中山大学附属肿瘤医院、深圳华大临床检测中心、杭州迪安医学检验中心等共 20 家医疗机构作为临床试验试点
2015 年 6 月		《国家发展改革委关于实施新兴产业重大工程包的通知》	重点发展基因检测等新型医疗技术，并将在 3 年时间内建设 30 个基因检测技术应用示范中心
2015 年 7 月		《药物代谢酶和药物作用靶点基因检测技术指南（试行）》和《肿瘤个体化治疗检测技术指南（试行）》	药物代谢酶和药物作用靶点基因检测的质量保证规范，旨在为临床检验实验室进行药物代谢酶和药物靶点基因检测的质量保证提供全过程动态指导

数据来源：中华人民共和国食品药品监督管理局，中华人民共和国国务院，中华人民共和国卫生部。

2016 年 1 月 5 日国务院印发《关于实施全面两孩政策改革完善计划生育服务管理的决定》，二孩政策落地，每年将新增数百万新生儿，仅无创产前筛查（NIPT）领域将新增 7 亿元市场，再加上目前每年 1500 万新生儿带来的 35 亿元的空间，NIPT 带来的市场空间可达 40 亿元以上。

（二）单克隆抗体

由单一 B 细胞克隆产生的高度均一、仅针对某一特定抗原表位的抗体，称为单克隆抗体。通常采用杂交瘤技术来制备，杂交瘤（hybridoma）抗体技术是指在细胞融合技术的基础上，将具有分泌特异性抗体能力的致敏 B 细胞和具有无限繁殖能力的骨髓瘤细胞融合为 B 细胞杂交瘤。用具备这种特性的单个杂交瘤细胞培养成细胞群，可制备针对一种抗原表位的特异性抗体，即单克隆抗体。

1. 单克隆抗体发展势头迅猛

尽管单克隆抗体-杂交瘤关键技术诞生于 1975 年，应用抗体治疗淋巴癌的试验也于 1982 年获得成功，但由于药物研发艰难，FDA 审批时间长，直到 1986 年用于治疗肾移植排斥反应的鼠源化抗体 OrtholoneOTK3 才宣告上市。但由于鼠源单抗副作用大，部分临床试验效果不佳等原因，直到第一个单抗问世 10 年后的 1996 年，全球单抗市场仍不足 10 亿美元。

1997 年，FDA 批准 Genentech 的嵌合抗体 Rituxan（国内商品名为美罗华）上市，作为第一个治疗肿瘤的嵌合抗体，Rituxan 成为单抗领域的首个明星药物。未来与它一起跻身 10 亿美元销售俱乐部的还有次年上市的嵌合单抗 Remicade（类克，注射用英夫利西单抗）以及人源单抗 Herceptin（赫赛汀，注射用曲妥珠单抗）、Synagis（帕利珠单抗）。与此同时，整个单抗行业也得到了迅速扩张，销售额从 1999 年的 12 亿美元增长到 2015 年的 980 亿美元[278]。目前，单抗药物约占全球生物技术药物 1/3 的市场份额，是公认的发展速度最快、盈利能力最强、潜力最大的医药产品之一（图 4-22）。

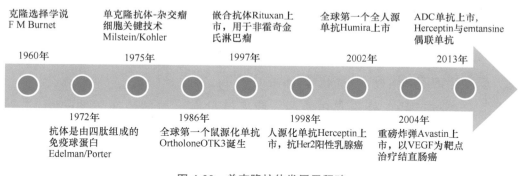

图 4-22　单克隆抗体发展里程碑

数据来源：东吴证券研究所. 2015. 中国单克隆抗体药行业——东风已至，春色撩人。

从产品来看，单抗药物是"重磅药物"的集中类型，2015 年全球销售额前 10 的重磅炸弹药物中有 5 个是单抗药物（表 4-16）。

---

278 数据来源：Evaluate Pharma.

表 4-16 2015 年全球畅销药 TOP10

序号	商品名	通用名	厂家	适应证	2015 年销售额（亿美元）
1	Humira	阿达木单抗	艾伯维	自身免疫疾病	140.12
2	Harvoni	复方（sofosbuvir＋ledipasvir）	吉利德	慢性丙肝	138.64
3	Enbrel	依那西普	安进/辉瑞	自身免疫疾病	86.97
4	Remicade	英夫利昔单抗	强生/默沙东	自身免疫疾病	83.55
5	Lantus	甘精胰岛素	赛诺菲	糖尿病	63.9
6	Rituxan	利妥昔单抗	罗氏	肿瘤、自身免疫疾病	70.45
7	Avastin	贝伐珠单抗	罗氏	癌症	66.84
8	Herceptin	曲妥珠单抗	罗氏	HER2 阳性乳腺癌	65.38
9	Prevnar	肺炎球菌疫苗	辉瑞	肺炎	62.45
10	Revlimid	来那度胺	新基（Celgene）	多发性骨髓瘤	58.01

数据来源：Thomson Reuters Cortellis.

2. 多个国产单抗药物获批上市

我国生物制药产业发展正处于快速上升期，而单克隆抗体药物无疑是最活跃的部分。根据咨询公司 Frost&Sullivan 的数据，2015 年我国的单抗药物市场已经达到了 72 亿元，2020 年有望达到 200 亿元。以益赛普和泰欣生为代表的国产单抗药物已成为亿元级市场规模的产品，其他上市产品还有美恩的唯美生、成都华神的利卡汀、中信国健的健尼哌等。

国产单抗产品正处于起步阶段，我国已批准上市的国产抗体药物 10 个（表 4-17）。早期产品以鼠源性产品为主，随着中信国健和百泰生物推出了自己的人源化产品后，中国单抗产品类型也开始升级，但是还没有国产的完全人源化产品。

表 4-17 我国生产的单克隆抗体（包括抗体融合蛋白）药物

商品名	通用名	类型	靶点	生产企业	获批时间	适应证
注射用抗人 T 细胞 CD3 鼠单抗	注射用抗人 T 细胞 CD3 鼠单抗	鼠源	CD3	武汉生物制品研究所	1999	器官移植排异
恩博克	抗人白细胞介素 -8 单克隆抗体乳膏	鼠源	IL-8	东莞宏逸士生物技术药业有限公司	2003-4	银屑病
				大连天维药业股份有限公司	2003-12	

续表

商品名	通用名	类型	靶点	生产企业	获批时间	适应证
益赛普	注射用重组人Ⅱ型肿瘤坏死因子受体–抗体融合蛋白	Fc融合蛋白	TNF	上海中信国健药业股份有限公司	2005	类风湿关节炎、强制性脊柱、银屑病等
唯美生	碘[131I]肿瘤细胞核人鼠嵌合单克隆抗体注射液	嵌合	核蛋白	上海美恩生物技术有限公司	2006	肝癌
利卡汀	碘[131I]美妥昔单抗注射液	鼠源	CD147	成都华神生物技术有限公司	2006	原发性肝癌
强克	注射用重组人Ⅱ型肿瘤坏死因子受体–抗体融合蛋白	Fc融合蛋白	TNF	上海赛金生物医药	2006	强直性脊柱炎
泰欣生	尼妥珠单抗注射液	人源化	EGFR	百泰生物药业有限公司	2008	鼻咽癌
健尼哌	重组抗CD25人源化单克隆抗体注射液	人源化	CD25	上海中信国健药业股份有限公司	2011	移植性排斥
朗沐	康柏西普眼用注射液	Fc融合蛋白	VEGF-A、VEGF-B和胎盘生长因子	成都康弘生物科技有限公司	2014	湿性年龄相关性黄斑变性
安佰诺	注射用重组人Ⅱ型肿瘤坏死因子–抗体融合蛋白	Fc融合蛋白	TNF	浙江海正药业股份有限公司	2015	类风湿性关节炎、强直性脊椎炎、银屑病等免疫相关疾病

数据来源：Thomson Reuters Cortellis.

在产业化方面，我国形成了北京、上海、西安三大研发及产业化基地。中信国健依托丰富产品线，是国内抗体药物领域领军者；百泰生物引进古巴先进技术，打造了我国首个人源化单抗"泰欣生"。目前，全国有100多家企业在开展单抗药物的研发，除了中信国健、赛金生物、百泰生物、海正药业等一些老牌企业外，近几年还涌现出很多新兴企业，包括丽珠单抗、信达生物、百济神州、嘉和生物以及和恒瑞医药等，通过自主研发、合作开发等形式研发治疗性单克隆抗体产品。特别是近两年，服务抗体药物开发的CRO/CMO公司开始出现，标志着新兴的抗体产业在我国已现雏形。

3."Me-too"有望成为单抗药物快速发展的突破口[279]

面对单抗市场巨大的增长潜力和原创能力的巨大差距,"Me-too"策略便成了国内单抗企业在本土拓展切实可行的策略。"Me-too"药是利用已知药物的作用机制和构效关系,规避现有药品的专利权,通过结构改造或结构修饰等方式,获得等同疗效的专利新药。作为既有化合物基础上改进得到的专利药,"Me-too"药很好地平衡了创新药和仿制药的特点,因而具有较高的研发性价比,受到不少研发型药企的欢迎。

（1）绝大多数的单抗药物的靶标没有专利保护或专利已失效

我国单抗产业的整体环境非常有利于"Me-too"药的研发和发展。具体来看,虽然大多数单抗药物本身仍然在专利保护期内,但绝大多数的单抗药物的靶标没有专利保护或者专利已经过了有效保护期。所以国内企业可以针对同一靶位的不同表位研发出疗效相同但不侵犯他人专利的单抗药物。此外,单抗本身分子量巨大,结构复杂,而真正重要的核心结构位点相对较少。相比国外,我国的化合物结构专利可主张权利范围较小,企业在药物设计时可以通过修改抗体结构而保留主要的治疗性位点来规避专利侵权,同时也可以通过选择不同的表达体系和表达条件规避工艺专利侵权。

（2）国内单抗企业在"Me-too"药生产方面与国外差距较小

相对于上游原研能力的巨大差距,国内单抗企业在"Me-too"药的生产方面与国外差距较小。部分企业已经掌握了从抗体人源化、抗体筛选技术到抗体表达、纯化的全套单抗中下游技术,一线企业（例如中信国健、信达生物、药明康德等）的主发酵罐已经达到千升级水平,表达量已经达到10g/L水平。这使得等效单抗药物一旦研制成功就能够批量生产,可以快速获得回报。

---

279 资料来源:东吴证券研究所. 中国单克隆抗体药行业——东风已至,春色撩人,2015。

第五章 投融资

 一、全球投融资发展态势

（一）生物技术成投资热点

随着全球人口老龄化加剧以及人们对健康需求的不断提升，生命科学领域的投资延续了前几年的热度，仍然是全球投融资的重点领域。

以美国为例，2015 年，美国生命科学领域共发生投资交易 475 笔，平均交易额为 1290 万美元，比 2014 年增长了 15%。但 2015 年第四季度的跌幅较为明显，共发生投资交易 172 笔，和去年同期相比下降了 15%，比第三季度下跌了 16%。同期，生命科学领域的投资交易的平均交易额为 1190 万美元，和去年同期相比下降了 14%，较第三季度下降了 18%（图 5-1，图 5-2）。

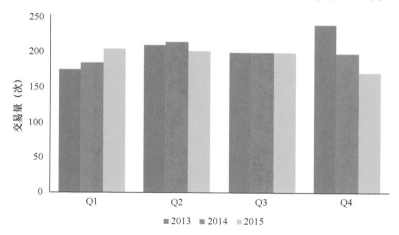

图 5-1　2013—2015 年按季度美国生命科学领域投资交易量

数据来源：PWC. 2016. Life Sciences Investments Depart from Year-long High.

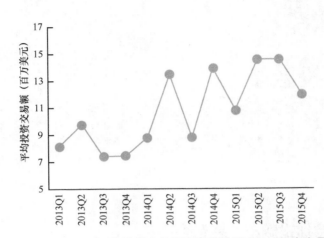

图 5-2 2013—2015 年按季度美国生命科学领域平均投资交易额

数据来源：PWC. 2016. Life Sciences Investments Depart from Year-long High.

从投资领域来看，2015 年美国生物技术领域获得广泛的关注。尽管全球经济的不确定性存在挑战，但技术融合极大地推动了生物技术产业的发展。从生物技术领域的细分领域看，用于人体的生物技术增长速度最快，2015 年用于人体的生物技术研究领域共获得投资 60 亿美元，相比 2014 年增长了14%（图 5-3 ）。

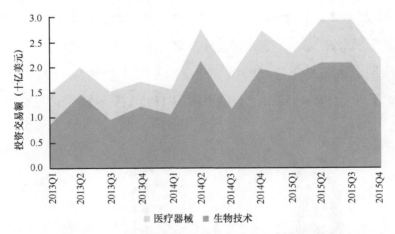

图 5-3 2013—2015 年按季度美国生物技术及医疗器械投资交易额

数据来源：PWC. 2016. Life Sciences Investments Depart from Year-long High.

（二）并购交易呈现爆发性增长

全球的并购交易额在 2015 年达到新高，接近 5 万亿美元，尤其是生命科学领域，过去 3 年，生命科学领域的并购交易增速显著地超过了全行业的并购交易增速。2012 年至 2015 年，全行业整体并购市场的年均复合增长率为 24%，而生命科学领域并购市场的复合年均增长率是其两倍多，达到 50%。究其原因，从短期目标看，全球经济增速放缓，寡头企业难以实现内生性增长，而是依靠强大财务实力通过并购交易保持增长，提高收入，扩大市场份额；从长期目标看，企业借经济下行周期实现逆势扩张，通过并购消灭竞争对手，巩固长期领先地位的策略（图 5-4）。

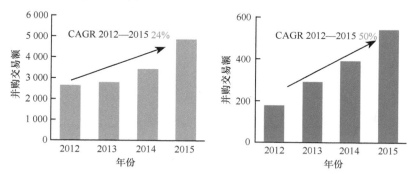

图 5-4　2012—2015 年全球全行业（左）及生命科学领域（右）并购交易情况（单位：十亿美元）

数据来源：BAIN. 2016. Global Healthcare Corporate M&A Report 2016.

2015 年，全球生命科学领域的并购交易额达到 5460 亿美元，是 2006 年至 2015 年年均并购交易额的 2.5 倍，这些并购案绝大多数来源于企业并购，2015 年企业买家在生命科学领域并购交易额实现了创纪录增长，达到 5230 亿美元。大型并购案很大程度上推动了交易额的增长。2015 年共发生了 5 起单宗超过 200 亿美元的并购交易，这 5 起并购交易的交易额占到了 2015 年生命科学并购交易额的三分之一。即使没有这些大型并购案，生命科学领域的企业并购也远远超过了过去十年的年均并购交易额（图 5-5）。

从年度趋势来看，并购买家对不同规模的并购交易均表现出兴趣。从低于 5 亿美元的小型并购到超过 200 亿美元的超大型并购，其交易额均有不同程度提升。尤其是超过 50 亿美元的大型并购案，2014 年与 2015 年有较大幅度的增长（图 5-6）。

（三）生物医药 IPO 差异较大

2015 年并非首次公开募股（IPO）的好时机，由于股市剧烈波动削弱了投

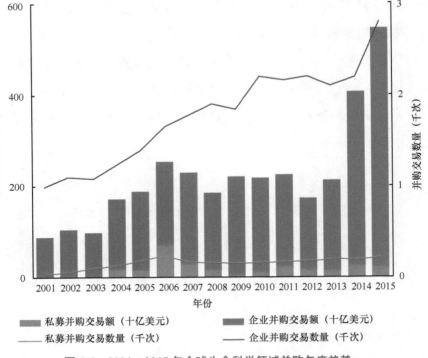

图 5-5　2001—2015 年全球生命科学领域并购年度趋势

数据来源：BAIN．2016．Global Healthcare Corporate M&A Report 2016.

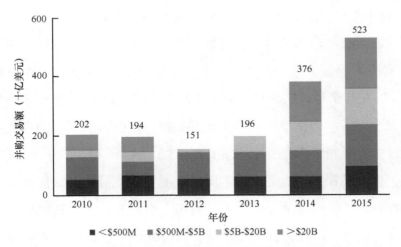

图 5-6　2010—2015 年全球生命科学领域不同规模并购交易年度趋势

数据来源：BAIN．2016．Global Healthcare Corporate M&A Report 2016.

资者的风险偏好，而且一些受到高度关注的 IPO 表现不及预期，IPO 市场在 2015 年陷入困境。以美国为例，2015 年生物制药领域 IPO 数量为 43 件，相比生物制药并购市场的强劲势头，IPO 数量相比 2014 年下降了 35%，但仍然超过了 2013 年生物制药领域的 IPO 数量（表 5-1）。

表 5-1 2013—2015 年美国生物制药领域按季度 IPO 数量

年份	类型	Q1	Q2	Q3	Q4	共计
2013	IPO	3	10	11	8	32
	M&A	3	3	4	3	13
2014	IPO	24	12	17	13	66
	M&A	3	4	6	1	14
2015	IPO	11	13	9	10	43
	M&A	7	4	6	4	21

数据来源：Silicon Valley Bank. 2016. Healthcare Investments and Exits Report 2016.

从企业类型来看，2015 年美国生物制药领域 IPO 企业主要专注于临床前与临床 I 期的研究。这些企业重点关注肿瘤、抗感染、心血管、中枢神经系统以及代谢相关疾病的生物标志物研究，这些研究领域主导了 2015 年美国生物制药领域的 IPO 市场（表 5-2）。

表 5-2 2013—2015 年美国分类型生物制药领域按季度 IPO 数量

研发阶段	2012	2013	2014	2015	共计
临床前	1	3	9	9	20
I 期临床	0	8	20	9	37
II 期临床	3	12	26	18	59
III 期临床	6	8	6	6	26
产业化	0	1	5	1	7
共计	10	32	66	43	

数据来源：Silicon Valley Bank. 2016. Healthcare Investments and Exits Report 2016.

虽然 2015 年美国生物制药领域 IPO 数量不尽如人意，但医疗器械领域 IPO 数量维持稳定。2015 年，美国医疗器械领域 IPO 企业达到 11 家，比 2014 年略有增长。其中，心血管医疗器械领域企业占 2015 年美国医疗器械 IPO 企业的绝大多数（表 5-3）。

表 5-3 2013—2015 年美国医疗器械领域按季度 IPO 数量

年份	类型	Q1	Q2	Q3	Q4	共计
2013	IPO	0	0	0	2	2
	M&A	2	2	6	2	12

续表

年份	类型	Q1	Q2	Q3	Q4	共计
2014	IPO	1	5	1	3	10
	M&A	2	9	5	2	18
2015	IPO	3	4	3	1	11
	M&A	0	4	9	4	17

数据来源：Silicon Valley Bank. 2016. Healthcare Investments and Exits Report 2016.

（四）肿瘤治疗成投资密集区

超过 90% 的生物制药企业由小型、初创型企业组成，这些初创型企业是生物制药领域投资的重点。

以美国为例，在过去的 10 年（2006—2015 年）中，共有 984 亿美元流入美国生物制药初创企业，其中风投占 42%，股票增发（FOPO）占 41%，IPO 占 16%。2015 年，美国生物制药领域的初创企业共募集资本 265 亿美元，多数资本来源于股票增发，几乎没有药品上市阶段的初创企业进行 IPO 融资（图 5-7）。

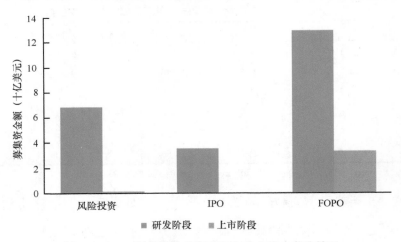

图 5-7　2015 年美国生物制药初创企业资本募集情况

数据来源：BIO INDUSTRY ANALYSIS. 2016. Emerging Therapeutic Company Investment and Deal Trends.

过去 10 年，美国风投机构在肿瘤治疗领域初创企业的投入金额占风投总金额的 30%，其中 89% 的资金流入新兴研发领域，这种趋势延续到 2015 年，2015 年是近 10 年肿瘤治疗领域企业募集资金最多的一年，募集资金超过 20 亿美元，比 2014 年增长了 66%。从近 5 年来看，神经领域初创企业的风投资金迅速增长，其数额达到了 2014 年的 2 倍，其中 40% 的企业专注于阿尔茨海默氏病及帕金森病的治疗。此外，随着全球老龄化的加剧，代谢疾病治疗领域的企业获得的风投资金相比 2015 年增长了近 3 倍（图 5-8）。

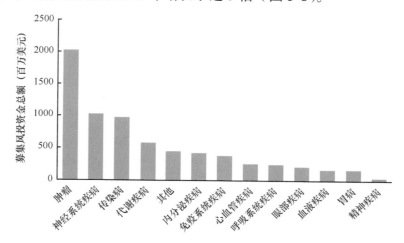

图 5-8　2015 年美国不同疾病领域生物制药初创企业资本募集情况

数据来源：BIO INDUSTRY ANALYSIS. 2016. Emerging Therapeutic Company Investment and Deal Trends.

 二、中国投融资发展态势

（一）投融资爆发式增长

1. 政策红利预示前景可期，生命科学行业仍是投资风口

生命科学行业是与民生休戚相关的重要行业，从全面放开"二孩"政策的颁布实施到政府大力推进医疗、医保、医药的联动改革，再到"健康中国"规划的加速推进，都表明生命科学行业未来有着十分广阔的前景。生命科学行业的政策出台密集，影响长远，涉及制造、研发、服务等多个领域。2013 年国务院发布《关于加快发展养老服务业的若干意见》，促进了老年健康领域药物、器械、保健品以及相关服务业的发展。2015 年出台的《国务院关于改革药品医疗器械审评审批制度的意见》，提高了药品及医疗器械审评、审批质量和

透明度，解决注册申请积压、提高仿制药质量，鼓励新药研发。2016 年 3 月出台的《国民经济和社会发展第十三个五年规划纲要》，提出了生命科学领域未来重点发展的方向，医疗服务、医疗器械、创新药、医养融合等方向将成为"十三五"时期投资的热点（表 5-4）。

表 5-4 《国民经济和社会发展第十三个五年规划纲要》重点支持领域分析

重点领域	内容概要	分析
智能制造	支持生物技术、智能制造等新兴产业发展，加快突破生物医药、智能制造等领域核心技术。实施智能制造工程，促进生物医药及高性能医疗器械等产业发展壮大强化企业创新主体地位和主导作用，形成一批有国际竞争力的创新型领军企业，支持科技型中小企业健康发展	支持生物医药及高性能医疗器械产业发展，目前药品注册新政试点允许研发人员持有药品上市许可，有助于刺激研发人员积极性研发型企业受益，包括 CRO、CMO、创新积累深厚的制药企业等
医疗信息化	拓展网络经济，支持基于互联网的各类创新	区域医疗信息化、远程医疗系统
儿童药及儿童器械	坚持计划生育的基本国策，完善人口发展战略。全面实施一对夫妇可生育两个孩子政策。提高生殖健康、妇幼保健、托幼等公共服务水平	全面二孩，儿童相关器械、药品企业有望受益
老年药、老年器械及健康护理产品	积极开展应对人口老龄化行动，建设以居家为基础、社区为依托、机构为补充的多层次养老服务体系，推动医疗卫生和养老服务相结合，探索建立长期护理保险制度。全面放开养老服务市场，通过购买服务、股权合作等方式支持各类市场主体增加养老服务和产品供给	鼓励发展社会机构养老、医养融合等、老年健康产品

2. 融资金额连续 4 年快速增长

随着我国人口数量的增长、人口老龄化以及居民卫生保健意识的不断增强，我国生命科学行业持续快速发展。特别是人口老龄化的日趋严重直接导致我国医疗健康服务需求的大幅提升。据国家食品药品监督管理总局南方所测算，在我国，老年人作为医药产品最大的消费群体，人均用药水平是我国人均用药水平的 3～4 倍。并且由于老年人群抵抗力低下，兼患多种疾病，对于药品的需求相对更高。因中国人口结构发生潜在变化，也带来国人对于医疗健康的需求不断激增。

虽然经历了 2012 年行业投融资的"遇冷"，"十二五"期间我国生命科学行业总体融资额持续增长，投融资势头良好。2015 年作为"十二五"的收官之年，生命科学领域 VC/PE（风险投资 / 私募股权）融资情况良好，共发生 VC/PE 融资案例 134 起，同比下降 10.67%；融资规模达 34.72 亿美元，同比增长 1.51 倍。2015 年融资金额规模上涨尤为明显，交易规模连续 4 年呈现上涨态势，2015 年爆发式上涨（图 5-9）。

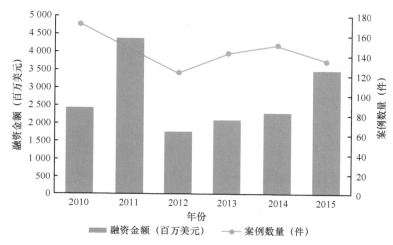

图 5-9　2010—2015 年中国生命科学行业领域 VC/PE 融资情况

数据来源：邹萍. 2016. 医疗健康投融资步入黄金时代医药行业掀起购并狂潮 [J]. 中国战略新兴产业，6：71-73.

3. 医药行业领跑生命科学投融资领域

从细分领域上看，2015 年医药行业融资规模领跑其他细分领域，融资金额达到 17.31 亿美元，交易数量达到 38 起；排在第 2 位的生物技术领域融资金额为 8.54 亿美元，交易数量为 32 起，远低于医药行业；医疗服务和医疗设备的融资金额和交易数量相较医疗行业差距较大，两者融资金额相加远不及医药行业的二分之一。医药行业持续良好的发展趋势来源于我国经济的持续增长，人民生活水平的不断提高，医疗保障制度的逐渐完善。此外，居民收入和医疗支付能力的逐渐提升也有效推动了医药行业的繁荣发展（图 5-10）。

2015 年年度医疗健康领域 VC/PE 融资案例 134 起，融资规模 34.72 亿美元，从具体案例看，包括同济堂医药有限公司获得新疆华实资本、新疆盛世坤金、中信建投资本和盛世景共计 4.5 亿美元注资；哈尔滨圣泰生物制药有限公

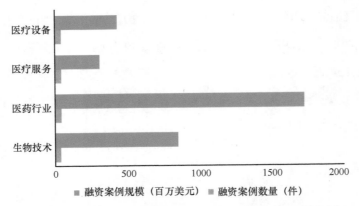

图 5-10   2015 年中国生命科学行业细分领域 VC/PE 融资分布

数据来源：邹萍. 2016. 医疗健康投融资步入黄金时代医药行业掀起购并狂潮［J］. 中国战略新兴产业，6:71-73.

司获得中合盛、晋商联盟和胜德盈润共计 3.55 亿美元的注资；中信并购基金和君联资本宣布其已经完成对康龙化成新药研发有限公司总计 2.8 亿美元的投资；思山投资、能源金融和产业振兴基金以 2.44 亿美元注资恒康医疗集团股份有限公司；天亿资管、中卫创投、大中咨询和华泰瑞联注资美年大健康产业（集团）有限公司 1.3 亿美元；三生制药有限责任公司获得 GIC、贝莱德和礼来亚洲联合注资的 1 亿美元注资；君联资本、淡马锡、礼来亚洲和通和资本以自有资金 1 亿美元注资信达生物制药（苏州）有限公司；高瓴资本、中信产业基金和富达香港出资 9677 万美元注资百济神州（北京）生物科技有限公司；中钰资本出资 5161 万美元入股三普药业有限公司共 10 起投融资案例。这 10 起重大融资案例的受资方以医药行业企业获得注资为主，表明医药行业是 VC/PE 机构追逐的重点对象，VC/PE 机构的追捧将为医药行业注入新鲜血液，确保其持续快速增长（表 5-5）。

表 5-5   2015 年国内生命科学企业获得 VC/PE 融资重点案例

企业	CV 行业	投资机构	融资金额（百万美元）
同济堂医药	医药行业	新疆华实资本 / 新疆盛世坤金 / 中信建投资本 / 盛世景	450.00
圣泰生物	生物技术	中合盛 / 晋商联盟 / 胜德盈润	354.84
康龙化成	医药行业	中信并购基金 / 君联资本	280.00
恒康医疗	医药行业	思山投资 / 能源金融 / 产业振兴基金	244.40
美年大健康	医疗服务	天亿资管 / 中卫创投 / 大中咨询 / 华泰瑞联	129.73

续表

企业	CV 行业	投资机构	融资金额（百万美元）
爱科森	医疗设备	凯辉私募基金 / 奥博资本 / 奥博资本	100.78
三生制药	医药行业	GIC/ 贝莱德 / 礼来亚洲	100.00
信达生物制药	生物技术	君联资本 / 淡马锡 / 礼来亚洲 / 通和资本	100.00
百济神州	生物技术	高瓴资本 / 中信产业基金 / 富达香港	96.77
三普药业	医药行业	中钰资本	51.61

数据来源：投资中国研究院网站. 2016. 医疗健康投融资步入黄金时代　医药行业掀起购并狂潮全面开花。

4. IPO 数量保持低速增长，VC/PE 机构 IPO 账面回报金额小幅拉升

除 2012 年，"十二五"期间我国生命科学行业 IPO 融资额与企业数量保持增长态势。2015 年度我国生命科学领域 IPO 数量为 34 起，同比上涨 13.33%；融资规模同比上涨 9.9%。无论是 IPO 数量和募资规模相较于 2014 年都有小幅的拉升。尽管因股市动荡 IPO 一度暂停，但 2015 年的 A 股 IPO 市场呈现较大发展，全年 220 家 IPO 累计融资 1588 亿元人民币；相比 2015 年 IPO 一度出现暂停的情况，2016 年的新股市场更趋平稳，并且注册制推出后新股发行会适当提速（图 5-11）。

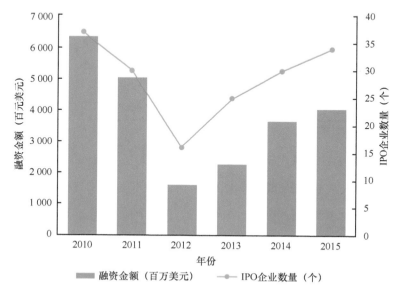

图 5-11　2010—2015 年中国生命科学领域 IPO 融资规模

数据来源：邹萍. 2016. 医疗健康投融资步入黄金时代　医药行业掀起购并狂潮［J］. 中国战略新兴产业，6：71-73。

从 IPO 具体案例看，2015 年国内生命科学领域 IPO 融资规模最大的案例为三生制药有限责任公司在港交所上市，募资金额 7.11 亿美元。此外，还有环球医疗金融与技术咨询服务有限公司在港交所上市，募资金额为 4.46 亿美元；上海昊海生物科技股份有限公司也在港交所上市，募资金额为 3.04 亿美元。无论从 IPO 规模还是企业数量上来看，2015 年度生命科学行业 IPO 进入初春阶段，尚需努力。很多内地企业选择赴港过冬，虽然香港地区也面临多个不利因素，如市况波动、对美国加息预期增强、中国内地经济转弱，以及全球经济前景不明朗等问题，但是香港上市仍然是中国内地企业融资的重要渠道（表 5-6）。

表 5-6 2015 年中国生命科学领域企业 IPO 案例

企业	CV 行业	上市时间	交易所	证券代码	募资金额（百万美元）
三生制药	医药行业	2015/6/11	港交所	1530	710.76
环球医疗	医疗设备	2015/7/8	港交所	2666	446.09
昊海生物科技	生物技术	2015/4/30	港交所	6826	304.12
珍宝岛	医药行业	2015/4/24	上交所	603567	245.82
迈克生物	医药行业	2015/5/28	深交所	300463	209.70
和美医疗	医疗服务	2015/7/7	港交所	1509	205.11
赛升药业	医药行业	2015/6/26	深交所	300485	186.10
老百姓	医药行业	2015/4/23	上交所	603883	177.33
现代牙科	医疗设备	2015/12/15	港交所	3600	135.31
美康生物	生物技术	2015/4/22	深交所	300439	125.75

数据来源：投资中国研究院网站. 2016. 医疗健康投融资步入黄金时代 医药行业掀起购并狂潮全面开花。

2015 年生命科学领域 VC/PE 机构 IPO 退出案例共 21 起，退出案例同比下降 4.55%。生命科学领域投资账面回报额为 5.1 亿美元，与 2014 年相比有所上升，平均回报率为 1.39 倍，与 2014 年相比小幅下降（图 5-12）。

5. "十二五"期间并购市场持续升温

2015 年国内生命科学领域并购交易达 623 起，同比上涨 30%，交易规模达 247.36 亿美元，同比上涨 41%。无论是案例数量还是案例规模较 2014 年都有大幅上升，其中交易规模尤为明显，几乎达到井喷效果。完成交易方面，2015年生命科学并购市场完成交易规模较2014年略有增长，完成交易规模118.48亿美元，上涨15%，完成交易案例284起，上涨38.54%。总体来说，2015年的并购态势呈现较大增长（图5-13）。

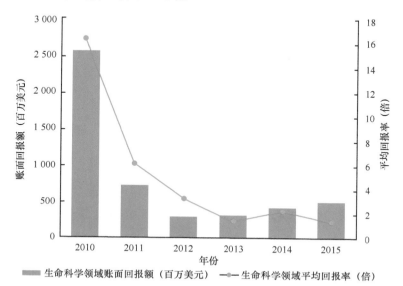

图 5-12　2010—2015 年中国生命科学领域 VC/PE 机构 IPO 账面退出回报趋势图

数据来源：投资中国研究院网站. 2016. 医疗健康投融资步入黄金时代　医药行业掀起购并狂潮全面开花。

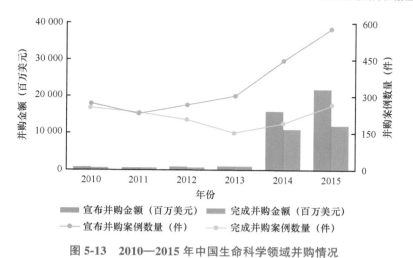

图 5-13　2010—2015 年中国生命科学领域并购情况

数据来源：投资中国研究院网站. 2016. 医疗健康投融资步入黄金时代　医药行业掀起购并狂潮全面开花。

（二）并购市场迎来黄金发展期

1. "十三五"将迎来新一轮企业并购浪潮

2015 年是"十二五"的收官之年，面对错综复杂的国内外形势，我国主动适应经济发展新常态，牢牢把握主动权，完成了主要经济社会发展目标。2016 年随着经济转型和供给侧改革的推进，存量资产将出现大量并购重组需求，改革红利的释放推动并购市场迎来黄金发展期。在国家经济转型的背景下，银监会印发《商业银行并购贷款风险管理指引》，证监会、财政部、国资委、银监会四部委联合发布《关于鼓励上市公司兼并重组、现金分红及回购股份的通知》，进一步优化并购市场环境，加之国企改革的进一步深化，我国企业兼并重组步伐不断加快，从而实现优化资产配置、扩大企业规模、实现战略转型、产能结构调整等目的。得益于改革的红利和兼并重组政策的支撑，我国并购市场 2015 年再次呈现爆发性增长，交易数量与金额双双冲破历史记录。清科研究中心最新数据显示：2015 年中国并购市场共完成交易 2692 起，较 2014 年的 1929 起增长了 39.6%；披露金额的并购案例总计 2317 起，涉及交易金额共 1.04 万亿元，同比增长 44.0%，平均并购金额为 4.50 亿元（图 5-14）。

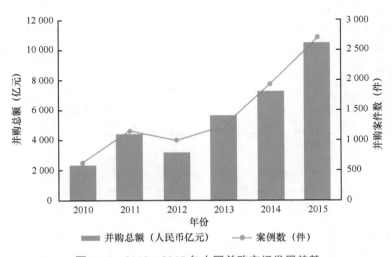

图 5-14　2010—2015 年中国并购市场发展趋势

数据来源：清科研究中心. 2016. 清科数据：新兴行业整合加速，2015 年并购市场规模再创新高。

2. 生命科学领域在中国并购市场中处于领先地位

2015 年，中国并购市场涉及 IT、互联网、生物技术 / 医疗健康、金融、机械制造等 23 个一级行业。在并购数量方面，新兴行业独占前三甲。生命科学行业作为近几年资本追逐的热点，投资的热潮加快了行业整合的步伐。2015 年生命科学领域完成交易案例 239，跻身前三甲（表 5-7）。

表 5-7　2014 年中国 TOP10 并购市场行业分布

行业	案例数（件）	比例（%）	并购金额（亿元）	比例（%）	平均并购金额（亿元）
IT	352	13.1	461.52	4.4	1.31
互联网	304	11.3	1455.66	13.9	4.79
生命科学	284	9.1	797.916	6.8	2.81
金融	220	8.2	1079.34	10.3	4.91
机械制造	193	7.2	362.54	3.5	1.88
电子及光电设备	155	5.8	354.21	3.4	2.29
房地产	148	5.5	1302.65	12.5	8.8
清洁技术	135	5.0	520.75	5.0	3.86
能源及矿产	126	4.7	540.27	5.2	4.29
娱乐传媒	109	4.0	880.01	8.4	8.07

数据来源：清科研究中心．2016．清科数据：新兴行业整合加速，2015 年并购市场规模再创新高。

3. 非本行业企业纷纷通过并购布局生命科学行业

2015 年度医疗健康领域并购案例规模最大的为南京新街口百货商店股份有限公司以 11.70 亿美元入股中国脐带血库企业集团，收购 65% 股权。其他几起规模较大的案例还包括江苏九九久科技股份有限公司出资 11.32 亿美元收购陕西必康制药集团控股有限公司 100% 股权；九芝堂股份有限公司出资 10.51 亿美元收购牡丹江友搏药业股份有限公司 100% 股权；连云港黄海机械股份有限公司出资 8.87 亿美元收购长春长生生物科技股份有限公司 100% 股权；华润双鹤药业股份有限公司出资 5.71 亿美元收购华润赛科药业有限责任公司 100% 股权。

从重大并购案例来看，非生命科学行业的上市企业全面布局生命科学行业，实现全资收购或控股，为其在生命科学领域的发展铺路，实现全方位布局（表 5-8）。

表 5-8　2015 年中国生命科学领域企业重大并购案例

标的企业	CV 行业	买方企业	交易金额（百万美元）	交易股权（%）
脐带血库	医疗服务	南京新百	1170.16	65
必康制药	医药行业	九九久	1132.26	100
友博药业	医药行业	九芝堂	1051.26	100
长生生物	生物技术	黄海机械	887.25	100
华润赛科	医药行业	华润双鹤	570.8	100
华东医药	医药行业	远大集团	531.22	100
康远制药	医药行业	振东制药	426.76	100
金浩医药	医药行业	天津发展	426.76	100
圣泰生物	生物技术	通化金马	367.74	100
捷尔医药	医疗设备	华业地产	346.77	100

数据来源：投资中国研究院网站. 2016. 医疗健康投融资步入黄金时代　医药行业掀起购并狂潮全面开花。

4. 国内企业海外并购实现"小步快跑"

国际资本与跨国医疗器械企业看重中国不断增长的市场需求与发展空间。跨国企业并购主要目的是购买中国相关行业的细分市场，美敦力并购康辉，飞利浦并购金科威，基本上都是定位中国医疗器械行业的终端市场。同样，国内企业也开始并购海外企业，目的是进军海外市场，并争取获得海外品牌，从而缔造具有全球竞争力的品牌。

尽管国内医药工业有着强烈的内生创新需要和外延转型诉求，激发了生命科学领域的并购浪潮，虽然并购数量不断增长，但海外并购的成功案例数仍较少，规模也较小，2015 年仅有 6 家企业的并购金额超过 1 亿美元。其中合生元收购澳大利亚健康补充剂生产商 SWISS WELLNESS，成为迄今为止中国药企海外并购金额最大的并购交易（表 5-9）。

表 5-9　2015 生命科学行业中资海外并购十大金主（披露交易金额的买家前十名）

排名	公司名称	交易金额（百万美元）	交易宗数	交易标的	国家
1	合生元国际控股有限公司	1080	1	SWISS WELLNESS	澳大利亚
2	绿叶集团	718	4	ASIAMEDIC	新加坡
				VELA DIA GNOSTICS	新加坡
				HEALTHE CARE	澳大利亚
				JC 健康株式会社	韩国

续表

排名	公司名称	交易金额（百万美元）	交易宗数	交易标的	国家
3	XIO Group	510	1	LUMENIS	以色列
4	三诺生物传感股份有限公司	273	1	NIPRO DIAGNOSTICS	美国
5	江河创建	139	1	VISION EYE LIMITED	澳大利亚
6	中节能万润股份有限公司	134	1	MP BIOMEDICALS	美国
7	药明康德新药开发有限公司	65	1	NexiCODE Health	美国
8	华熙生物科技有限公司	65	1	V PLUS SA	卢森堡
9	华邦生命健康股份有限公司	39	2	SWISS BIOLOGICAL MEDICINE	瑞士
				RHEINTAL-KLINIK GMBH	德国
10	北京博晖创新光电技术有限公司	28	1	ADVION	美国

数据来源：新华网．2016．谁是 2015 医疗健康行业中资海外并购的十大金主。

5．互联网医疗和体外诊断成为医疗器械并购新热点

2015 年生命科学领域医疗器械板块上市公司并购案例频发，主要是围绕现有业务，纵深向产业链上下游发展或横向扩大业务规模，也有部分并购案例是向新领域扩张，其中互联网医疗和体外诊断行业最为热门，如鱼跃医疗以 500 万元并购苏州医云健康管理有限公司，加强其在互联网健康管理服务领域的布局；乐普医疗以 1000 万元并购深圳源动创新科技有限公司，获取移动医疗电子产品的开发技术及销售渠道；迪瑞医疗以 5.5 亿元收购宁波瑞源生物科技有限公司，加强其在体外诊断液体生化试剂领域的布局（表 5-10）。

表 5-10 医疗器械领域重大并购案例例举

公司名称	标的公司名称	持股比例（%）	金额（万元）	标的公司经营范围
鱼跃医疗	上海医疗器械（集团）有限公司	100	70 000	各类医疗器械经营（体外诊断试剂除外）
	苏州医云健康管理有限公司	10	500	互联网健康管理服务、智能硬件研发以及互联网药品交易等
鱼跃科技	华润万东医疗装备股份有限公司	52	120 000	医学影像设备
迪瑞医疗	宁波瑞源生物科技有限公司	51	55 462.5	体外诊断试剂的生产
楚天科技	长春新华通制药设备有限公司	100	55 000	制药机械及不锈钢管道的设计、制造、进出口业务
理邦仪器	东莞博识生物科技有限公司	41.50	2 711.94	体外诊断仪器及试剂

续表

公司名称	标的公司名称	持股比例（%）	金额（万元）	标的公司经营范围
乐普医疗	乐普（深圳）金融控股有限公司	100	35 000	金融控股管理平台
	宁波秉琨投资控股有限公司	63.05	67 718	一次性切割器和吻合器以及腔内支架
	烟台艾德康生物科技有限公司	75.40	213 779	体外诊断仪器及试剂
	深圳源动创新科技有限公司	20	1 000	家用及移动医疗电子产品开发、生产和销售
宝莱特	珠海市申宝医疗器械有限公司	51	510	主营销售血液透析设备及相关耗材、提供血透相关服务、血透中心的建设
凯利泰	天津经纬医疗器材有限公司	25	3 000	膝关节产品及髋关节产品
尚荣医疗	普尔德控股有限公司	55	9 825	主要从事贸易和投资业务，贸易产品主要为一次性医用耗材、防护用品、无菌手术包等医疗用品

数据来源：各上市公司公告。

6. 医院并购交易稳步增长，北京是最主要的投资区域

随着鼓励社会资本参与医疗体制改革和投资医疗行业政策的不断出台，原来以投资体检、牙科等医疗服务为主的趋势正转向投资医院、康复、诊疗等核心医疗业务。我国医院投资交易稳步增长；体检养老等其他医疗机构 2014 年大幅上升，但 2015 年大幅下滑；2015 年网络医疗服务成为新热点，呈爆发式增长，交易额达 100 亿元（图 5-15）。

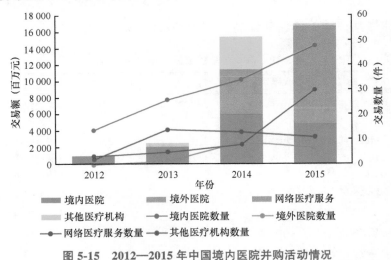

图 5-15　2012—2015 年中国境内医院并购活动情况

数据来源：普华永道. 2016. 中国境内医院并购活动回顾及展望。

就投资区域看，国内投资主要集中在北京、江苏、浙江和广东，交易数量和交易金额均较高。这些都是医改先行，有特色医改模式或较多医院并购成功案例的地区。中国地区在海外最大的医院并购交易为复星国际收购葡萄牙综合类医院 ESS 的 96.07% 股权，交易金额达 4.6 亿欧元（表 5-11）。

表 5-11　国内医院并购活动情况

国家或地区	并购案例数量	并购金额
境内	**122**	**13 792**
北京	31	6 005
浙江	10	1 397
江苏	13	1 207
黑龙江	2	1 030
广东	10	951
辽宁	3	768
四川	6	526
陕西	2	334
贵州	6	304
温州	2	275
安徽	4	189
山东	5	142
湖北	2	131
大连	1	127
江西	1	120
其他	24	286
境外	**17**	**6 563**
葡萄牙	1	3 316
香港	11	2 575
以色列	1	432
澳大利亚	1	157
德国	1	40
加拿大	1	30
韩国	1	14
合计	**139**	**20 355**

数据来源：普华永道．2016．中国境内医院并购活动回顾及展望。

（三）互联网医疗投融资市场持续升温

1. 中国互联网医疗领域持续火爆

2014 年是互联网医疗行业井喷的一年。2014 年互联网医疗企业融资案例共计 80 余起，是过去 5 年该领域融资案例总数的近 3 倍，总融资标的接近 7 亿美元，比前 4 年的总和还多一倍。2015 年延续了这种态势。截至 2015 年 10 月，互联网医疗领域共发生投融资 82 起，金额达到 11.5 亿美元。仅上半年的风险投资总额达到 7.8 亿美元，已超过 2014 年全年的总额。进入 2016 年，互联网医疗领域完成多起大型融资案例，互联网医疗投融资市场依然火爆。七乐康完成 B 轮融资，融资金额超过 1 亿美元；"健客网"获美元基金"凯欣资本"1 亿美元 A 轮投资；名医主刀宣布完成 1.5 亿元 B 轮融资。第三方机构艾媒咨询预计，到 2017 年底，中国互联网医疗市场规模有望达到 125.3 亿元（图 5-16）。

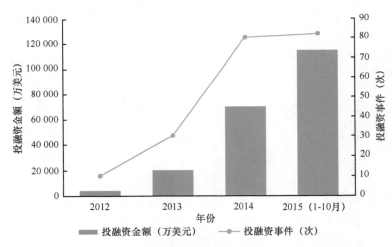

图 5-16　2012—2015 年中国互联网医疗领域近 4 年投融资概况

数据来源：中商情报网. 2015. 2015 年中国互联网医疗投融资情况一览。

2. 投资集中于天使轮和 A 轮，资本更青睐长期经营企业

从融资阶段来看，在已公开轮次及金额的互联网医疗投融资交易中，天使轮 26 起，A 轮 41 起，B 轮 9 起，C 轮 D 轮各 2 起，E 轮及战略投资各 1 起。

从融资数量来看，风投对 A 轮及天使轮融资更为关注，而从交易额来看，资本主要集中于 D 轮，可见资本更青睐长期经营企业（图 5-17）。

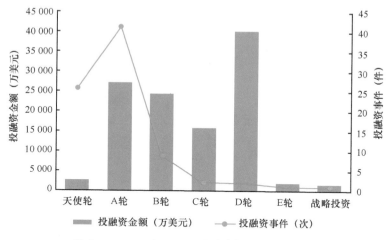

图 5-17　2015 年 1～10 月融资轮资及金额分布

数据来源：中商情报网. 2015. 2015 年中国互联网医疗投融资情况一览。

3.　北京和上海是投融资项目的热点地区

从投资地区分布上看，互联网医疗投资主要覆盖全国 7 个省市。其中北京是最主要的融资项目热点区域。2015 年 1～10 月北京市场共发生投资 37 起，占总投资数量的 45%。上海 13 起，占总投资数量的 16%。其余投资分别来自：四川 11 起，广东 10 起、江苏 5 起、浙江 4 起、大连和湖北各 1 起（图 5-18）。

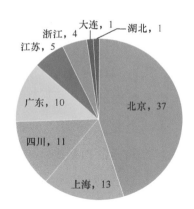

图 5-18　2015 年 1～10 月互联网医疗投融资区域分布

数据来源：中商情报网. 2015. 2015 年中国互联网医疗投融资情况一览。

4.　在线问诊成为互联网医疗领域的创业主流

在线问诊成为互联网医疗领域的创业主流，已公布的交易金额达 2.9 亿美元以上，投资数量达到 29 起。其次是母婴、女性和软硬件细分领域；资本市场也集中于挂号预约及在线问诊两个细分领域，特别是挂号预约领域，源于微医集团（原挂号网）融资的 3.9 亿美元，成为互联网医疗领域融资最多的细分领域（图 5-19）。

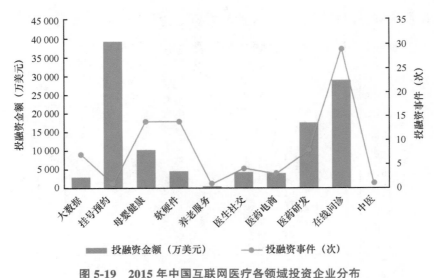

图 5-19   2015 年中国互联网医疗各领域投资企业分布

数据来源：中商情报网. 2015. 2015 年中国互联网医疗投融资情况一览。

5. 细分龙头各显神通，微医集团融资额最高

"互联网"为医疗健康行业带来新业态与新模式，2014 年被称为移动医疗"元年"，2015 年互联网医疗投资热度依然不减，互联网医疗的各细分领域关注度均不断提升。微医集团、好大夫在线、医联以及大姨妈是该领域具有代表性的 4 家企业，在 2015 年的投融资领域均有优异表现。其中微医集团（原挂号网）的融资金额最高。微医集团主要经营在线预约挂号服务网站，2015 年 9 月完成了 D 轮融资，共募得资金 3.94 亿美元。好大夫在线创立于 2006 年，是中国最大的医疗网站，建立了互联网上第一个实时更新的门诊信息查询系统，好大夫在线已经成为中国最大的医疗分诊平台。2015 年，好大夫在线完成 C 轮融资 6000 万美元。医联是一款专属于医生的社交服务平台。用户均为通过认证的在职医生，医生可通过医联与同行分享专业知识，进而提升诊疗水平。2015 年，医联完成 A 轮与 B 轮融资，共募得资金超过 4000 万美元。大姨妈是一款以经期健康为核心，关爱女性健康的手机应用，2015 年完成 D 轮与 E 轮融资，共募得资金 1.9 亿美元（表 5-12）。

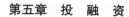

表 5-12　2015 年互联网医疗领域不同细分领域代表性企业投融资情况例举

公司	轮次	投资方	金额	时间
微医集团	D 轮	高瓴资本、高盛集团（中国）、复兴医药、腾讯	3.94 亿美元	2015 年 9 月
	C 轮	腾讯、复星昆仲资本、晨兴资本、启明创投	1.07 亿美元	2014 年 10 月
	B 轮	晨兴资本	数千万美元	2012 年 1 月
	A 轮	风和投资、Cybernaut 赛伯乐投资	2200 万美元	2010 年 10 月
好大夫在线	C 轮	挚信资本、崇德投资	6000 万美元	2015 年 6 月
	B 轮	未透露	数千万美元	2011 年 11 月
	A 轮	DCM 中国	300 万人民币	2008 年 1 月
	天使轮	联创策源、顺为创业	300 万人民币	2007 年 1 月
医联	B 轮	腾讯、云峰基金	4000 万美元	2015 年 9 月
	A 轮	红杉资本中国	数百万美元	2015 年 2 月
	天使轮	联创策源、PreAngel 镭厉资本	300 万人民币	2014 年 8 月
大姨妈	E 轮	海通开元、汤成倍健	1.3 亿人民币	2015 年 10 月
	D 轮	汤臣倍健	6200 万人民币	2015 年 7 月
	C 轮	联创策源、红杉资本中国、贝塔斯曼亚洲投资基金	3000 万美元	2014 年 6 月
	B 轮	贝塔斯曼亚洲投资基金、红杉资本中国	数千万美元	2013 年 9 月
	A 轮	隆领投资 4399	数百万美元	2013 年 7 月
	A 轮	真格基金、贝塔斯曼亚洲投资基金	500 万美元	2013 年 4 月
	天使轮	真格基金、天使湾	数百万人民币	2012 年 6 月

数据来源：中商情报网．2015．2015 年中国互联网医疗投融资情况一览。

第六章　文献专利

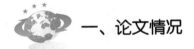 **一、论文情况**

（一）年度趋势

2006—2015 年，全球和中国发表的生命科学论文数量均呈现显著增长态势。2015 年，全球共发表生命科学论文 611 127 篇，相比 2014 年增长了 2.08%，10 年的年均增长率达到 3.97%[280]。

中国生命科学论文数量近 10 年（2006—2015 年）的增速高于全球增速，2015 年发表论文 87 765 篇，比 2014 年增长了 16.30%，显著高于全球增速。同时，中国生命科学论文数量占全球的比例也从 2006 年的 4.30% 提高到 2015 年的 14.36%（图 6-1）。

（二）国际比较

1. 国家排名

2015 年，美国、中国、英国、德国、日本、意大利、加拿大、法国、澳大利亚和西班牙发表的生命科学论文数量位居全球前 10 位，同时，这 10 个国家在近 10 年（2006—2015 年）及近 5 年（2011—2015 年）发表论文总数的排名中也均位居前 10 位。其中，美国始终以显著优势位居全球首位。中国在 2006 年位居

---

280 数据源为 ISI 科学引文数据库扩展版（ISI Science Citation Expanded），检索论文类型限定为研究型论文（article）和综述（review）。

图 6-1　2006—2015 年国际及中国生命科学论文数量

全球第 8 位，2010 年升至第 4 位，2011 年则进一步升至第 2 位，此后一直保持全球第 2 位。中国在 2006—2015 年 10 年间共发表生命科学论文 464 106 篇，其中 2011—2015 年和 2015 年分别发表 326 644 篇和 87 765 篇，占 10 年（2006—2015）总论文量的 70.38% 和 18.91%，表明"十二五"较"十一五"期间，我国生命科学研究发展明显加速（表 6-1、图 6-2）。

表 6-1　2006—2015 年、2011—2015 年及 2015 年生命科学论文数量前 10 位国家

排名	2006—2015 年		2011—2015 年		2015 年	
	国家	论文数量（篇）	国家	论文数量（篇）	国家	论文数量（篇）
1	美国	1 729 836	美国	915 131	美国	186 890
2	中国	466 106	中国	326 644	中国	87 765
3	英国	442 175	英国	234 919	英国	49 091
4	德国	412 399	德国	219 263	德国	45 006
5	日本	353 879	日本	178 094	日本	34 614
6	法国	269 806	意大利	146 520	意大利	30 790
7	意大利	264 453	加拿大	142 841	加拿大	29 574
8	加拿大	263 582	法国	141 566	法国	29 077
9	澳大利亚	200 646	澳大利亚	116 563	澳大利亚	25 853
10	西班牙	190 763	西班牙	107 626	西班牙	22 628

2. 国家论文增速

对发表生命科学论文数量排名前 10 的国家分析发现，2006—2015 年 10 年

间我国生命科学论文的年均增长率[281]达到 18.86%，显著高于其他国家，位居第 2 位的澳大利亚，其年均增长率仅为 6.61%。2011—2015 年，各国论文数量的增长速度均略有下降，中国的年均增长率为 17.84%，相比其他国家下降幅度较小。这些数据表明我国生命科学领域在近年来发展速度较快（图 6-3）。

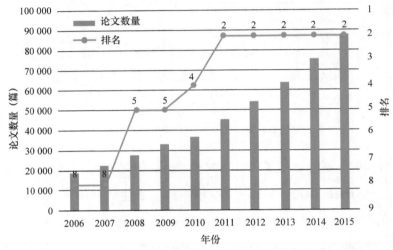

图 6-2　2006—2015 年中国生命科学论文数量的国际排名

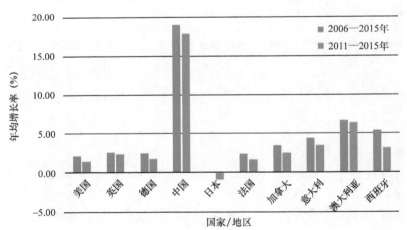

图 6-3　2006—2015 年、2011—2015 年生命科学论文数量前 10 位国家论文增速

3. 论文引用

对生命科学论文数量前 10 位国家的论文引用率[282]进行排名，可以看到，

---

[281] n 年的年均增长率 $=\left[\left(C_n/C_1\right)^{1/(n-1)}-1\right]\times100\%$，其中，$C_n$ 是第 n 年的论文数量，C_1 是第 1 年的论文数量。
[282] 论文引用率 = 被引论文数量 / 论文总量 ×100%。

英国在 2006—2015 年和 2011—2015 年两个时间段，其论文引用率分别达到91.35% 和 86.45%，均位居首位，我国的论文引用率排第 10 位，两个时间段的引用率分别为 82.72% 和 77.41%（表 6-2）。

表 6-2　2006—2015 年、2011—2015 年生命科学论文数量前 10 位国家的论文引用率

2006—2015 年			2011—2015 年		
排名	国家	论文引用率（%）	排名	国家	论文引用率（%）
1	英国	91.35	1	英国	86.45
2	美国	91.14	2	加拿大	85.87
3	加拿大	91.14	3	美国	85.73
4	澳大利亚	90.50	4	澳大利亚	85.51
5	意大利	89.89	5	意大利	84.78
6	德国	88.97	6	德国	84.30
7	西班牙	88.68	7	西班牙	83.53
8	日本	88.31	8	法国	82.50
9	法国	87.25	9	日本	80.96
10	中国	82.72	10	中国	77.41

（三）学科布局

利用 Incites 数据库对 2006—2015 年生物与生物化学、临床医学、环境与生态学、免疫学、微生物学、分子生物学与遗传学、神经科学与行为学、病理与毒理学、植物与动物学 9 个学科中论文数量排名前 10 位的国家进行了分析，比较了论文数量、篇均被引频次和论文引用率三个指标，以了解各学科领域内各国的表现。

分析显示，在 9 个学科中，美国的论文数量均显著高于其他国家，同时在篇均被引频次和论文引用率方面也处于全球领先地位。中国的论文数量在生物与生物化学、环境与生态学、微生物学、分子生物学与遗传学、病理与毒理学、植物与动物学 6 个学科均位居全球第 2 位，在临床医学、免疫学分别位列第 3、第 4 位。然而，在论文质量方面，中国则相对落后，仅在生物与生物化学、环境与生态学、微生物学和病毒与毒理学领域略优于印度，在植物与动物学领域略优于巴西（图 6-4，表 6-3）。

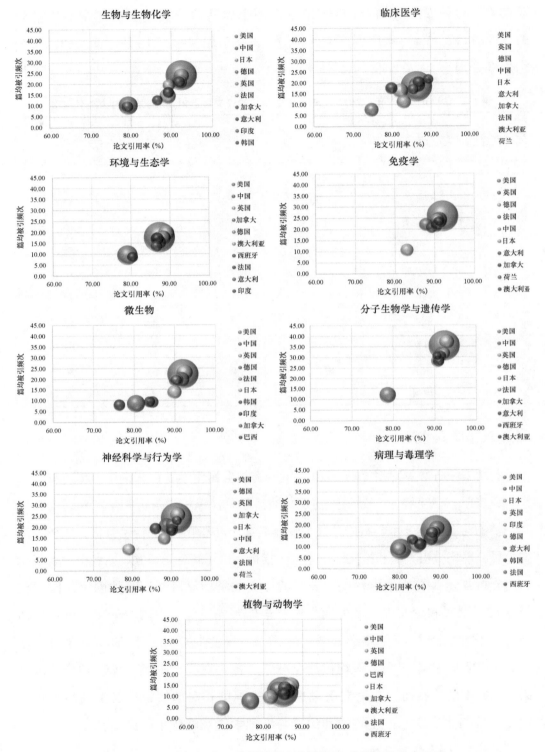

图 6-4　2006—2015 年 9 个学科论文数量前 10 位国家的综合表现

表6-3 2006—2015年9个学科排名前10位国家的论文数量

生物与生物化学	临床医学	环境与生态学	免疫学	微生物	分子生物学与遗传学	神经科学与行为学	病理与毒理学	植物与动物学
美国 202 968	美国 758 469	美国 107 169	美国 88 343	美国 54 877	美国 163 837	美国 178 863	美国 88 913	美国 161 282
中国 72 991	英国 200 727	中国 44 410	中国 22 918	中国 17 859	中国 44 779	德国 46 454	中国 41 056	中国 53 686
日本 55 397	德国 179 997	英国 28 956	英国 16 619	英国 14 550	英国 38 413	英国 41 119	日本 26 203	英国 45 469
德国 49 685	中国 155 463	加拿大 25 301	德国 15 141	德国 14 475	德国 35 982	加拿大 29 842	英国 21 587	德国 42 822
英国 47 240	日本 154 891	德国 23 624	法国 14 524	法国 11 887	日本 28 193	日本 29 643	印度 19 386	巴西 40 978
法国 31 783	意大利 125 458	澳大利亚 21 084	日本 12 215	日本 11 328	法国 23 661	中国 28 423	德国 19 361	日本 37 679
加拿大 29 115	加拿大 112 078	西班牙 18 803	意大利 11 402	韩国 7 676	加拿大 21 550	意大利 26 721	意大利 18 731	加拿大 35 543
意大利 27 238	法国 111 553	法国 18 410	加拿大 10 560	印度 7 554	意大利 18 371	法国 24 072	韩国 13 7	澳大利亚 32 646
印度 27 167	澳大利亚 90 824	意大利 13 776	荷兰 9 468	加拿大 7 375	西班牙 13 794	荷兰 17 892	法国 13 077	法国 30 587
韩国 22 539	荷兰 84 339	印度 12 533	澳大利亚 9 306	巴西 6 797	澳大利亚 13 179	澳大利亚 17 249	西班牙 10 791	西班牙 30 238

（四）机构分析

1. 机构排名

2015 年，全球发表生命科学论文数量排名前 10 的机构中，有 4 个美国机构、2 个法国机构。2006—2015 年、2011—2015 年及 2015 年全球机构排名中，美国哈佛大学的论文数量均以显著的优势位居首位（表 6-4）。中国科学院是中国唯一进入论文数量前 10 位的机构，三个时间段分别发表论文 52 113、32 258 和 7 582 篇，其全球排名在近 10 年来显著提升，2006 年位居第 13 位，2010 年跃升至第 7 位，至 2015 年进一步提升至第 4 位（图 6-5）。

表 6-4　2006—2015 年、2011—2015 年及 2015 年全球生命科学论文数量前 10 位机构

排名	2006—2015 年		2011—2015 年		2015 年	
	国际机构	论文数量（篇）	国际机构	论文数量（篇）	国际机构	论文数量（篇）
1	美国哈佛大学	122 738	美国哈佛大学	68 970	美国哈佛大学	14 554
2	法国国家科学研究中心	76 058	法国国家科学研究中心	40 580	法国国家科学研究中心	8 510
3	法国国家健康与医学研究院	72 105	法国国家健康与医学研究院	40 411	法国国家健康与医学研究院	8 415
4	美国国立卫生研究院	70 720	美国国立卫生研究院	35 576	中国科学院	7 582
5	加拿大多伦多大学	60 462	加拿大多伦多大学	33 786	加拿大多伦多大学	7 175
6	美国约翰霍普金斯大学	52 640	中国科学院	32 258	美国国立卫生研究院	6 693
7	中国科学院	52 113	美国约翰霍普金斯大学	29 455	美国约翰霍普金斯大学	6 330
8	英国伦敦大学学院	48 307	英国伦敦大学学院	26 892	英国伦敦大学学院	5 780
9	美国宾夕法尼亚大学	43 876	美国宾夕法尼亚大学	24 371	美国宾夕法尼亚大学	5 131
10	美国北卡罗来纳大学	42 168	巴西圣保罗大学	23 343	巴西圣保罗大学	4 877

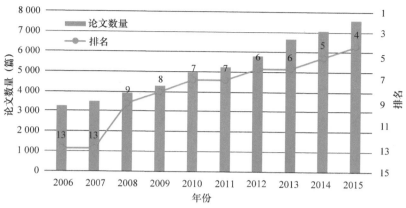

图 6-5 2006—2015 年中国科学院生命科学论文数量的全球排名

在中国机构排名中，除中国科学院外，上海交通大学、浙江大学、复旦大学、中山大学和北京大学 2006—2015 年间也位居前列（表 6-5）。

表 6-5 2006—2015 年、2011—2015 年及 2015 年中国生命科学论文数量前 10 位机构

排名	2006—2015 年		2011—2015 年		2015 年	
	中国机构	论文数量（篇）	中国机构	论文数量（篇）	中国机构	论文数量（篇）
1	中国科学院	52 113	中国科学院	32 258	中国科学院	7 582
2	上海交通大学	22 594	上海交通大学	15 997	上海交通大学	4 230
3	浙江大学	19 133	复旦大学	12 624	复旦大学	3 253
4	复旦大学	18 257	浙江大学	12 349	浙江大学	3 084
5	北京大学	17 541	中山大学	11 976	中山大学	3 016
6	中山大学	16 787	北京大学	11 396	北京大学	2 886
7	中国医学科学院 /北京协和医学院	13 529	四川大学	9 230	山东大学	2 463
8	四川大学	13 274	中国医学科学院 /北京协和医学院	9 042	四川大学	2 345
9	香港大学	12 899	山东大学	8 432	中国医学科学院 /北京协和医学院	2 284
10	香港中文大学	11 633	首都医科大学	8 170	首都医科大学	2 269

2. 机构论文增速

从 2015 年全球生命科学论文数量位居前 10 位机构的论文增速来看，中国科学院是增长速度最快的机构，2006—2015 年及 2011—2015 年，论文的年均

增长率分别达到 9.83% 和 9.87%（图 6-6）。

我国 2015 年论文数量前 10 位的机构中，首都医科大学和山东大学的增速最快，前者 2006—2015 年及 2011—2015 年的年均增长率分别为 26.02% 和 20.23%，后者分别为 25.72% 和 23.52%。增速前 5 位的机构还有上海交通大学（21.71% 和 17.12%）、四川大学（21.58% 和 13.54%）、中山大学（20.64% 和 14.19%）（图 6-7）。

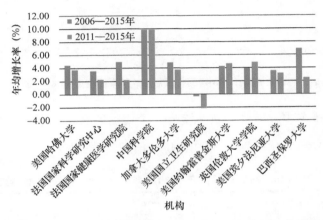

图 6-6　2015 年论文数量前 10 位国际机构在 2006—2015 年及 2011—2015 年的论文年均增长率

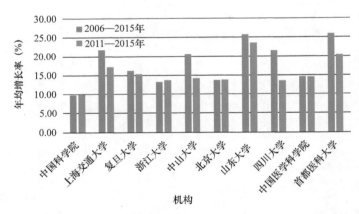

图 6-7　2015 年论文数量前 10 位中国机构在 2006—2015 年及 2011—2015 年的论文年均增长率

3. 机构论文引用

对 2015 年论文数量前 10 位全球机构在 2006—2015 年及 2011—2015 年的论文引用率进行排名，可以看到美国国立卫生研究院的引用率位居首位，两个时间段的引用率分别为 95.48% 和 92.13%。中国科学院的论文引用率分别为

88.19% 和 83.48%，位居第 9 位（表 6-6）。

表 6-6　2015 年论文数量前 10 位国际机构在 2006—2015 年及 2011—2015 年的论文引用率

2006—2015 年			2011—2015 年		
排名	国际机构	引用率（%）	排名	国际机构	引用率（%）
1	美国国立卫生研究院	95.48	1	美国国立卫生研究院	92.13
2	美国哈佛大学	93.27	2	美国哈佛大学	89.43
3	美国宾夕法尼亚大学	92.92	3	美国宾夕法尼亚大学	88.84
4	美国约翰霍普金斯大学	92.85	4	美国约翰霍普金斯大学	88.76
5	法国国家科学研究中心	92.49	5	英国伦敦大学学院	88.25
6	英国伦敦大学学院	92.38	6	法国国家科学研究中心	87.78
7	加拿大多伦多大学	92.15	7	法国国家健康与医学研究院	87.61
8	法国国家健康与医学研究院	91.37	8	加拿大多伦多大学	87.59
9	中国科学院	88.19	9	中国科学院	83.48
10	巴西圣保罗大学	84.90	10	巴西圣保罗大学	77.12

我国前 10 位的机构在 2006—2015 年的论文引用率差异较小，均在 80%～85% 之间，2011—2015 年间则在 70%～80% 之间。中国科学院和北京大学在两个时间段内的引用率均位居前两位（表 6-7）。

表 6-7　2015 年论文数量前 10 位中国机构在 2006—2015 年及 2011—2015 年的论文引用率

2006—2015 年			2011—2015 年		
排名	中国机构	引用率（%）	排名	中国机构	引用率（%）
1	中国科学院	88.19	1	中国科学院	83.48
2	北京大学	86.57	2	北京大学	81.41
3	复旦大学	85.54	3	中山大学	80.91
4	中山大学	85.28	4	复旦大学	80.57
5	浙江大学	85.03	5	上海交通大学	79.56
6	中国医学科学院 / 北京协和医学院	85.01	6	中国医学科学院 / 北京协和医学院	79.55
7	上海交通大学	84.49	7	浙江大学	79.01
8	山东大学	82.12	8	山东大学	76.99

续表

2006—2015 年			2011—2015 年		
排名	中国机构	引用率（%）	排名	中国机构	引用率（%）
9	四川大学	81.91	9	四川大学	76.41
10	首都医科大学	78.98	10	首都医科大学	73.77

二、专利情况

（一）年度趋势[283]

2015 年，全球专利申请数量和授权数量分别为 87 185 件和 48 847 件，申请量与授权量比上年度分别增长了 8.94% 和 2.70%。2015 年，我国专利申请数量和授权数量分别为 22 193 件和 10 394 件，申请数量与授权数量比上年度分别增长了 27.25% 和 3.88%，占全球数量比值分别为 25.46% 和 21.28%。2006年以来，我国专利申请数量和授权数量呈总体上升趋势（图 6-8）。

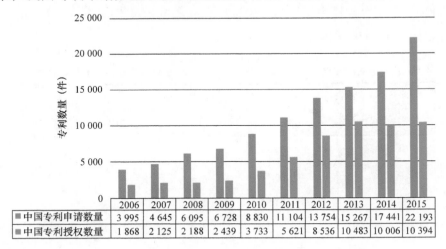

	2006	2007	2008	2009	2010	2011	2012	2013	2014	2015
中国专利申请数量	3 995	4 645	6 095	6 728	8 830	11 104	13 754	15 267	17 441	22 193
中国专利授权数量	1 868	2 125	2 188	2 439	3 733	5 621	8 536	10 483	10 006	10 394

图 6-8　2006—2015 年中国生物技术领域专利申请与授权情况

---

283 专利数据以 Innography 数据库中收录的发明专利（以下简称"专利"）为数据源，以世界经济合作组织（OECD）定义生物技术所属的国际专利分类号（International Patent Classification，IPC）为检索依据，基本专利年（Innography 数据库首次收录专利的公开年）为年度划分依据，检索日期：2016 年 7 月 5 日（由于专利申请审批周期以及专利数据库录入迟滞等原因，2014—2015 年数据可能尚未完全收录，仅供参考）。

在 PCT 专利申请方面，自 2006 年以来，我国申请数量逐年增长，2009—2012 年迅速增长，2012 年以来增速减缓。2015 年，我国 PCT 专利申请数量达到 525 件，较 2014 年增长了 5.63%（图 6-9）。

从我国申请/授权专利数量全球占比情况的年度趋势（图 6-10，图 6-11）可以看出，我国在生物技术领域对全球的贡献和影响越来越大。我国的申请/授权专利数量全球占比分别从 2006 年的 6.57% 和 5.43% 逐步攀升至 2015 年的

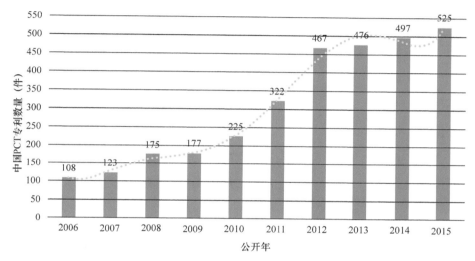

图 6-9　2006—2015 年中国生物技术领域申请 PCT 专利年度趋势

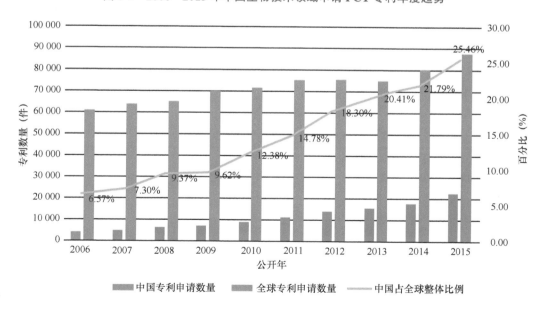

图 6-10　2006—2015 年中国生物技术领域申请专利全球占比情况

图 6-11　2006—2015 年中国生物技术领域授权专利全球占比情况

25.46% 和 21.28%。其中，申请专利全球占比稳步增长，授权专利全球占比从2009 年开始迅速增加，显示我国生物技术领域专利质量的提升。

（二）国际比较

2015 年，全球生物技术专利申请数量和授权数量位居前 5 名的国家分别是美国、中国、日本、韩国和德国。同时这五个国家在 2006—2015 年及 2011—2015 年的排名中也均居前五位（表 6-8）。自 2010 年以来，我国专利申请数量维持在全球第 2 位；自 2011 年以来，我国专利授权数量也持续占据全球第 2 名。

表 6-8　专利申请 / 授权数量国家排名 Top 10

排名	2006—2015 年专利申请情况		2006—2015 年专利授权情况		2011—2015 年专利申请情况		2011—2015 年专利授权情况		2015 年专利申请情况		2015 年专利授权情况	
1	美国	294 893	美国	152 518	美国	150 791	美国	81 912	美国	31 451	美国	17 986
2	中国	110 125	中国	57 430	中国	79 817	中国	45 062	中国	22 206	中国	10 403
3	日本	71 638	日本	46 711	日本	32 517	日本	24 486	日本	6 715	日本	4 615
4	德国	36 801	德国	24 890	韩国	18 637	韩国	12 237	韩国	4 249	韩国	2 617
5	韩国	29 101	韩国	19 320	德国	16 723	德国	10 581	德国	3 073	德国	2 155

排名	2006—2015 年专利申请情况		2006—2015 年专利授权情况		2011—2015 年专利申请情况		2011—2015 年专利授权情况		2015 年专利申请情况		2015 年专利授权情况	
6	英国	24 687	英国	15 593	法国	11 755	英国	7 129	英国	2 306	法国	1 455
7	法国	23 027	法国	14 976	英国	11 357	法国	6 984	法国	2 303	英国	1 421
8	澳大利亚	13 897	俄罗斯	8 249	澳大利亚	7 726	澳大利亚	3 835	澳大利亚	1 417	澳大利亚	930
9	加拿大	13 297	加拿大	7 369	加拿大	6 043	俄罗斯	3 738	加拿大	1 055	俄罗斯	809
10	丹麦	9 682	澳大利亚	6 989	荷兰	4 622	加拿大	3 331	荷兰	845	加拿大	639

2015 年，从数量来看，PCT 专利数量排名前 5 位分别为美国、日本、德国、中国和韩国。2006—2015 年，美国、日本、德国、法国和英国居 PCT 专利申请数量的前 5 位，我国排名第 7（表 6-9）。通过近五年与近十年的数据对比发现，中国、韩国和丹麦的专利质量有所上升，法国、英国和澳大利亚的 PCT 专利申请数量排名有所下降。

表 6-9 **PCT 专利申请数量全球排名 Top10 国家**

排名	国家	2006—2015 年PCT 专利申请数量（件）	国家	2011—2015 年PCT 专利申请数量（件）	国家	2015 年 PCT 专利申请数量（件）
1	美国	37 543	美国	19 226	美国	3 745
2	日本	10 953	日本	5 359	日本	1 153
3	德国	5 888	德国	2 769	德国	544
4	法国	3 843	中国	2 287	中国	525
5	英国	3 488	韩国	2 232	韩国	475
6	韩国	3 436	法国	2 151	法国	442
7	中国	3 095	英国	1 679	英国	375
8	加拿大	2 488	加拿大	1 142	加拿大	238
9	荷兰	1 859	荷兰	879	荷兰	163
10	澳大利亚	1 584	丹麦	766	丹麦	152

（三）专利布局

2015 年，全球生物技术申请专利 IPC 分类号主要集中在 C12Q01（包含酶或微生物的测定或检验方法）和 C12N15（突变或遗传工程；遗传工程涉及的 DNA 或 RNA，载体）两项通用技术领域（图 6-12）。C07K16（免疫球蛋白，例如单克隆或多克隆抗体）和 A61K39（含有抗原或抗体的医药配制品）是全球生物技术专利申请中仅次于 C12N15、C12Q01 的两个占比较多的 IPC 分类，说明抗体技术以及相关医药制品的专利申请也是全球生物技术关注的重点。从我国专利申请 IPC 分布情况来看，C12N15 和 C12Q01 两个大类占比重较大，此外 C12N01（微生物本身，如原生动物；及其组合物）也是我国生物技术专利申请的主要领域。

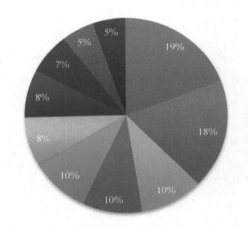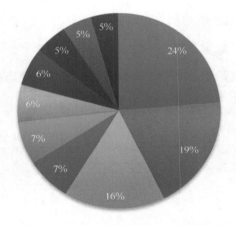

图 6-12　全球（左）与我国（右）生物技术专利申请技术布局情况

对近 10 年（2006—2015 年）的专利 IPC 分类号进行统计分析，我国在突变或遗传工程（C12N15）领域的分类下的专利申请数量最多。其他排名前 5 位的 IPC 分类号分别是 C12Q01（包含酶或微生物的测定或检验方法）、C12N01（微生物本身，如原生动物；及其组合物）、C07K14（具有多于 20 个氨基酸的肽；促胃液素；生长激素释放抑制因子；促黑激素；其衍生物）和 C12N09（酶，如连接酶）。申请/授权专利数量前 5 位的国家，即美国、中国、日本、韩国和德国，其排名前 10 的 IPC 分类号大体相同，顺序有所差异，说明各国在生物技术领域的专利布局类似，但又各有侧重（图6-13）。

通过近十年数据（图6-13）与近五年数据（图6-14）的对比发现，我国在

■C12Q01 ■C12N15 ■A61K39 ■A61K38 ■C07K16　■C12N15 ■C12Q01 ■C12N01 ■C07K14 ■C12N09　■C12N15 ■C12Q01 ■G01N33 ■C12M01 ■A61K38
■C07K14 ■C12N05 ■A61K31 ■G01N33 ■G12N09　■C12N05 ■C12M01 ■A01H04 ■A61K38 ■G12P07　■C12N05 ■C12N01 ■A61K39 ■C07K16 ■C07K14

■C12N15 ■C12Q01 ■C12N01 ■A61K38 ■C12N05　　■C12Q01 ■C12N15 ■A61K38 ■A61K39 ■C07K16
■C07K14 ■G01N33 ■C12M01 ■C12N09 ■A61K39　　■C07K14 ■C12M01 ■G01N33 ■C12N09 ■A61K31

图6-13　2006—2015年我国专利申请技术布局情况及与其他国家的比较

注：上左为美国，上中为中国，上右为日本，下左为韩国，下右为德国。

■C12Q01 ■C12N15 ■A61K39 ■A61K38 ■C07K16　■C12Q01 ■C12N15 ■C12N01 ■C07K14 ■A01H04　■C12N15 ■C12Q01 ■C12M01 ■C12N05 ■G01N33
■C07K14 ■C12N05 ■G01N33 ■A61K31 ■G12N09　■C12M01 ■C12N05 ■C12N09 ■A61K38 ■G12R01　■C12N01 ■A61K38 ■C07K16 ■A61K39 ■C12P07

■C12N15 ■C12Q01 ■C12N01 ■A61K38 ■C12N05　　■C12Q01 ■C12N15 ■C07K16 ■A61K39 ■A61K38
■G01N33 ■C12M01 ■C07K14 ■C12N09 ■C07K16　　■C07K14 ■C12M01 ■C12N09 ■G01N33 ■C12N05

图6-14　2011—2015年我国专利申请技术布局情况及与其他国家的比较

注：上左为美国，上中为中国，上右为日本，下左为韩国，下右为德国。

A01H04（通过组织培养技术的植物再生）领域的专利申请比重有所增加；日本在 C12N05（未分化的人类、动物或植物细胞，如细胞系；组织；它们的培养或维持；其培养基）领域的专利申请比重有所增加；德国在 C07K16（免疫球蛋白，例如单克隆或多克隆抗体）领域的专利申请比重有所增加；美国和韩国的专利布局与全球总体专利布局相似（表 6-10）。

表 6-10　上文出现的 IPC 分类号及其对应含义

IPC 分类号	含义
A01H04	通过组织培养技术的植物再生
A61K31	含有机有效成分的医药配制品
A61K38	含肽的医药配制品
A61K39	含有抗原或抗体的医药配制品
C07K14	具有多于 20 个氨基酸的肽；促胃液素；生长激素释放抑制因子；促黑激素；其衍生物
C07K16	免疫球蛋白，例如单克隆或多克隆抗体
C12M01	酶学或微生物学装置
C12N01	微生物本身，如原生动物；及其组合物
C12N05	未分化的人类、动物或植物细胞，如细胞系；组织；它们的培养或维持；其培养基
C12N09	酶，如连接酶
C12N15	突变或遗传工程；遗传工程涉及的 DNA 或 RNA，载体
C12P07	含氧有机化合物的制备
C12Q01	包含酶或微生物的测定或检验方法
C12R01	微生物
G01N33	利用不包括在 G01N 1/00 至 G01N 31/00 组中的特殊方法来研究或分析材料

（四）竞争格局

1. 中国专利布局情况

由我国生物技术专利申请 / 授权的国家 / 地区 / 组织分布情况（图 6-15，图 6-16）可以看出，我国申请并获得授权的专利主要集中在我国大陆。此外，我国也向世界知识产权组织（WIPO）、美国、欧洲、韩国和日本等国家 / 地

区 / 组织申请了生物技术专利，但获得授权的专利数量较少，这说明我国还需要进一步通过专利的国际化来进行国际市场的技术布局。

Patents per Source Jurisdiction

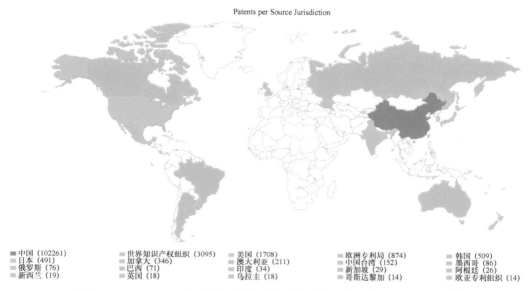

- 中国（102261）
- 世界知识产权组织（3095）
- 美国（1708）
- 欧洲专利局（874）
- 韩国（509）
- 日本（491）
- 加拿大（346）
- 澳大利亚（211）
- 中国台湾（152）
- 墨西哥（86）
- 俄罗斯（76）
- 巴西（71）
- 印度（34）
- 新加坡（29）
- 阿根廷（26）
- 新西兰（19）
- 英国（18）
- 乌拉圭（18）
- 哥斯达黎加（14）
- 欧亚专利组织（14）

图 6-15　2006—2015 年我国生物技术专利申请的国家 / 地区 / 组织[284]

Patents per Source Jurisdiction

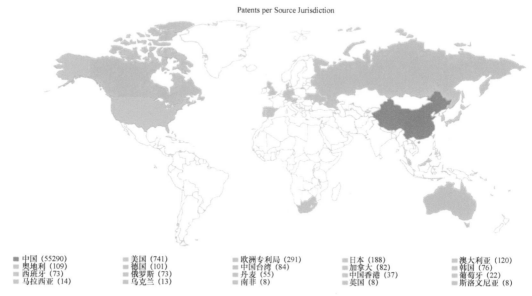

- 中国（55290）
- 美国（741）
- 欧洲专利局（291）
- 日本（188）
- 澳大利亚（120）
- 奥地利（109）
- 德国（101）
- 中国台湾（84）
- 加拿大（82）
- 韩国（76）
- 西班牙（73）
- 俄罗斯（73）
- 丹麦（55）
- 中国香港（37）
- 葡萄牙（22）
- 马拉西亚（14）
- 乌克兰（13）
- 南非（8）
- 英国（8）
- 斯洛文尼亚（8）

图 6-16　2006—2015 年我国生物技术专利授权的国家 / 地区 / 组织

---

284 图 6-15～图 6-18 中所列为排名前 20 的国家 / 地区 / 组织，中国台湾地区、香港特别行政区在数据统计和图例标示中单独列出，以下三图不再赘述。

2. 在华专利竞争格局

从近十年来我国受理 / 授权的生物技术专利所属国家 / 地区 / 组织分布情况可以看出（图 6-17，图 6-18），我国生物技术专利的受理对象仍以本国申请为主，美国、日本、欧洲、英国等国家 / 地区 / 组织紧随其后；而我国生物技

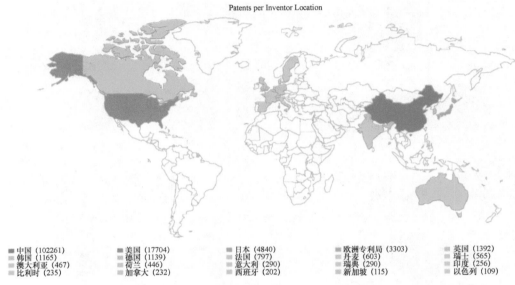

Patents per Inventor Location

■ 中国 (102261)　　■ 美国 (17704)　　■ 日本 (4840)　　■ 欧洲专利局 (3303)　　■ 英国 (1392)
■ 韩国 (1165)　　■ 德国 (1139)　　■ 法国 (797)　　■ 丹麦 (603)　　■ 瑞士 (565)
■ 澳大利亚 (467)　　■ 荷兰 (446)　　■ 意大利 (290)　　■ 瑞典 (290)　　■ 印度 (256)
■ 比利时 (235)　　■ 加拿大 (232)　　■ 西班牙 (202)　　■ 新加坡 (115)　　■ 以色列 (109)

图 6-17　2006—2015 年中国受理的生物技术专利所属国家 / 地区 / 组织分布情况

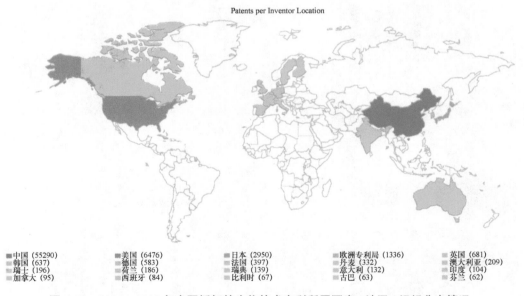

Patents per Inventor Location

■ 中国 (55290)　　■ 美国 (6476)　　■ 日本 (2950)　　■ 欧洲专利局 (1336)　　■ 英国 (681)
■ 韩国 (637)　　■ 德国 (583)　　■ 法国 (397)　　■ 丹麦 (332)　　■ 澳大利亚 (209)
■ 瑞士 (196)　　■ 荷兰 (186)　　■ 瑞典 (139)　　■ 意大利 (132)　　■ 印度 (104)
■ 加拿大 (95)　　■ 西班牙 (84)　　■ 比利时 (67)　　■ 古巴 (63)　　■ 芬兰 (62)

图 6-18　2006—2015 年中国授权的生物技术专利所属国家 / 地区 / 组织分布情况

术专利的授权对象集中于我国大陆地区，美国、日本、欧洲和英国分别位列第 2～5 位，上述国家 / 地区 / 组织的专利权人在我国获得授权的专利数量分别达到了我国机构获得授权数量的 11.71%、5.34%、2.42% 和 1.23%。这说明，美国、日本和欧洲等科技强国 / 地区对我国市场的重视，因此在中国展开技术布局。

 ### 三、案例分析——基因编辑

（一）基因编辑工具引爆专利之争

2015 年，基因编辑技术尤其是 CRISPR-Cas9 技术在全世界产生了爆炸性的影响，成为生命科学领域最热门的技术领域。拥有 CRISPR-Cas9 技术领域的核心专利，意味着专利权人在领域内占得绝对先机，可为专利权人带来巨大的经济利益。然而目前该专利 "花落谁家" 还不得而知。2016 年 1 月 11 日，美国专利和商标局（USPTO）申明将审核 "CRISPR-Cas9 专利"，以确定 CRISPR 技术的第一发明单位究竟是麻省理工学院还是加州伯克利大学。

该案主要牵涉两项专利，归属于 Broad 研究所和麻省理工学院的专利（申请号：US201314054414A）于 2013 年 10 月申请，经 "快速通道" 审批于 2014 年获得授权。归属于加州伯克利大学 Jennifer Doudna 教授和德国马克斯普朗克感染生物学研究所 Emmanuelle Charpentier 教授的专利（申请号：US201313842859A）于 2013 年 3 月申请，尚未获得授权。2015 年 4 月，伯克利团队要求美国知识产权局（USPTO）明确该技术的发明人，启动干预调查（表 6-11）。

表 6-11　涉案专利基本信息

申请号	专利名称	发明人	专利权人	申请日	授权日
US201314054414A	CRISPR-Cas systems and methods for altering expression of gene products	张峰	Broad 研究所，麻省理工学院	2013.10.15	2014.4.15

续表

申请号	专利名称	发明人	专利权人	申请日	授权日
US201313842859A	Methods and compositions for RNA-directed target DNA modification and for RNA-directed modulation of transcription	Doudna Jennifer A; Jinek Martin; Charpentier Emmanuelle 等	Doudna Jennifer A; Jinek Martin; Charpentier Emmanuelle 等	2013.3.15	未授权

对两项专利的内容进行分析，加州伯克利大学 Jennifer Doudna 教授等是第一个在试管里将 CRISPR-Cas9 技术试验成功的人，而 Broad 研究所的张峰是第一个将 CRISPR-Cas9 技术在体细胞里试验成功的人。这项技术的专利权人究竟归于哪一方，取决于 USPTO 的审查结果。美国于 2013 年 3 月 16 日颁布了新专利法，新法遵循"第一申请"原则，即对相同专利的多个申请者而言，谁最先提出专利申请，专利权就归谁。国际上大部分国家目前都实行了该原则，而此前的旧法遵循"第一发明"原则，即谁是第一个发明者，谁就拥有该项专利权。由于 Doudna 的专利申请在 2013 年新法颁布的前一天，所以专利局决定 Doudna 的情况适用于旧法，应当遵循"第一发明"原则，因此，这次的干预调查将涉及两个关键问题：一是 Doudna 是否将该技术应用到体细胞中；二是两位科学家能否证明他们最早获得该技术的时间，这就要求双方提供相关的有力证据，例如期刊出版物和实验室记录等证明自己在这项发明的第一申请人。

不管结果如何，CRISPR-Cas9 基础专利的最终归属者将在基因编辑产业中占得优势，CRISPR-Cas9 作为目前基因编辑领域的核心技术，其专利布局及竞争态势的分析对于了解基因编辑领域的技术发展以及竞争格局有着重要的意义。

（二）基因编辑已成为全球专利布局的重点

1. 全球 CRISPR-Cas9 相关专利数量飞速增长

虽然从 CRISPR 技术 2012 年首次被研发算起仅仅过了 4 年，CRISPR 技术的相关研究成果已成为机构与企业专利布局的重点区域。利用汤森路透 Thomson Innovation 数据库对 1900 年至今 CRISPR-Cas9 的专利申请情况进行检索，检索时间为 2016 年 6 月 30 日，共检索到相关专利 1562 个，DWPI 同族专利 790 个。

从专利趋势来看，专利主要分布于 2013、2014 与 2015 年，其中 2014 年专利申请数量最大，但因为 Thomson Innovation 数据库对专利收录有 2 年的延迟期，因此该数据并不能准确反应 CRISPR 技术领域 2015 年的专利申请数量。总体来说，该领域专利呈现较快的增长态势（图 6-19）。

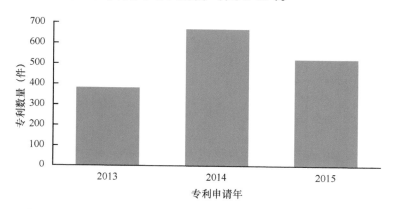

图 6-19　2005—2014 年中国生物技术领域专利申请与获授权情况

数据来源：Thomson Innovation.

2. 美国是 CRISPR-Cas9 专利最主要的布局国家

从 CRISPR-Cas9 专利的申请地区来看，美国是 CRISPR-Cas9 技术最主要的布局地区，在美国申请的专利数量占到全世界专利申请总数的 22.4%，远远超过其他国家。美国在生命科学领域的研究处于全球领先地位，也是 CRISPR-Cas9 技术的发源地。中国、加拿大其次，分列第二、第三位，但彼此间差距不大（表 6-12）。

表 6-12　CRISPR-Cas9 专利申请国家分布情况

国家	专利数量	占比（%）
美国	350	22.4
中国	135	8.6
加拿大	107	6.9
澳大利亚	96	6.1

国家	专利数量	占比（%）
韩国	52	3.3
日本	25	1.6
印度	18	1.2
新加坡	17	1.1
墨西哥	7	0.4
阿根廷	4	0.3

注：该表未计入在 WIPO 与 EPO 申请的专利。

数据来源：Thomson Innovation.

3. 机构与企业各占半壁江山

对 CRISPR-Cas9 专利申请的专利权人进行分析，排在前三位的机构分别为美国麻省理工大学、哈佛大学以及 Sangamo Biosciences。

从机构来看，排名前两位的美国麻省理工学院与哈佛大学均是 CRISPR/Cas9 研究领域的前驱，排名第 5 位的世界著名生物医学研究机构 Broad 研究所本身就隶属于美国麻省理工学院与哈佛大学，其工作人员张峰是世界第一例基于 CRISPR-Cas9 系统的基因编辑技术专利的发明人。排名第 9 位的加州伯克利大学是 CRISPR/Cas9 研究领域的另一先驱，该大学的科学家 Jennifer Doudna 首次提交了关于 CRISPR-Cas9 的相关组合物及应用方法的专利，并陷入与 Broad 研究所张峰团队 CRISPR-Cas9 的核心专利争夺战中。排在第 10 位的麻省总医院是美国首屈一指的医疗机构，在 CRISPR/Cas9 领域已有了多项突破性成果。

从企业来看，排名第 3 位的 Sangamo 生物医药公司开发了 ZFNs 基因编辑技术，也就是第一代基因编辑技术，从排名可知其在 CRISPR-Cas9 领域也占得先机。排名第五位的陶氏益农是世界五大农药跨国公司之一，在基因改良作物领域已有较多的创新成果，可以预见其将利用 CRISPR-Cas9 工具在转基因作物领域进行更多的探索。排名第 6 位的 Cellectis 公司主要致力于基因治疗领域的相关研究，CRISPR 也将成为其研究的重点之一。排在第 8 位的 Recombinetics

是一家对牲畜进行基因改造以提高动物福利的生物技术公司，可见该公司已在利用 CRISPR 对动物进行基因改造（表 6-13）。

表 6-13　CRISPR-Cas9 专利申请 TOP10 专利权人

排名	专利权人	专利数量（件）	占比（%）
1	美国麻省理工学院	176	11.3
2	哈佛大学	173	11.1
3	Sangamo Biosciences	157	10.1
4	Broad 研究所	152	9.7
5	陶氏益农	86	5.5
6	Cellectis	61	3.9
7	张峰	44	2.8
8	Recombinetics	40	2.6
9	加州伯克利大学	36	2.3
10	麻省总医院	30	1.9

数据来源：Thomson Innovation.

4. CRISPR-Cas9 研究领域集中度较高

对 CRISPR-Cas9 研究领域相关专利申请的数量进行统计，发现 2013—2015 年，排名在前 5 位的专利权人拥有的专利数量占专利总数超过 30%，可见该研究领域集中度较高，领先的机构与企业优势明显。分析其原因，一方面，CRISPR-Cas9 研究领域尚处于初步发展阶段，生物医药领域也属于投入高、周期长的研究领域，因此，尚未有大批成果在该领域显现。另一方面，CRISPR-Cas9 涉及的基因编辑领域行业准入门槛较高，除非有长期的研究经验与专业的技术人员与基础设施，否则很难在该新兴领域有所突破。

从年度趋势来看，该领域的集中度逐步降低。2013 年，前 5 位专利权人拥有的专利数量占总数的 60%。2015 年，前 5 位专利权人拥有的专利数量仅占专利的 18%，可见有越来越多的企业与机构进入该领域，CRISPR-Cas9 尚有较大的发展空间（表 6-14）。

表 6-14　CRISPR-Cas9 研究领域集中度情况

年份	前 5 位专利权人专利数量占比（%）	前 10 位专利权人专利数量占比（%）
2013	60.2	61.4
2014	37.0	39.1
2015	18.0	26.7
2013—2015	31.5	43.1

数据来源：Thomson Innovation.

（三）中国已在基因编辑领域展开专利布局

1. CRISPR-Cas9 技术在国内的关注度不断提升

CRISPR 技术的相关研究成果已成为国内机构与企业专利布局的重点区域。利用中科院专利在线数据库对 CRISPR-Cas9 的专利申请情况进行检索，检索时间为 2016 年 6 月 30 日，共检索到相关专利 91 个，其中在审专利 87 项，授权专利 4 项。从专利趋势来看，专利主要分布于 2015 年。总体来说，我国在 CRISPR-Cas9 领域的专利数量上升速度很快，可见该领域越来越受到关注（图 6-20）。

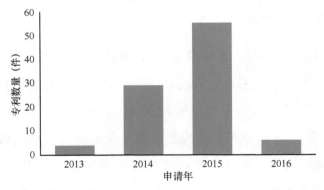

图 6-20　Caribou Biosciences 各年度在 CRISPR/Cas9 领域申请专利情况

数据来源：中科院专利在线。

2. 北京是我国申请 CRISPR-Cas9 专利最主要的来源地区

对专利的来源国与地区进行分析，发现这 91 件专利中有 88 件来自中国，2 件专利来自美国，1 件专利来自立陶宛。由此可见，在中国申请的这些专利中，绝大多数来自于我国本土企业及机构的申请。

在88项来自我国的申请中，北京、广东、安徽、江苏和上海是申请CRISPR-Cas9专利最主要的5个省市（图6-21）。

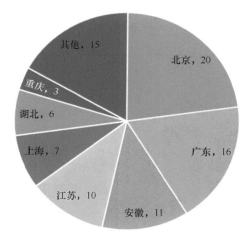

图 6-21 专利来源省统计情况

数据来源：中科院专利在线。

3. 我国基因编辑以机构研究为主

我国在CRISPR-Cas9领域的研究主要以机构为主，深圳市人民医院、中国农业大学、安徽省农业科学院水稻研究所、北京大学是我国在基因编辑领域申请专利最多的4家机构。芜湖医诺生物技术有限公司排在第3位，是CRISPR/Cas9相关专利前10位专利权人中的唯一企业。可见，我国的基因编辑技术还是以机构研究为主，但已有企业在该领域进行布局，且处于领先地位（表6-15）。

表 6-15 我国 CRISPR/Cas9 领域 TOP10 专利权人排名

排名	专利权人	拥有专利数量（件）	占比（%）
1	深圳市第二人民医院	9	11.1
2	中国农业大学	7	8.6
3	芜湖医诺生物技术有限公司	6	7.4
4	安徽省农业科学院水稻研究所	5	6.2
5	北京大学	3	3.7
6	黄行许	3	3.7

排名	专利权人	拥有专利数量（件）	占比（%）
7	中国农业科学院作物科学研究所	3	3.7
8	东华大学	2	2.5
9	杭州师范大学	2	2.5
10	华南农业大学	2	2.5

数据来源：中科院专利在线。

（四）基因编辑技术研究呈现多元化

随着研究的不断深入，CRISPR-Cas9 技术体现出越来越大的应用潜力。首先，CRISPR-Cas9 工具箱帮助研究人员以很高的灵敏度和精密度发现新的基因功能，让研究人员在基因组规模上进行功能获得或功能缺失突变筛选。此外，CRISPR-Cas9 技术的另一个诱人应用是通过体细胞基因组编辑直接治疗有害的遗传疾病，通过纠正致病突变逆转疾病的症状。

美国麻省理工学院、哈佛大学以及 Broad 研究所领跑全球基因编辑研究领域，以美国麻省理工学院、哈佛大学以及 Broad 研究所在 CRISPR-Cas9 领域的专利技术发展情况为例，研究 CRISPR-Cas9 技术的研究现状及发展趋势。因为麻省理工学院与哈佛大学在 CRISPR-Cas9 领域存在着很多交叉合作，Broad 研究所又隶属于美国麻省理工学院与哈佛大学，因此三家机构很难单独展开研究，而将三家机构的研究成果放在一起进行讨论。

对三家机构在该领域的研究情况进行分析，CRISPR/Cas9 研究逐渐从 CRISPR/Cas9 在真核细胞基因编辑系统的优化向 CRISPR/Cas9 多元化应用方向转移。CRISPR/Cas9 基因编辑系统改造研究包括 Cas9 新融合蛋白的构建、递送系统的改进、gRNA 的设计和优化、CRISPR-Cas9 敲除文库的构建等，从而提升 CRISPR-Cas9 的编辑效率以及技术的可用性；在应用领域包括利用 Cas9 构建不同类型的动物以及植物模型，治疗乙肝等病毒性肝炎、血液遗传病、因 α-抗胰蛋白酶突变导致的肺慢性阻塞性疾病等病症、因 PSEN1 蛋白突变导致的囊性纤维化等病症等。美国麻省理工学院、哈佛大学、Broad 研究所在 CRISPR-Cas9 的应用研究主要集中在基因治疗领域（图 6-22）。

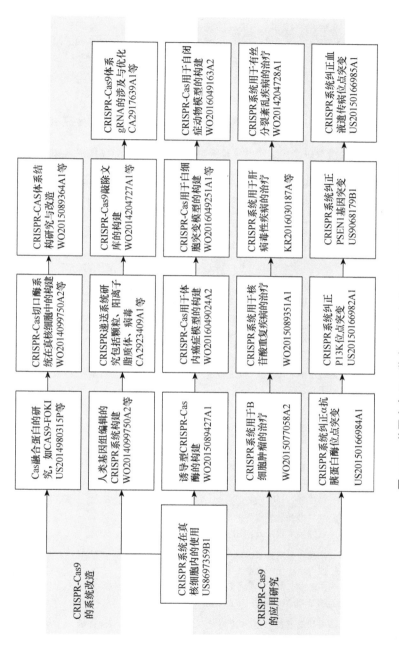

图 6-22　美国麻省理工学院、哈佛大学、Broad 研究所专利解读

附 录

2016 年度国家重点研发计划生物和医药相关重点专项立项项目清单[285]

附表 -1 国家重点研发计划"数字诊疗装备研发"重点专项拟进入审核环节的
2016 年度项目公示清单

序号	项目编号	项目名称	项目牵头承担单位	项目负责人	中央财政经费（万元）	项目实施周期（年）
1	2016YFC0100100	脑血管病精确诊疗的新型成像技术及其临床应用研究	中国科学院深圳先进技术研究院	刘新	340.00	3
2	2016YFC0100200	自适应光学微血管超高分辨率成像技术的研究	温州医科大学	陈浩	340.00	3
3	2016YFC0100300	新生儿局灶性白质损伤预后评估的磁共振成像新技术集成及其临床应用	西安交通大学	杨健	340.00	3
4	2016YFC0100400	乳腺专用低剂量多能 CT 技术研究	中国科学院高能物理研究所	魏龙	340.00	3
5	2016YFC0100500	融合光学相干断层成像与血流动力学的一站式冠心病评估系统的研制	上海交通大学	涂圣贤	340.00	3
6	2016YFC0100600	基于随机采样的快速超分辨荧光成像技术研究及其样机实现	中国科学院上海高等研究院	宓现强	340.00	3
7	2016YFC0100700	经颅三维动态超声微泡与空化成像技术及诊疗应用	西安交通大学	万明习	340.00	3
8	2016YFC0100800	高场磁共振新成像机制 -- 组织介电特性断层成像（MR EPT）技术及其在临床乳腺、颅脑肿瘤诊断中的应用研究	南方医科大学	辛学刚	340.00	3
9	2016YFC0100900	新一代高通量数字 PCR 关键技术及应用研究	中国科学院微生物研究所	杜文斌	340.00	3

---

285 数据来源：国家科技管理信息系统平台。

续表

序号	项目编号	项目名称	项目牵头承担单位	项目负责人	中央财政经费（万元）	项目实施周期（年）
10	2016YFC0101000	太赫兹波精准脑外科手术在体成像系统的研发	天津大学	徐德刚	340.00	3
11	2016YFC0101100	新型 cMUT-MEMS 神经实时成像与修复/复位前沿技术研究（青年项目）	重庆大学	刘玉菲	100.00	3
12	2016YFC0101200	肿瘤诊疗与原位疗效评价一体化探针构建及应用研究	苏州大学	史海斌	100.00	3
13	2016YFC0101300	基于太赫兹技术的靶向 CTCs 搜索系统的构建研究	中国人民解放军第三军医大学	姚春艳	100.00	3
14	2016YFC0101500	微纳米尺度多维动态光学成像技术与系统	东北大学	魏阳杰	100.00	3
15	2016YFC0101600	结合形态学影像的近红外漫射光血流断层成像系统	中北大学	尚禹	77.42	3
16	2016YFC0101700	非接触式无创心脏磁图检测诊断系统	哈尔滨工程大学	廖艳苹	100.00	3
17	2016YFC0101800	新一代核医学成像设备用光转换功能材料研发	中国科学院宁波材料技术与工程研究所	蒋俊	100.00	3
18	2016YFC0101900	基于 CMUT 环形阵列的乳腺癌诊断超声 CT 系统研究	中北大学	张国军	100.00	3
19	2016YFC0102000	乳腺癌循环肿瘤细胞成像和检测数字诊疗新技术研究	西安电子科技大学	胡波	99.90	3
20	2016YFC0102100	实时、双光谱受激拉曼成像用于实体瘤无标记快速病理检测的技术研发	复旦大学	季敏标	100.00	3
21	2016YFC0102200	无创血管弹性与矢量血流融合成像及其在国产便携式超声诊断设备中的实现	清华大学	罗建文	100.00	3
22	2016YFC0102300	基于光声-超声协同的自适应诊疗系统研究	南京大学	陶超	100.00	3
23	2016YFC0102400	基于光学表面波的新型超灵敏宽带光声显微成像研究	深圳大学	闵长俊	100.00	3
24	2016YFC0102500	基于超声的视网膜血管多模态光学相干断层弹性成像技术研究（青年科学家专项）	温州医科大学	王媛媛	100.00	3

续表

序号	项目编号	项目名称	项目牵头承担单位	项目负责人	中央财政经费（万元）	项目实施周期（年）
25	2016YFC0102600	基于核素放射激发荧光断层成像的肿瘤检测新技术	中国科学院自动化研究所	胡振华	100.00	3
26	2016YFC0102700	基于 SiNx-p-i-n 结构的高分辨医用 X 射线平板探测器研制	上海交通大学	杨志	100.00	3
27	2016YFC0102800	术中人脑功能活动实时成像仪开发	中国科学院自动化研究所	张鑫	100.00	3
28	2016YFC0102900	面向皮肤癌早期诊断的多参数有源太赫兹成像技术	中国科学院沈阳自动化研究所	祁峰	100.00	3
29	2016YFC0103000	一体化 TOF-PET-MRI 脑血流定量方法研究及在脑疾病的应用	首都医科大学宣武医院	卢洁	100.00	3
30	2016YFC0103100	数字诊疗装备质控仿生动态体模及其临床应用软件符合性评价研究	中国人民解放军第三军医大学	种银保	500.00	3
31	2016YFC0103200	有源植入人工器官质量评价方法和平台研究	中国食品药品检定研究院	苏宗文	500.00	3
32	2016YFC0103300	体内超声诊断设备检测体模研发及质量安全性研究	国家食品药品监督管理局湖北医疗器械质量监督检验中心	轩辕凯	500.00	3
33	2016YFC0103400	医学成像与放射治疗中的质量控制体模研发	泰山医学院	邱建峰	500.00	3
34	2016YFC0103500	放射诊断设备低剂量控制评价和应用规范研究	吉林大学	刘景鑫	500.00	3
35	2016YFC0103600	可溯源至 SI 单位的磁共振影像设备质控方法及其标准化研究	中国计量科学研究院	刘子龙	500.00	3
36	2016YFC0103700	PET- 荧光双模融合分子影像系统	北京锐视康科技发展有限公司	刘力	1 250.00	5
37	2016YFC0103800	基于 PET- 光学融合的乳腺成像系统研发	苏州瑞派宁科技有限公司	朱守平	1 250.00	5
38	2016YFC0103900	一体化全身正电子发射 / 磁共振成像装备（PET/MR）研制	上海联影医疗科技有限公司	胡凌志	1 250.00	5

续表

序号	项目编号	项目名称	项目牵头承担单位	项目负责人	中央财政经费（万元）	项目实施周期（年）
39	2016YFC0104000	PET/MRI 关键技术与一体化系统研究	北京锐视康科技发展有限公司	张占军	1 250.00	5
40	2016YFC0104100	新一代高灵敏宽视野多模分子影像肿瘤手术引导系统	南京生命源医药实业有限公司	蔡惠明	1 000.00	5
41	2016YFC0104200	新一代全数字高清 PET/CT 系统的研制	北京锐视康科技发展有限公司	曾海宁	1 000.00	5
42	2016YFC0104300	新一代临床全数字 PET/CT 整机系统研发	上海联影医疗科技有限公司	陈牧	1 000.00	5
43	2016YFC0104500	256 排 16 厘米高清高速大容积医学 CT 系统及核心技术研发	明峰医疗系统股份有限公司	江浩川	5 000.00	5
44	2016YFC0104600	320 排 CT 整机及核心部件研发	上海联影医疗科技有限公司	杜岩峰	2 999.60	5
45	2016YFC0104700	多功能动态实时三维超声成像系统	深圳迈瑞生物医疗电子股份有限公司	朱磊	1 500.00	5
46	2016YFC0104800	乳腺三维超声容积成像系统及面阵探头的研制	无锡祥生医学影像有限责任公司	朱强	1 800.00	5
47	2016YFC0104900	无线探头式掌上智能超声成像诊断仪	广州索诺星信息科技有限公司	向丹	1 000.00	5
48	2016YFC0105000	掌上彩色超声成像系统研发	飞依诺科技（苏州）有限公司	奚水	1 000.00	5
49	2016YFC0105100	容积影像多模式引导的高强度加速器精准放疗系统	山东新华医疗器械股份有限公司	成希革	8 400.00	5
50	2016YFC0105200	多模式引导立体定向与旋转调强一体化放射治疗系统研发	深圳市奥沃医学新技术发展有限公司	李金升	5 198.87	5
51	2016YFC0105300	基于超导回旋加速器的质子放疗装备研发	华工科技产业股份有限公司	马新强	19 600.00	5
52	2016YFC0105400	基于同步加速器的质子放疗系统研发	上海艾普强粒子设备有限公司	赵振堂	19 600.00	5

序号	项目编号	项目名称	项目牵头承担单位	项目负责人	中央财政经费（万元）	项目实施周期（年）
53	2016YFC0105500	植入式脊髓刺激器的研发	北京品驰医疗设备有限公司	李路明	1 000.00	5
54	2016YFC0105600	植入式脊髓刺激器	常州瑞神安医疗器械有限公司	姜汉钧	1 000.00	5
55	2016YFC0105700	肿瘤精确放疗系统化临床解决方案的研发与临床应用	中国人民解放军总医院	李建雄	1 200.00	3
56	2016YFC0105800	融合多模影像与机器人技术的骨科精准治疗解决方案研究	北京积水潭医院	田伟	1 200.00	3
57	2016YFC0105900	脑植入电刺激新型诊疗技术集成解决方案研究	清华大学	郝红伟	1 200.00	3
58	2016YFC0106000	循环肿瘤细胞检测技术指导我国常见消化系统恶性肿瘤外科精准治疗的解决方案	山东省医学科学院	李胜	1 200.00	3
59	2016YFC0106100	基于国产神经导航系统的微创神经外科手术集成解决方案研究	复旦大学	宋志坚	1 160.00	3
60	2016YFC0106200	影像引导的多模态消融治疗实体肿瘤临床解决方案研究	上海交通大学	徐学敏	1 200.00	3
61	2016YFC0106300	微创等离子手术体系及云规划解决方案	武汉大学	王行环	1 200.00	3
62	2016YFC0106400	三维可视化精确放疗计划系统集成解决方案研究	中国人民解放军第三军医大学	孙建国	1 200.00	3
63	2016YFC0106500	计算机辅助肝切除手术手术导航系统	南方医科大学	方驰华	800.00	3
64	2016YFC0106600	微流控芯片 - 核酸质谱集成装备研制及在肿瘤精准医学中的应用解决方案	北京科技大学	张学记	1 200.00	3
65	2016YFC0106700	立体定向放射治疗设备评价体系的构建和应用研究	华中科技大学	伍钢	1 200.00	3
66	2016YFC0106800	医用磁共振产品综合评价研究	上海交通大学医学院附属瑞金医院	严福华	1 200.00	3

续表

序号	项目编号	项目名称	项目牵头承担单位	项目负责人	中央财政经费（万元）	项目实施周期（年）
67	2016YFC0106900	MRI 设备及其临床应用评价研究	郑州大学第一附属医院	程敬亮	1 200.00	3
68	2016YFC0107000	国产胶囊式内窥镜的评价研究	中国人民解放军第三军医大学	杨仕明	500.00	3
69	2016YFC0107100	多中心协作磁共振机产品临床应用及评价研究	中国人民解放军第三军医大学	王健	1 150.00	3
70	2016YFC0101400	直立式乳腺 X 光 CT 成像系统	中国科学技术大学	朱磊	100.00	3
71	2016YFC0104400	新一代临床全数字 PET 医疗装备的研发	武汉数字派特科技有限公司	肖鹏	1 000.00	5
		总　　计			102 285.79	

附表-2 国家重点研发计划"精准医学"重点专项 2016 年度拟立项项目公示清单

序号	项目编号	项目名称	项目牵头承担单位	项目负责人	中央财政经费（万元）	项目实施周期（年）
1	2016YFC0900100	临床用单细胞组学技术研发	北京大学	张泽民	1 350.00	3
2	2016YFC0900200	临床用单细胞组学技术开发与肺癌应用研究	博奥生物集团有限公司	郭弘妍	900.00	3
3	2016YFC0900300	表观基因组学检测技术研发与临床应用	中国科学院北京基因组研究所	杨运桂	1 350.00	3
4	2016YFC0900400	表观基因组技术研发及其在中国人群与复杂疾病图谱绘制中的应用	中国科学院动物研究所	孙中生	900.00	3
5	2016YFC0900500	大型自然人群队列示范研究	中国医学科学院	郭威	2 516.00	5
6	2016YFC0900600	京津冀区域自然人群队列研究	中国医学科学院基础医学研究所	单广良	2 838.00	5
7	2016YFC0900800	华中区域常见慢性非传染性疾病前瞻性队列研究	华中科技大学	邬堂春	5 331.00	5
8	2016YFC0900900	心血管疾病专病队列研究	首都医科大学附属北京安贞医院	马长生	1 833.00	5
9	2016YFC0901000	脑血管疾病专病队列研究	首都医科大学附属北京天坛医院	王拥军	1 833.00	5
10	2016YFC0901100	呼吸系统疾病专病队列研究	中日友好医院	代华平	1 833.00	5
11	2016YFC0901200	代谢性疾病专病队列研究	上海交通大学医学院附属瑞金医院	张翼飞	1 833.00	5
12	2016YFC0901300	乳腺癌专病队列研究	中国疾病预防控制中心慢性非传染性疾病预防控制中心	王临虹	1 833.00	5
13	2016YFC0901400	食管癌专病队列研究	中国医学科学院肿瘤医院	魏文强	1 835.00	5
14	2016YFC0901500	罕见病临床队列研究	中国医学科学院北京协和医院	张抒扬	3 800.00	5
15	2016YFC0901600	精准医学大数据管理和共享技术平台	中国人民解放军军事医学科学院放射与辐射医学研究所	伯晓晨	2 500.00	5
16	2016YFC0901700	精准医学大数据处理利用的标准化技术体系建设	中国科学院北京基因组研究所	方向东	2 500.00	5

续表

序号	项目编号	项目名称	项目牵头承担单位	项目负责人	中央财政经费（万元）	项目实施周期（年）
17	2016YFC0901900	疾病研究精准医学知识库构建	复旦大学	刘雷	4 632.00	5
18	2016YFC0902000	基于组学特征谱的鼻咽癌分子分型研究与精准治疗	中山大学	曾益新	320.00	3
19	2016YFC0902100	基于组学特征谱的未知原发灶骨转移癌的分子分型研究	中国人民解放军第二军医大学	肖建如	320.00	3
20	2016YFC0902200	基于多组学谱特征的前列腺癌分子分型研究	中国人民解放军第二军医大学	孙颖浩	320.00	3
21	2016YFC0902300	基于组学特征谱的肺癌分子分型体系研究	中国医学科学院肿瘤医院	王洁	320.00	3
22	2016YFC0902400	基于多组学特征谱的肝癌分子分型研究	复旦大学	周俭	320.00	3
23	2016YFC0902500	基于组学特征谱的脑胶质瘤分子分型研究	首都医科大学附属北京天坛医院	江涛	320.00	3
24	2016YFC0902600	通过多组学数据整合提高肾癌分子分型的准确度	中山大学	罗俊航	320.00	3
25	2016YFC0902700	口腔癌分子分型和精准预防诊治标志物的研究	上海交通大学	陈万涛	320.00	3
26	2016YFC0902800	基于组学特征谱的白血病分子分型研究	上海交通大学医学院附属瑞金医院	任瑞宝	320.00	3
27	2016YFC0902900	基于组学特征谱的宫颈癌分子分型及精准防治研究	华中科技大学	马丁	320.00	3
28	2016YFC0903000	主动脉瘤／夹层分子分型和诊治的精准医学研究	首都医科大学附属北京安贞医院	杜杰	320.00	3
29	2016YFC0903100	基于组学特征谱的 H 型高血压首发脑卒中分子分型研究	北京大学第一医院	霍勇	320.00	3
30	2016YFC0903200	基于组学特征谱的冠心病分子分型研究	中国医学科学院阜外医院	顾东风	320.00	3
31	2016YFC0903300	基于组学特征谱的 2 型糖尿病分子分型及分类体系的研究	上海交通大学	贾伟平	320.00	3
32	2016YFC0903400	基于组学特征谱的原发性痛风分子分型研究	青岛大学附属医院	李长贵	320.00	3
33	2016YFC0903500	高尿酸血症和痛风的分子分型研究	中山大学	古洁若	320.00	3

续表

序号	项目编号	项目名称	项目牵头承担单位	项目负责人	中央财政经费数（万元）	项目实施周期（年）
34	2016YFC0903600	基于多组学谱的慢性阻塞性肺疾病早期分子诊断、分子分型、精准治疗与急性加重风险预警模型的系统研究	四川大学华西医院	文富强	320.00	3
35	2016YFC0903700	基于组学特征谱的呼吸系统疾病（慢阻肺）分子分型研究	广州医科大学	卢文菊	320.00	3
36	2016YFC0903800	基于组学特征谱的社区获得性肺炎分子分型研究	北京大学人民医院	高占成	320.00	3
37	2016YFC0903900	基于组学特征谱的自身免疫病（系统性红斑狼疮）的分子分型研究	中国医学科学院北京协和医院	张烜	320.00	3
38	2016YFC0904000	基于组学特征谱的 Vogt-小柳原田综合征分子分型研究	重庆医科大学	杨培增	320.00	3
39	2016YFC0904100	基于多组学图谱的免疫炎性肾小球疾病分子分型研究	中国人民解放军南京军区南京总医院	刘志红	320.00	3
40	2016YFC0904300	基于多组学图谱的精神分裂症精准诊疗模式研究	四川大学华西医院	李涛	320.00	3
41	2016YFC0904400	基于组学特征谱的癫痫分子分型研究	复旦大学	王艺	320.00	3
42	2016YFC0904500	基于组学特征谱的脑（膜）炎病因分型诊断研究	中国人民解放军第四军医大学	赵钢	320.00	3
43	2016YFC0904600	以生物组学特征与多模态功能影像为基础的多束束精准放疗方案研究	中国医学科学院肿瘤医院	李晔雄	1 200.00	3
44	2016YFC0904700	分子功能影像与生命组学引导肿瘤多束束精准放疗	山东省肿瘤防治研究院	李建彬	789.00	3
45	2016YFC0904800	抑制 VEGF 治疗黄斑下新生血管疾病的基因组学研究	上海交通大学	许迅	1 000.00	3
46	2016YFC0904900	药物基因组学与中国人精准用药综合评价体系	北京大学	崔一民	953.00	3
47	2016YFC0905000	重大慢病的药物基因组学靶标研究及其临床应用	中南大学	张伟	600.00	3
48	2016YFC0905100	中国人群重要罕见病的精准诊疗技术与临床规范研究	中国医学科学院基础医学研究所	张学	2 075.00	5

续表

序号	项目编号	项目名称	项目牵头承担单位	项目负责人	中央财政经费（万元）	项目实施周期（年）
49	2016YFC0905200	眼耳鼻喉口腔罕见病精准诊疗技术研究	电子科技大学	杨正林	1 300.00	5
50	2016YFC0905300	结直肠癌诊疗规范及应用方案的精准化研究	中国医学科学院肿瘤医院	王锡山	680.00	3
51	2016YFC0905400	肺癌精准化防诊治模式和规范化临床应用方案研究	中国医学科学院肿瘤医院	高树庚	670.00	3
52	2016YFC0905500	肺癌的诊疗规范应用方案的精准化研究	中山大学	张力	670.00	3
53	2016YFC0905600	肺血栓栓塞症诊疗规范应用方案的精准化研究	中日友好医院	翟振国	660.00	3
54	2016YFC0905700	同质性肺病诊疗规范及应用方案的精准化研究	中国医学科学院北京协和医院	徐作军	660.00	3
55	2016YFC0905800	呼吸疾病诊疗规范及应用方案的精准化研究（哮喘）	广州医科大学附属第一医院	李靖	660.00	3
56	2016YFC0905900	基于恶性肿瘤免疫微环境、代谢及耐药相关分子靶标鉴定及干预研究	南京医科大学	孙倍成	1 200.00	5
57	2016YFC0906000	结直肠癌个体化治疗靶标发现与新技术研发	四川大学	石虎兵	785.00	5
58	2016YFC0906100	免疫性肾病精准医疗研究：个体化治疗的生物学标记及干预新靶点	中山大学	余学清	800.00	5
59	2016YFC0906200	重大风湿免疫疾病个性化靶标发现及精准治疗	清华大学	董晨	505.00	5
60	2016YFC0906300	针对不同抗抑郁药物的精准医疗靶点的发现及作用机制研究	浙江大学	李明定	800.00	5
61	2016YFC0906400	精神分裂症个体化治疗靶标发现与新技术研发	上海交通大学	贺光	551.00	5
总　计					64 175.00	

附表 -3 国家重点研发计划 "蛋白质机器与生命过程调控" 重点专项 2016 年度拟立项项目公示清单

序号	项目编号	项目名称	项目牵头承担单位	项目负责人	中央财政经费（万元）	项目实施周期（年）
1	2016YFA0500100	膜性细胞器及蛋白质机器在脂质代谢中的功能与相互作用	武汉大学	宋保亮	*	
2	2016YFA0500200	生物膜相关蛋白质机器的功能动态变化、结构与功能	中国科学院生物物理研究所	王晓晨	*	
3	2016YFA0500300	蛋白机器在肿瘤发生、发展和转移中的作用	北京大学	尹玉新	3 500.00	5
4	2016YFA0500400	信使和能量物质跨膜转运的分子机器	北京大学	王世强	3 455.00	5
5	2016YFA0500500	植物应非生物逆境和共生固氮蛋白质机器的研究	中国科学院遗传与发育生物学研究所	谢旗	3 420.00	5
6	2016YFA0500600	病原菌核糖体调节因子的发现、鉴定及调控机制研究	复旦大学	李继喜	2 905.00	5
7	2016YFA0500700	表观遗传调控中关键蛋白质机器的结构功能研究	复旦大学	徐彦辉	2 772.00	5
8	2016YFA0500800	植物非编码 RNA- 蛋白质复合机器的功能和作用机制	清华大学	戚益军	3 370.00	5
9	2016YFA0500900	RNA 结合蛋白在精子发生过程中的作用机理	中国科学院动物研究所	李卫	*	
10	2016YFA0501000	囊泡蛋白质机器在神经发育中的作用	浙江大学	段树民	*	
11	2016YFA0501100	高分辨率冷冻电镜新技术新方法的发展及在结构生物学中的应用	清华大学	王宏伟	2 981.00	5
12	2016YFA0501200	蛋白质机器动态结构的核磁共振研究方法及应用	北京大学	夏斌	2 710.00	5
13	2016YFA0501300	蛋白质组精准鉴定搜索引擎及技术体系	复旦大学	陆豪杰	*	
14	2016YFA0501400	规模化蛋白复合体动态分析新技术新方法研究	中国科学院大连化学物理研究所	叶明亮	*	
15	2016YFA0501500	信号转导过程中蛋白质机器的活细胞标记与调控	北京大学	陈鹏	2 768.00	5
16	2016YFA0501600	纳米器件中蛋白质机器构象时空信号检测和运用研究	东南大学	陆祖宏	2 208.00	5
17	2016YFA0501700	蛋白 - 蛋白互作用及其网络的理论计算新方法与应用	华东师范大学	张增辉	1 782.00	5
18	2016YFA0501800	Neddylation 蛋白质机器调控肿瘤发生 - 癌转化机制及靶向药物研发	浙江大学	孙毅	2 868.00	5
19	2016YFA0501900	神经退行性疾病中细胞死亡机理和干预的研究	中国科学院上海有机化学研究所	袁钧瑛	3 500.00	5

续表

序号	项目编号	项目名称	项目牵头承担单位	项目负责人	中央财政经费（万元）	项目实施周期（年）
20	2016YFA0502000	代谢感应蛋白质机器与相关重大疾病	厦门大学	林圣彩	2 714.00	5
21	2016YFA0502100	疱疹病毒感染与致病过程中蛋白质机器的功能机制	中国科学院上海巴斯德研究所	蓝柯	3 211.00	5
22	2016YFA0502200	特异性免疫应答过程中蛋白质机器的功能机制	中国人民解放军第三军医大学	吴玉章	2 664.00	5
23	2016YFA0502300	蛋白质机器三维结构导向的新型药物研发关键技术研究	北京大学	来鲁华	2 583.00	5
24	2016YFA0502400	发展单分子磁共振技术研究环烃氧化物酶的催化反应机理	中国科学技术大学	石发展	*	5
25	2016YFA0502500	肿瘤外泌体：介导肿瘤筑巢和转移的蛋白质机器	浙江大学	张龙	*	5
26	2016YFA0502600	细胞外囊泡介导的蛋白质在肿瘤微环境中的功能和机制研究	中山大学	李博	500.00	5
27	2016YFA0502700	药物分子跨膜转运的分子机制研究	四川大学	邓东	*	5
28	2016YFA0502800	镁离子通道蛋白的结构和功能研究	复旦大学	服部素之	*	5
29	2016YFA0502900	植物幼苗出土存活蛋白机器的分子机制	北京大学	钟上威	500.00	5
30	2016YFA0503000	环状RNA翻译蛋白质的调控过程与生物学功能	中山大学	张弩	500.00	5
31	2016YFA0503100	神经干细胞发育和分化过程中关键蛋白质机器的筛选和功能鉴定	苏州大学	陈坚	500.00	5
32	2016YFA0503200	植物非编码RNA介导基因沉默过程中重要蛋白质机器的结构功能研究	中国科学院上海生命科学研究院	杜嘉木	500.00	5
33	2016YFA0503300	激酶在生精细胞形成和分化中的功能与调控网络研究	南京医科大学	郭雪江	500.00	5
		总　计			52 411.00	

注：标＊的项目实施2年后，需评估择优。

附表 -4 国家重点研发计划 "干细胞及转化研究" 试点专项 2016 年度拟立项项目公示清单

序号	项目编号	项目名称	项目牵头承担单位	项目负责人	中央财政经费（万元）	项目实施周期（年）
1	2016YFA0100100	多能干细胞自我更新与维持的调控机制研究	上海交通大学	金颖	2 789.00	5
2	2016YFA0100200	猪初始态（naive）多能干细胞系建立及多能性调控机制解析	东北农业大学	刘忠华	2 833.00	5
3	2016YFA0100300	代谢、自噬和 DNA 损伤修复协同维持多能干细胞干性和染色体稳定性的机理研究	中国科学院广州生物医药与健康研究院	秦宝明	2 858.00	5
4	2016YFA0100400	组蛋白及 DNA 修饰在细胞编程与重编程过程中的相互关联及动态调控机制研究	同济大学	高绍荣	3 000.00	5
5	2016YFA0100500	多能干细胞自我更新与定向分化的细胞周期调控	北京大学	张传茂	3 000.00	5
6	2016YFA0100600	造血干细胞发育、维持与再生的调控机制	中国医学科学院血液病医院（血液学研究所）	程涛	2 897.00	5
7	2016YFA0100700	非编码 RNA 介导的染色质高级结构动态变化对细胞命运决定的调控作用及分子机制	中国医学科学院基础医学研究所	朱大海	2 882.00	5
8	2016YFA0100800	基于动员内源性神经干细胞修复脊髓损伤的机制与转化研究	同济大学	程黎明	3 000.00	5
9	2016YFA0100900	移植后干细胞的在体示踪及功能分析的分子影像研究	浙江大学	张宏	3 000.00	5
10	2016YFA0101000	干细胞移植的分子免疫调控机理与关键技术在免疫相关疾病临床转化治疗中的新策略及应用	中国医学科学院基础医学研究所	赵春华	3 000.00	5
11	2016YFA0101100	基于自体干细胞心脏瓣膜的构建	华中科技大学	董念国	2 892.00	5
12	2016YFA0101200	组织干细胞的正常发育、变异及肿瘤干细胞形成机制	中国人民解放军第三军医大学	卞修武	2 732.00	5
13	2016YFA0101300	神经系统和心脏相关重大疾病干细胞和病理组织库	同济大学	康九红	3 000.00	5
14	2016YFA0101400	靶向基因编辑建立神经系统疾病模型及干细胞治疗研究	昆明理工大学	牛昱宇	2 915.00	5
15	2016YFA0101500	临床级别干细胞标准化评估体系	中国食品药品检定研究院	袁宝珠	2 707.00	5
总 计					43 505.00	

附表 -5　国家重点研发计划"干细胞及转化研究"试点专项 2016 年度拟立项项目公示清单（青年科学家项目）

序号	项目编号	项目名称	申报单位	项目负责人	中央财政经费（万元）	项目实施周期（年）
1	2016YFA0101600	血管微环境对肺干细胞在再生中的调控	四川大学	丁福森	600.00	5
2	2016YFA0101700	成体干细胞诱导分化角膜上皮样干细胞与角膜重建	中山大学	欧阳宏	500.00	5
3	2016YFA0101800	多能干细胞 Naive 与 Primed 状态的表观遗传调控机制研究	复旦大学	蓝斐	589.00	5
4	2016YFA0101900	多能干细胞的干性维持和神经分化过程中囊泡转运的分子机理及调控机制的研究	清华大学	姚骏	476.00	5
5	2016YFA0102000	病理性骨髓微环境中造血干细胞的生物学行为及命运决定的规律研究	上海交通大学	段才闻	578.00	5
6	2016YFA0102100	组织特化内皮祖细胞与肝血窦微环境相互作用及其调控机制的研究	中国人民解放军第四军医大学	王琳	536.00	5
7	2016YFA0102200	利用体内微环境实现糖尿病中胰岛细胞转分化再生的机制研究	同济大学	李维达	600.00	5
8	2016YFA0102300	多能干细胞向内皮前体分化的协同调控机制研究	中国医学科学院基础医学研究所	杨隽	600.00	5
9	2016YFA0102400	肿瘤干细胞命运决定中表观遗传调控机制的研究	天津医科大学	王艳	416.00	5
10	2016YFA0102500	利用 iPSC 来源干细胞探讨微环境在 ALS 疾病发生与损伤修复中的作用	华中科技大学同济医学院附属协和医院	陈红	359.00	5
总　计					5 254.00	

附表 -6 国家重点研发计划"生殖健康及重大出生缺陷防控研究"重点专项进入审核环节的 2016 年度项目公示清单

序号	项目编号	项目名称	项目承担单位	项目负责人	中央财政经费（万元）	项目实施周期（年）
1	2016YFC1000100	建立出生人口队列开展重大出生缺陷风险研究	首都医科大学附属北京妇产医院	阴赪宏	6 000.00	5
2	2016YFC1000200	中国人群辅助生殖人口及子代队列建立与应用基础研究	南京医科大学	沈洪兵	6 500.00	5
3	2016YFC1000300	生殖遗传资源和生殖健康大数据平台建设与应用示范	国家卫生计生委科学技术研究所	马旭	6 000.00	5
4	2016YFC1000400	高龄产妇妊娠期并发症防治决策研究	北京大学	赵扬玉	3 000.00	5
5	2016YFC1000500	中国人群重大出生缺陷的成因、机制和早期干预	复旦大学附属儿科医院	黄国英	3 000.00	5
6	2016YFC1000600	人类配子发生、成熟障碍与胚胎停育的分子机制	中国科学技术大学	史庆华	3 500.00	5
7	2016YFC1000700	常见单基因病及基因组病无创产前筛查及诊断技术平台研发及规范化应用体系建立	中国人民解放军总医院	戴朴	3 000.00	5
8	2016YFC1000800	出生缺陷组织器官修复产品的研发	中国科学院遗传与发育生物学研究所	戴建武	3 000.00	5
9	2016YFC1000900	避孕节育及兼有治疗作用的新药具研发	中国医学科学院药物研究所	吕扬	2 000.00	5
		总计			36 000.00	

附表 -7 国家重点研发计划"生物医用材料研发与组织器官修复替代"重点专项拟进入审核环节的 2016 年度项目公示清单

序号	项目编号	项目名称	项目牵头承担单位	项目负责人	中央财政经费（万元）	项目实施周期（年）
1	2016YFC1100100	基于天然细胞外基质的系列智能胶原位诱导等非骨组织再生的机制及理论研究	华中科技大学	邵增务	1 250.00	4.5
2	2016YFC1100200	生物材料化学信号、微纳米结构及力学特性对非骨组织再生诱导作用及其机制研究	中国科学院上海硅酸盐研究所	常江	750.00	4.5
3	2016YFC1100400	生物材料表面 / 界面及表面改性研究	浙江大学	高长有	1 400.00	4.5

续表

序号	项目编号	项目名称	项目牵头承担单位	项目负责人	中央财政经费（万元）	项目实施周期（年）
4	2016YFC1100500	具有生物功能的个性化胶体快速成型及 3D 打印关键技术研究与应用	中国人民解放军第三军医大学	唐康来	1 315.00	4.5
5	2016YFC1100600	个性化硬组织重建植入器械的 3D 打印技术集成和应用研究	上海交通大学	郝永强	1 185.00	4.5
6	2016YFC1100700	可降解医用高分子原材料产业化及其植入器械临床应用关键技术	中国科学院长春应用化学研究所	陈学思	1 580.00	4.5
7	2016YFC1100800	具有原位组织诱导及修复再生功能的聚乙交酯及其聚酯物纤维网复合真皮替代物的研发	浙江大学	韩春茂	1 420.00	4.5
8	2016YFC1100900	动物源组织或器官免疫原性消除及防纤化技术	中国人民解放军第二军医大学	徐志云	1 125.00	4.5
9	2016YFC1101000	动物源组织或器官免疫原性消除及防纤化技术	中国医学科学院阜外医院	王巍	675.00	4.5
10	2016YFC1101100	基于血管化的复杂组织工程化构建	中国人民解放军第三军医大学	朱楚洪	1 250.00	4.5
11	2016YFC1101200	基于轴突定向诱导的视神经再生微管关键技术研究	温州医科大学附属眼视光医院	吴文灿	750.00	4.5
12	2016YFC1101300	重要生命器官器官构建的工程化技术研究	中国人民解放军军事医学科学院基础医学研究所	王常勇	1 050.00	4.5
13	2016YFC1101400	人类器官的构建及工程化技术体系建立	中国人民解放军第四军医大学	金岩	950.00	4.5
14	2016YFC1101500	脊髓损伤及脑损伤再生修复生物材料产品的研发	烟台正海生物科技股份有限公司	张赛	2 000.00	4.5
15	2016YFC1101600	组织工程神经移植产品研发与应用	江苏益通生物科技有限公司	杨宇民	625.00	4.5
16	2016YFC1101700	基于阵列微管精密 3D 打印的诱导型周围神经修复支架	沈阳尚贤微创医疗器械股份有限公司	罗卓荆	375.00	4
17	2016YFC1101800	耐磨、抗菌、生物活性固定 PEEK 人工关节的研发与产业化	江苏奥康尼医疗科技发展有限公司	王友	1 000.00	4.5
18	2016YFC1101900	高性能人工关节	中奥汇成科技股份有限公司	郑诚功	1 000.00	4.5
19	2016YFC1102000	生物活性脊柱及关节段骨缺损修复器械的产品研发	天津正天医疗器械有限公司	张凯	1 315.00	4.5

续表

序号	项目编号	项目名称	项目牵头承担单位	项目负责人	中央财政经费（万元）	项目实施周期（年）
20	2016YFC1102100	新型生物活性脊柱融合器和节段骨缺损修复产品的开发	上海锐植医疗器械有限公司	汤亭亭	1 185.00	4.5
21	2016YFC1102200	具有血管组织修复功能的新一代全降解聚合物支架	四川兴康通医疗器械有限公司	王云兵	1 250.00	4.5
22	2016YFC1102300	具有血管组织修复功能的全降解聚合物支架	山东华安生物科技有限公司	葛雷	1 250.00	4.5
23	2016YFC1102400	全降解镁合金冠脉药物洗脱支架研发	赛诺医疗科学技术有限公司	郑玉峰	790.00	4.5
24	2016YFC1102500	可降解锌合金冠脉支架的研发、评价和临床应用研究	山东瑞安泰医疗技术有限公司	张海军	710.00	4.5
25	2016YFC1102600	低模量高强度亲水牙种植体系统研究	江苏创英医疗器械有限公司	宿玉成	500.00	4.5
26	2016YFC1102700	新型牙种植体研发及其工程化技术研究	成都普川生物医用材料股份有限公司	周学东	500.00	4.5
27	2016YFC1102800	新型颅面软硬组织修复材料研发	北京爱美客生物科技有限公司	孙宏晨	1 210.00	4.5
28	2016YFC1102900	个性化颅面部软、硬组织再生修复材料研发	上海瑞邦生物材料有限公司	蒋欣泉	1 090.00	4.5
29	2016YFC1103000	新型血液净化材料及佩戴式人工肾关键技术研发及产业化	成都欧赛医疗器械有限公司	赵长生	1 803.00	4.5
30	2016YFC1103100	一种可穿戴便携式腹膜透析（人工肾）装置	北京智立医学技术股份有限公司	郑红光	197.00	2
31	2016YFC1103200	新一代生物材料质量评价关键技术研究	中国食品药品检定研究院	杨昭鹏	1 915.00	4.5
32	2016YFC1100300	生物材料表界面及表面改性研究	复旦大学	丁建东	1 400.00	4.5
		总　计			34 815.00	

附表 -8 国家重点研发计划"生物安全关键技术研发"重点专项拟进入审核环节的 2016 年度项目公示清单

序号	项目编号	项目名称	项目牵头承担单位	项目负责人	中央财政经费（万元）	项目实施周期（年）
1	2016YFC1200100	重要新发突发病原体发生与播散机制研究	中国人民解放军军事医学科学院微生物流行病研究所	杨瑞馥	1 385.00	3
2	2016YFC1200200	重要新发突发病原体发生与播散机制研究	中国疾病预防控制中心病毒病预防控制所	舒跃龙	1 108.00	3
3	2016YFC1200300	重要新发突发传染病原的宿主互作与致病机制研究	四川大学	逯光文	1 418.00	3
4	2016YFC1200400	重要新发突发病毒宿主适应与损伤机制研究	中国科学院武汉病毒研究所	肖庚富	1 134.00	3
5	2016YFC1200500	重要热带病传播相关的入侵媒介生物及其病原体生物学特性研究	中山大学	吴忠道	1 277.00	3
6	2016YFC1200600	主要入侵生物的生物学特性研究	中国科学院动物研究所	孙江华	1 021.00	3
7	2016YFC1200700	生物安全监测网络系统集成技术研究	中国人民解放军军事医学科学院	孙岩松	1 241.00	3
8	2016YFC1200800	国家生物安全监测网络系统集成技术研究	中国科学院微生物研究所	刘翟	993.00	3
9	2016YFC1200900	重要新发突发病原体防治、处置技术与产品研究	中国人民解放军军事医学科学院	金宁一	2 077.00	3
10	2016YFC1201000	针对 EBOV, MERS-CoV, ZIKV, DENV, CHIKV 造成的五种新发突发外来疫病的宿主和相关媒介的生物防控技术与产品的研发	中国科学院上海巴斯德研究所	金侠	1 662.00	3
11	2016YFC1201100	主要入侵生物生态危害评估与防制修复技术示范研究	中国环境科学研究院	李俊生	1 134.00	3
12	2016YFC1201200	主要入侵生物防制技术与产品	中国农业科学院植物保护研究所	刘万学	908.00	3
13	2016YFC1201300	突发生物危害事件评估决策及应急处置集成优化	中国科学院地理科学与资源研究所	江东	1 109.00	3
14	2016YFC1201400	高等级病原微生物实验室生物安全防护技术与产品研究	中国人民解放军军事医学科学院	祁建城	1 445.00	3
15	2016YFC1201500	高等级病原微生物实验室生物安全防护技术与产品	天津大学	李耕	1 156.00	3

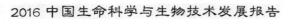

续表

序号	项目编号	项目名称	项目牵头承担单位	项目负责人	中央财政经费（万元）	项目实施周期（年）
16	2016YFC1201600	迁徙野生动物疫源疫病传播风险研究	中国人民解放军军医学科学院军事兽医研究所	钱军	1 262.00	3
17	2016YFC1201700	中国人类遗传资源样本库建设	复旦大学	金力	3 085.00	3
18	2016YFC1201800	分布式人类遗传资源库建设与应用示范	中南大学	黄菊芳	1 321.00	3
19	2016YFC1201900	野生动物源性未来新发突发传染病病原体调查	中国疾病预防控制中心传染病预防控制所	张永振	1 421.00	3
20	2016YFC1202000	重要热带病相关人侵媒介生物及其病原的动态分布与资源库建设	中国疾病预防控制中心生虫病预防控制所	周晓农	1 283.00	3
21	2016YFC1202100	主要人侵生物的动态分布与资源库建设	中国农业科学院植物保护研究所	周忠实	1 027.00	3
22	2016YFC1202200	国产化高等级病原微生物模式实验室建设及管理体系研究	中国科学院武汉病毒研究所	宋冬林	1 979.00	3
23	2016YFC1202300	国产化高等级病原微生物模式实验室	中国农业科学院哈尔滨兽医研究所	王笑梅	1 583.00	3
			总　计		32 029.00	

附表 -9　国家重点研发计划 "重大慢性非传染性疾病防控研究" 重点专项批准进入审核环节的 2016 年度项目公示清单

序号	项目编号	项目名称	项目牵头承担单位	项目负责人	中央财政经费（万元）	项目实施周期（年）
1	2016YFC1300100	肥胖和高血压的生活方式和营养干预技术及策略应用研究	北京市石景山区高血压联盟研究所	周凭梁	1 147.00	4.5
2	2016YFC1300200	心脑血管疾病营养及行为干预关键技术及应用策略研究	北京大学	武阳丰	1 032.00	4.5
3	2016YFC1300300	冠状动脉粥样硬化斑变早期识别和风险预警的影像学评价体系研究	中国人民解放军总医院	陈韵岱	1 038.00	4.5

续表

序号	项目编号	项目名称	项目牵头承担单位	项目负责人	中央财政经费（万元）	项目实施周期（年）
4	2016YFC1300400	冠状动脉粥样硬化病变早期识别和风险预警的影像学评价体系研究	中国医学科学院阜外医院	吕滨	830.00	4.5
5	2016YFC1300500	脑小血管病发病机制及临床评估关键技术研究	中国科学技术大学	申勇	1 107.00	4.5
6	2016YFC1300600	慢性脑小血管病发病机制及临床诊治新策略研究	中山大学	王敏	1 107.00	4.5
7	2016YFC1300700	颅内动脉瘤破裂出血早期规范治疗和未破裂动脉瘤出血风险的研究	中国人民解放军第二军医大学	黄清海	882.00	4.5
8	2016YFC1300800	颅内动脉瘤破裂出血早期规范治疗和未破裂动脉瘤出血风险的研究	首都医科大学宣武医院	张鸿祺	882.00	4.5
9	2016YFC1300900	急慢性心力衰竭生命支持技术应用评价研究	中国医学科学院阜外医院	胡盛寿	1 101.00	4.5
10	2016YFC1301000	急慢性心力衰竭生命支持技术应用评价研究	首都医科大学附属北京安贞医院	董建增	881.00	4.5
11	2016YFC1301100	急性心肌梗死全程心肌保护体系构建及关键技术研究	哈尔滨医科大学	于波	1 051.00	4.5
12	2016YFC1301200	急性心肌梗死全程心肌保护体系研究	复旦大学	葛均波	1 051.00	4.5
13	2016YFC1301300	冠心病血栓事件预测及优化干预技术研究	中国人民解放军沈阳军区总医院	王效增	1 003.00	4.5
14	2016YFC1301400	基于大数据的人体健康管理系统在冠心病抗栓治疗中的应用	中国人民解放军总医院	高长青	902.00	4.5
15	2016YFC1301500	急性缺血性脑卒中再灌注治疗关键技术与流程改进研究	首都医科大学附属北京天坛医院	缪中荣	940.00	4.5
16	2016YFC1301600	数字化脑血流储备功能诊断评估技术及其应用研究	吉林大学	杨弋	875.00	4.5
17	2016YFC1301700	数字化脑血流储备功能诊断评估技术及其应用研究	首都医科大学宣武医院	焦力群	875.00	4.5
18	2016YFC1301800	复杂性脑血管疾病复合手术新模式治疗技术研究	首都医科大学附属北京天坛医院	王硕	863.00	4.5

续表

序号	项目编号	项目名称	项目牵头承担单位	项目负责人	中央财政经费（万元）	项目实施周期（年）
19	2016YFC1301900	先天性心脏病微创治疗临床路径优化研究	中国人民解放军第四军医大学	俞世强	866.00	4.5
20	2016YFC1302000	心血管外科临床路径优化研究	中国医学科学院阜外医院	郑哲	866.00	4.5
21	2016YFC1302100	细胞稳态破坏导致肿瘤发生的分子机制	中国医学科学院肿瘤医院	刘芝华	1 065.00	4.5
22	2016YFC1302200	胃癌发生的分子基础研究	中国人民解放军第三军医大学	董辉	958.00	4.5
23	2016YFC1302300	长非编码 RNA 在微环境调控肿瘤发生发展中的作用和机制研究	中山大学	宋尔卫	986.00	4.5
24	2016YFC1302400	肿瘤微环境-内在驱动分子互动机制与干预途径	中国医科大学	曹流	936.00	4.5
25	2016YFC1302500	中国主要恶性肿瘤的危险因素监测及控制技术研究	中国医学科学院肿瘤医院	张亚玮	930.00	4.5
26	2016YFC1302600	以精准防控为导向基于大数据的主要恶性肿瘤危险因素监测及控制关键技术研究	中国疾病预防控制中心	吴静	837.00	4.5
27	2016YFC1302700	恶性肿瘤高危人群识别及预防策略的研究	中山大学	贾卫华	985.00	4.5
28	2016YFC1302800	消化道恶性肿瘤（食管癌、胃癌、大肠癌）高危人群识别及高危人群预防研究	中国医学科学院肿瘤医院	王贵齐	985.00	4.5
29	2016YFC1302900	宫颈癌筛查与干预新技术及方案的研究	浙江大学	吕卫国	903.00	4.5
30	2016YFC1303000	乳腺癌、宫颈癌筛查及干预技术研究	辽宁省肿瘤医院	朴浩哲	857.00	4.5
31	2016YFC1303100	卵巢癌临床关键问题导向的诊疗标志物验证及应用研究	复旦大学	徐丛剑	951.00	4.5
32	2016YFC1303200	消化道肿瘤诊疗生物标志物验证及应用研究	中国人民解放军第四军医大学	聂勇战	951.00	4.5
33	2016YFC1303300	基于组学特征的肿瘤免疫治疗疗效预测指标的构建和验证	上海交通大学	陆舜	951.00	4.5
34	2016YFC1303400	恶性肿瘤免疫治疗关键技术研究	中国人民解放军第三军医大学	钱程	1 090.00	4.5

续表

序号	项目编号	项目名称	项目牵头承担单位	项目负责人	中央财政经费（万元）	项目实施周期（年）
35	2016YFC1303500	恶性肿瘤免疫治疗关键技术研究	中国人民解放军第二军医大学	万涛	981.00	4.5
36	2016YFC1303600	消化道癌的立体多层次临床路径优化研究	中国人民解放军总医院	令狐恩强	891.00	4.5
37	2016YFC1303700	卵巢癌治疗方案及临床路径优化研究	中国医学科学院肿瘤医院	吴令英	891.00	4.5
38	2016YFC1303800	肺癌诊疗方案及临床路径优化研究	广东省人民医院	周清	891.00	4.5
39	2016YFC1303900	慢阻肺危险因素、病因与发病机制研究	中日友好医院	王辰	725.00	4.5
40	2016YFC1304000	基于临床生物信息学技术的慢阻肺危险因素、病因与发病机制研究	温州医科大学附属第一医院	陈成水	653.00	4.5
41	2016YFC1304100	慢阻肺早期药物干预效果评价及有效药物筛选	广州医科大学附属第一医院	冉丕鑫	591.00	4.5
42	2016YFC1304200	慢阻肺急性加重救治体系和支持技术应用效果评价及优化研究	广州医科大学附属第一医院	罗远明	567.00	4.5
43	2016YFC1304300	慢阻肺急性加重预警与救治体系构建研究	中日友好医院	詹庆元	567.00	4.5
44	2016YFC1304400	慢阻肺并发症和合并疾病的诊治技术研究	中国医学科学院阜外医院	何建国	546.00	4.5
45	2016YFC1304500	慢阻肺并发症和合并疾病的诊治技术研究	中国医科大学附属第一医院	康健	518.00	4.5
46	2016YFC1304600	慢阻肺预防、诊断和治疗分级质控体系建设及效果评价研究	北京医院	孙铁英	693.00	4.5
47	2016YFC1304700	慢阻肺规范管理的质量控制及评价研究	华中科技大学	徐永健	623.00	4.5
48	2016YFC1304800	表观遗传在2型糖尿病发生发展中的作用研究	复旦大学	李小英	648.00	4.5
49	2016YFC1304900	成人2型糖尿病发生发展的危险因素及机制研究	北京大学人民医院	纪立农	584.00	4.5
50	2016YFC1305000	1型糖尿病的遗传与免疫学发病机制研究	中南大学湘雅二医院	周智广	708.00	4.5

续表

序号	项目编号	项目名称	项目牵头承担单位	项目负责人	中央财政经费（万元）	项目实施周期（年）
51	2016YFC1305100	1 型糖尿病的遗传与免疫发病机制和相关防控技术研究	复旦大学	陈思锋	567.00	4.5
52	2016YFC1305200	儿童青少年糖尿病患病与营养及影响因素研究	中国人民解放军总医院	母义明	640.00	4.5
53	2016YFC1305300	儿童青少年糖尿病患病与营养及影响因素研究	浙江大学	傅君芬	576.00	4.5
54	2016YFC1305400	糖尿病肾病发生发展的危险因素及机制研究	北京大学第一医院	赵明辉	643.00	4.5
55	2016YFC1305500	2 型糖尿病肾病发生发展危险因素及机制与防治研究	复旦大学附属中山医院	丁小强	578.00	4.5
56	2016YFC1305600	2 型糖尿病风险的早期识别与适宜切点研究	上海交通大学医学院附属瑞金医院	毕宇芳	635.00	4.5
57	2016YFC1305700	糖尿病的危险因素早期识别、早期诊断技术与切点研究	东南大学	孙子林	571.00	4.5
58	2016YFC1305800	阿尔茨海默病神经退变性机制及危险因素研究	华中科技大学	王建枝	693.00	4.5
59	2016YFC1305900	遗传和环境因素交互作用下神经环路的沉默与早期 AD 发病	中国科学技术大学	周江宁	659.00	4.5
60	2016YFC1306000	帕金森病的发病机制与危险因素研究	中南大学	唐北沙	685.00	4.5
61	2016YFC1306100	注意缺陷多动障碍的综合干预策略研究	首都医科大学附属北京安定医院	郑毅	643.00	4.5
62	2016YFC1306200	儿童脑发育障碍的早期识别和综合干预	北京大学第一医院	姜玉武	579.00	4.5
63	2016YFC1306300	阿尔茨海默病的早期诊断新技术研发	首都医科大学	王晓民	628.00	4.5
64	2016YFC1306400	基于创新学说的阿尔茨海默病诊断新靶标研究及应用	复旦大学	钟春玖	567.00	4.5
65	2016YFC1306500	帕金森病（PD）的早期诊断新技术研发	北京大学	章京	670.00	4.5
66	2016YFC1306600	帕金森病早期诊断生物标记及综合诊断标准体系研发	浙江大学	张敏鸣	603.00	4.5
67	2016YFC1306700	抑郁障碍临床诊断、干预与转归的客观标记物研究	东南大学	张志珺	787.00	4.5

续表

序号	项目编号	项目名称	项目牵头承担单位	项目负责人	中央财政经费（万元）	项目实施周期（年）
68	2016YFC1306800	精神分裂症分期识别生物学标记与多级风险布控体系建构	上海交通大学	王继军	709.00	4.5
69	2016YFC1306900	抗精神病药物个体化优选治疗方案的研究	中南大学湘雅二医院	赵靖平	646.00	4.5
70	2016YFC1307000	抗精神病药物个体化优选治疗方案的研究	北京大学第六医院	岳伟华	581.00	4.5
71	2016YFC1307100	基于抑郁障碍临床病理病特征的多维度诊断、个体化治疗及管理技术	上海交通大学	方贻儒	566.00	4.5
72	2016YFC1307200	基于客观指标和量化评价的抑郁障碍诊疗适宜技术研究	首都医科大学附属北京安定医院	王刚	566.00	4.5
73	2016YFC1307300	中美卒中临床研究协同网络建设与血压管理策略研究	首都医科大学附属北京天坛医院	刘丽萍	747.00	4.5
		总　　计			58 300.00	

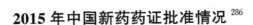
2015 年中国新药药证批准情况[286]

附表 -10　2015 年国家食品药品监督管理总局药品评审中心在重要治疗领域的药品审批情况

药品名称	药品信息
Ebola 疫苗	我国自主研发的重组埃博拉疫苗，也是全球首个 2014 基因突变型埃博拉疫苗。药审中心按"特别审评程序"完成了该疫苗临床试验申请的审评，获得了世界卫生组织（WHO）、西非国家和国际社会的一致好评
口服 I 型 III 型脊髓灰质炎减毒活疫苗（人二倍体细胞）	WHO 全球消灭脊髓灰质炎战略免疫规划推荐的常用疫苗，药审中心按照"特别审评程序"完成审评并批准了该疫苗的注册上市，为实现 WHO 全球消灭脊髓灰质炎战略免疫规划和相关疫苗的可获得性奠定了基础
肠道病毒 71 型灭活疫苗	我国自主研发的 1 类新药疫苗，用于刺激机体产生抗肠道病毒 71 型（EV71）的免疫力，预防 EV71 感染所致的手足口病。药审中心按"特殊审评程序"完成了该疫苗审评并经总局批准上市，对有效降低我国儿童手足口病发病率和重症死亡率具有重要意义
注射用阿糖苷酶 α	目前全球唯一批准用于庞贝病的药物。庞贝病是一种进行性和致死性代谢性疾病，病情严重，特别是婴儿型，病情进展快，死亡率高，目前国内尚缺乏有效治疗手段。该产品按孤儿药评价要求及时完成审评并获准在我国进口上市，为我国庞贝病患者提供了一种有效的治疗药物
门冬氨酸帕瑞肽注射液	目前全球唯一批准的库欣氏病对因治疗药物。库欣病属于罕见疾病，对于不能手术或手术不能治愈的患者数量更少，且患者常伴多种合并症，死亡率高，目前国内尚无有效的治疗药物。该品种在我国的进口上市，为此类患者提供新了的治疗手段
醋酸阿比特龙片	全球首个选择性、不可逆甾体类抑制剂，属于全新作用机制的前列腺癌治疗药物，用于去势抵抗性转移性前列腺癌（mCRPC）。前列腺癌是男性最常见的恶性肿瘤之一，近年来我国前列腺癌的发病率呈上升趋势，一旦化疗失败，缺乏有效的治疗手段，同时，还有部分患者不能耐受化疗的毒性，因此对该类患者缺乏有效治疗手段。该品种在我国上市，将填补现有 mCRPC 患者治疗手段的不足
阿昔替尼片	批准用于进展期肾细胞癌的成人患者。主要针对既往接受一种酪氨酸激酶抑制剂或细胞因子治疗失败的进展期肾细胞癌的成人患者，该产品的进口上市，将为晚期肾癌患者带来更多的治疗选择
贝伐珠单抗注射液	批准用于非小细胞肺癌的一线治疗。相对于单纯接受化疗治疗，以该品种为基础的一线治疗可显著延长患者的无疾病进展生存期。该品种新扩展新适应证的批准，为肺癌患者带来了新的治疗手段
聚乙二醇修饰干扰素	我国第一个国产上市的聚乙二醇（PEG）修饰干扰素品种，其及时完成审评并批准上市，打破了国外进口同类产品垄断中国市场的局面
聚乙二醇化重组人粒细胞刺激因子注射液	批准用于非骨髓性癌症患者在接受易引起临床上显著的发热性中性粒细胞减少症发生的骨髓抑制性抗癌药物治疗时，降低以发热性中性粒细胞减少症为表现的感染的发生率。两家国内企业获批该产品上市，可提高患者对该药物的可获得性
蒺藜皂苷胶囊	批准用于中风病中经络（轻中度脑梗死）恢复期中医辨证属风痰瘀阻证者。系针对中医药优势病种开发的中药有效部位新药，将为此类疾病患者增加用药选择空间

286 数据来源：国家食品药品监督管理总局药品审评中心. 2015 年度药品审评报告，2016. URL：http://www.cde.org.cn/news.do?method＝viewInfoCommon&id＝313528.

2015 年中国医疗器械注册情况 [287]

附表 -11　2015 年国家食品药品监督管理总局创新医疗器械及具较好临床应用前景的
医疗器械产品注册情况

医疗器械名称	信息
恒温扩增微流控芯片核酸分析仪	将微流控芯片技术与恒温扩增技术相结合，可同时对多个核酸靶序列进行高通量并行检测。与配套体外诊断试剂联合使用，用于对人体生物样本中的核酸（DNA）进行检测
脱细胞角膜基质	用于用药无效的尚未穿孔角膜溃疡的治疗，以及角膜穿孔的临时性覆盖。是我国首个人工角膜产品，为角膜溃疡患者提供了新的治疗选择
双通道植入式脑深部电刺激脉冲发生器套件、植入式脑深部电刺激电极导线套件和植入式脑深部电刺激延伸导线套件	各套件产品配合使用，对丘脑底核（STN）进行刺激，用于对药物不能有效控制运动障碍症状的晚期原发性帕金森患者的治疗
MTHFR *C677T* 基因检测试剂盒	用于从人外周血提取的基因组 DNA 中定性检测亚甲基四氢叶酸还原酶（MTHFR）*C677T* 的基因型。可快速、便捷实现对目标基因位点的分型，为辅助诊断高同型半胱氨酸水平或叶酸代谢异常患者提供更多手段
Septin9 基因甲基化检测试剂盒	用于体外定性检测人外周血血浆中 *Septin9* 基因甲基化，为病人提供了一种非创性结直肠癌辅助诊断方法的选择
乳腺 X 射线数字化体层摄影设备	用于乳腺疾病的诊断和鉴别诊断。是我国境内首例真实三维乳腺成像系统，解决了钼靶成像的乳腺组织重叠问题，可在不挤压乳房的情况下采集乳腺的 CT 断层影像，采集图像在三个坐标轴上具有相同的空间分辨率，能够更好地检测定性钙化簇和其三维分布，同时可用于评估肿瘤血管的生成
运动神经元存活基因 1（*SMN1*）外显子缺失检测试剂盒	采用多重实时荧光 MGB-TaqMan 探针 PCR 法，对 *SMN1* 基因第 7 外显子和第 8 外显子拷贝数进行相对定量检测，用于脊肌萎缩症（SMA）患者的体外辅助分子诊断
粒子治疗设备	2015 年食品药品监管总局批准的中国首台质子／碳离子治疗系统，用于治疗全身实体恶性肿瘤及某些良性疾病
正电子发射磁共振成像系统	结合了磁共振诊断设备和正电子发射断层成像扫描系统，能通过同步和等中心方式采集的生理、解剖等信息
左心耳封堵器	经皮介入治疗非瓣膜性心房颤动患者心源性卒中的植入器械，继 2013 年食品药品监管总局批准 Boston Scientific Ireland Limited 公司相应产品后，2015 年再次批准一个产品，是目前生产企业研发的热点产品
超高效液相串联质谱系统及试剂	主要用于分析包括诊断指示物和治疗监控化合物等多种化合物，对于部分新的治疗药物监测方面，该系统可以做到直接建立检测方法，在微量检测方面比现有方法更为精确
人鼻病毒核酸检测试剂盒	给临床人鼻病毒感染诊断提供有效的工具
人博卡病毒核酸检测试剂盒	给临床人博卡病毒感染诊断提供有效的工具

---

287 数据来源：国家食品药品监督管理总局 . 总局 2015 年度医疗器械注册工作报告，2016. URL：http://www.sda.gov.cn/WS01/CL0845/149000.html.

2015 年中国农用生物制品审批情况

附表 -12　2015 年中国农业部正式登记的微生物肥料产品[288]

企业名称	产品通用名	产品商品名	产品形态	有效菌种名称	技术指标（有效成分及含量）	适用作物 / 区域	登记证号
献县老蔡三微有机肥厂	微生物菌剂	微生物菌剂	粉剂	胶冻样类芽孢杆菌	有效活菌数≥2.0 亿 /g	番茄、甜瓜、西瓜、马铃薯	微生物肥（2015）准字（1528）号
河北玖农生物肥料有限公司	微生物菌剂	微生物菌剂	粉剂	胶冻样类芽孢杆菌	有效活菌数≥2.0 亿 /g	马铃薯、玉米、水稻、苹果	微生物肥（2015）准字（1529）号
哈尔滨艾加生物技术有限公司	微生物菌剂	艾加微生物菌剂	粉剂	解淀粉芽孢杆菌	有效活菌数≥2.0 亿 /g	番茄、玉米、大豆、马铃薯、水稻、西瓜、小麦、辣椒、甜菜	微生物肥（2015）准字（1530）号
神州汉邦（北京）生物技术有限公司	微生物菌剂	禾神元 - 微生物菌剂	粉剂	地衣芽孢杆菌	有效活菌数≥80.0 亿 /g	花生、黄瓜、西兰花、芹菜	微生物肥（2015）准字（1531）号
广东绿百多生物科技有限公司	微生物菌剂	微生物菌剂	粉剂	解淀粉芽孢杆菌、地衣芽孢杆菌、侧孢短芽孢杆菌	有效活菌数≥200.0 亿 /g	番茄、菜心、白菜、棉花、葡萄、辣椒、茶叶、荔枝、菠萝	微生物肥（2015）准字（1532）号
山西凯盛肥业集团有限公司	微生物菌剂	微生物菌剂	粉剂	地衣芽孢杆菌	有效活菌数≥2.0 亿 /g	苹果、黄瓜、西瓜、小麦、棉花	微生物肥（2015）准字（1533）号
哈尔滨艾加生物技术有限公司	微生物菌剂	艾加微生物菌剂	颗粒	解淀粉芽孢杆菌	有效活菌数≥1.0 亿 /g	番茄、玉米、大豆、马铃薯、水稻、西瓜、小麦、苹果、向日葵	微生物肥（2015）准字（1534）号
保定市活力鲜丰活菌肥料有限公司	微生物菌剂	活力鲜丰微生物菌剂	颗粒	胶冻样类芽孢杆菌	有效活菌数≥1.0 亿 /g	番茄、玉米、花生、马铃薯	微生物肥（2015）准字（1535）号

288 数据来源：农业部微生物肥料和食用菌菌种质量监督检验测试中心。

续表

企业名称	产品通用名名称	产品商品名	产品形态	有效菌种名称	技术指标（有效成分及含量）	适用作物/区域	登记证号
陕西科道生化科技发展有限公司	微生物菌剂	微生物菌剂	颗粒	胶冻样类芽孢杆菌	有效活菌数≥1.0亿/g	苹果、番茄、辣椒、黄瓜	微生物肥（2015）准字（1536）号
河北冀微生物技术有限公司	微生物菌剂	微生物菌剂	颗粒	巨大芽孢杆菌、胶冻样类芽孢杆菌	有效活菌数≥1.0亿/g	黄瓜、油菜、番茄	微生物肥（2015）准字（1537）号
哈尔滨艾加生物技术有限公司	微生物菌剂	艾加微生物菌剂	液体	解淀粉芽孢杆菌	有效活菌数≥2.0亿/mL	番茄、玉米、大豆、马铃薯、水稻、西瓜、小麦、花生、洋葱	微生物肥（2015）准字（1538）号
菏泽和利隆生态科技有限公司	微生物菌剂	复合微生物菌剂	液体	枯草芽孢杆菌、胶冻样类芽孢杆菌	有效活菌数≥2.0亿/mL	小麦、油菜、棉花、黄瓜、玉米、草莓、番茄、葡萄	微生物肥（2015）准字（1539）号
河北利土生物科技有限公司	微生物菌剂	微生物菌剂	液体	枯草芽孢杆菌	有效活菌数≥2.0亿/mL	白菜、棉花、小麦、桃树	微生物肥（2015）准字（1540）号
陕西绿农生物科技有限公司	微生物菌剂	微生物菌剂	液体	枯草芽孢杆菌、地衣芽孢杆菌	有效活菌数≥2.0亿/mL	番茄、苹果、梨树、番茄	微生物肥（2015）准字（1542）号
山东京青农业科技有限公司	根瘤菌剂	大豆根瘤菌剂	液体	费氏中华根瘤菌	有效活菌数≥2.0亿/mL	大豆	微生物肥（2015）准字（1543）号
黑龙江省华龙生物科技有限公司	微生物菌剂	绿豆根瘤菌剂	液体	绿豆根瘤菌	有效活菌数≥30.0亿/mL	绿豆	微生物肥（2015）准字（1544）号
黑龙江省华龙生物科技有限公司	微生物菌剂	花生根瘤菌剂	液体	花生根瘤菌	有效活菌数≥20.0亿/mL	花生	微生物肥（2015）准字（1545）号
黑龙江埃格瑞生物技术有限公司	生物有机肥	生物有机肥	粉剂	常现青霉	有效活菌数≥0.20亿/g，有机质≥40.0%	水稻、黄瓜、西红柿、大姜	微生物肥（2015）准字（1546）号
深圳市佰达生物有机肥有限公司	生物有机肥	生物有机肥	粉剂	胶冻样类芽孢杆菌	有效活菌数≥0.20亿/g，有机质≥40.0%	茄子、桃树、苹果、花生	微生物肥（2015）准字（1547）号

续表

企业名称	产品通用名	产品商品名	产品形态	有效菌种名称	技术指标（有效成分及含量）	适用作物/区域	登记证号
福建绿洲生化有限公司	生物有机肥	绿珍 QS 生物有机肥	粉剂	枯草芽孢杆菌	有效活菌数≥0.20 亿/g 有机质≥40.0%	空心菜、黄瓜、大豆、马铃薯	微生物肥准字（2015）（1548）号
河南万业源肥业有限公司	生物有机肥	生物有机肥	粉剂	解淀粉芽孢杆菌、地衣芽孢杆菌	有效活菌数≥0.20 亿/g 有机质≥40.0%	白菜、水稻、草莓、花生	微生物肥准字（2015）（1549）号
河南万业源肥业有限公司	生物有机肥	生物有机肥	颗粒	解淀粉芽孢杆菌、地衣芽孢杆菌	有效活菌数≥0.20 亿/g 有机质≥40.0%	白菜、水稻、玉米、马铃薯	微生物肥准字（2015）（1550）号
哈尔滨瑞丰生物技术有限责任公司	生物有机肥	生物有机肥	颗粒	巨大芽孢杆菌、类芽孢杆菌	有效活菌数≥0.20 亿/g 有机质≥40.0%	水稻、大豆、玉米	微生物肥准字（2015）（1551）号
苏州仁成生物科技有限公司	生物有机肥	使达利生物有机肥	颗粒	枯草芽孢杆菌	有效活菌数≥0.20 亿/g 有机质≥40.0%	辣椒、番茄、油菜、黄瓜	微生物肥准字（2015）（1552）号
河北利土生物科技有限公司	生物有机肥	生物有机肥	颗粒	枯草芽孢杆菌	有效活菌数≥0.20 亿/g 有机质≥40.0%	白菜、棉花、西瓜、黄瓜	微生物肥准字（2015）（1554）号
深圳市恒达生物有机肥有限公司	生物有机肥	生物有机肥	颗粒	胶冻样类芽孢杆菌	有效活菌数≥0.20 亿/g 有机质≥40.0%	茄子、桃树、棉花、西瓜	微生物肥准字（2015）（1555）号
齐齐哈尔天创生物科技有限公司	生物有机肥	生物有机肥	颗粒	枯草芽孢杆菌、胶冻样类芽孢杆菌	有效活菌数≥0.50 亿/g 有机质≥40.0%	水稻、大豆、玉米、甜菜、马铃薯、红小豆	微生物肥准字（2015）（1556）号
武汉瑞泽园生物环保科技有限公司	复合微生物肥料	复合微生物肥料	粉剂	枯草芽孢杆菌、酿酒酵母	有效活菌数≥0.20 亿/g $N+P_2O_5+K_2O=15.0\%$	茶叶、辣椒、葡萄	微生物肥准字（2015）（1557）号
山东爱福地生物科技有限公司	复合微生物肥料	复合微生物肥料	粉剂	枯草芽孢杆菌	有效活菌数≥0.20 亿/g $N+P_2O_5+K_2O=25.0\%$	番茄、花生、马铃薯	微生物肥准字（2015）（1558）号
佛山法式发科技有限公司	复合微生物肥料	法式复合生物肥料	粉剂	枯草芽孢杆菌、地衣芽孢杆菌	有效活菌数≥0.20 亿/g $N+P_2O_5+K_2O=8.0\%$	菜心、白菜、辣椒、豆角	微生物肥准字（2015）（1559）号
新沂农安生物科技有限公司	复合微生物肥料	复合微生物肥料	颗粒	枯草芽孢杆菌	有效活菌数≥0.20 亿/g $N+P_2O_5+K_2O=8.0\%$	白菜、水稻、烟草、玉米	微生物肥准字（2015）（1560）号

续表

企业名称	产品通用名	产品商品名	产品形态	有效菌种名称	技术指标（有效成分及含量）	适用作物/区域	登记证号
武汉谲泽园生物环保科技有限公司	复合微生物肥料	复合微生物肥料	颗粒	枯草芽孢杆菌、酿酒酵母	有效活菌数≥0.20亿/g N+P₂O₅+K₂O=15.0%	茶叶、辣椒、水稻、马铃薯	微生物肥（2015）准字（1561）号
南京邦禾肥料有限公司	复合微生物肥料	复合微生物肥料	颗粒	枯草芽孢杆菌、类芽孢杆菌	有效活菌数≥0.20亿/g N+P₂O₅+K₂O=20.0%	白菜、油菜、辣椒、黄瓜	微生物肥（2015）准字（1562）号
菏泽和利隆生态科技有限公司	复合微生物肥料	新生力复合微生物肥料	颗粒	枯草芽孢杆菌、类芽孢杆菌	有效活菌数≥0.20亿/g N+P₂O₅+K₂O=22.0%	玉米、生菜、番茄、马铃薯、西瓜、水稻、小麦、苹果、草莓	微生物肥（2015）准字（1564）号
嘉兴恩典生物科技有限公司	微生物菌剂	恩典微生物菌剂	粉剂	枯草芽孢杆菌	有效活菌数≥2.0亿/g	水稻、白菜、玉米、大豆、小麦	微生物肥（2015）准字（1566）号
北京雷力海洋生物新产业股份有限公司	微生物菌剂	微生物菌剂	粉剂	枯草芽孢杆菌	有效活菌数≥2.0亿/g	生菜、小麦、番茄、黄瓜	微生物肥（2015）准字（1567）号
潍坊欧普诺生物科技有限公司	微生物菌剂	微生物菌剂	粉剂	枯草芽孢杆菌	有效活菌数≥2.0亿/g	番茄、草莓、苹果、西瓜	微生物肥（2015）准字（1568）号
中部环境技术株式会社（CHUBU ECOTEC CO.,LTD）	微生物菌剂	微生物菌剂	粉剂	解淀粉芽孢杆菌	有效活菌数≥2.0亿/g	水稻、番茄、白菜、苹果	微生物肥（2015）准字（1569）号
黑龙江省华龙生物科技有限公司	微生物菌剂	苜蓿根瘤菌	粉剂	苜蓿中华根瘤菌	有效活菌数≥5.0亿/g	苜蓿	微生物肥（2015）准字（1570）号
潍坊欧普诺生物科技有限公司	生物有机肥	生物有机肥	粉剂	枯草芽孢杆菌	有效活菌数≥0.20亿/g 有机质≥40.0%	大姜、苹果、桃树	微生物肥（2015）准字（1571）号
曲阜县万乡红肥业有限公司	生物有机肥	生物有机肥	粉剂	枯草芽孢杆菌	有效活菌数≥0.20亿/g 有机质≥40.0%	黄瓜、苹果、小麦、玉米、枣树	微生物肥（2015）准字（1572）号
河北万雉园农牧科技股份有限公司	生物有机肥	万雉园生物有机肥	粉剂	解淀粉芽孢杆菌、地衣芽孢杆菌	有效活菌数≥0.20亿/g 有机质≥40.0%	番茄、白菜、玉米、苹果	微生物肥（2015）准字（1573）号

续表

企业名称	产品通用名	产品商品名	产品形态	有效菌种名称	技术指标（有效成分及含量）	适用作物/区域	登记证号
商洛永利生物科技有限公司	生物有机肥	生物有机肥	粉剂	枯草芽孢杆菌	有效活菌数≥0.20亿/g 有机质≥40.0%	黄瓜、葡萄、番茄、苹果	微生物肥（2015）准字（1574）号
云南丰禾生态发展有限公司	生物有机肥	生物有机肥	粉剂	解淀粉芽孢杆菌	有效活菌数≥0.20亿/g 有机质≥40.0%	生菜、烟草、番茄、辣椒	微生物肥（2015）准字（1575）号
新疆山川秀丽生物有限公司	生物有机肥	生物有机肥	粉剂	细黄链霉菌	有效活菌数≥0.20亿/g 有机质≥40.0%	棉花、番茄、枣树、玉米、小麦、核桃	微生物肥（2015）准字（1576）号
河北玖农生物肥料有限公司	生物有机肥	生物有机肥	颗粒	胶冻样类芽孢杆菌	有效活菌数≥0.50亿/g 有机质≥40.0%	苹果、玉米、大豆	微生物肥（2015）准字（1577）号
霍州市兴佳肥料有限公司	生物有机肥	生物有机肥	颗粒	枯草芽孢杆菌、胶冻样类芽孢杆菌	有效活菌数≥0.20亿/g 有机质≥40.0%	苹果、黄瓜、辣椒、大姜	微生物肥（2015）准字（1578）号
山西昌农生物科技开发有限公司	生物有机肥	生物有机肥	颗粒	枯草芽孢杆菌、地衣芽孢杆菌	有效活菌数≥0.20亿/g 有机质≥40.0%	苹果、番茄、桃树、棉花	微生物肥（2015）准字（1579）号
潍坊欧普诺生物科技有限公司	复合微生物肥料	复合微生物肥料	粉剂	枯草芽孢杆菌	有效活菌数≥0.20亿/g $N+P_2O_5+K_2O=25.0\%$	苹果、大姜、大葱	微生物肥（2015）准字（1580）号
山西佰伟达生物科技有限公司	复合微生物肥料	复合微生物肥料	粉剂	枯草芽孢杆菌、地衣芽孢杆菌	有效活菌数≥0.20亿/g $N+P_2O_5+K_2O=8.0\%$	苹果、番茄、棉花、玉米	微生物肥（2015）准字（1581）号
黑龙江农垦东联农资有限公司	复合微生物肥料	复合微生物肥料	粉剂	枯草芽孢杆菌	有效活菌数≥0.20亿/g $N+P_2O_5+K_2O=8.0\%$	水稻、大豆、玉米、小麦、西瓜、马铃薯	微生物肥（2015）准字（1582）号
哈尔滨东农科技有限公司	复合微生物肥料	复合微生物肥料	粉剂	绿色木霉	有效活菌数≥0.20亿/g $N+P_2O_5+K_2O=8.0\%$	水稻、大豆、玉米、马铃薯、花生	微生物肥（2015）准字（1583）号
河北新世纪周天生物科技有限公司	复合微生物肥料	复合微生物肥料	颗粒	枯草芽孢杆菌	有效活菌数≥0.20亿/g $N+P_2O_5+K_2O=8.0\%$	棉花、西瓜、玉米、花生、甘薯	微生物肥（2015）准字（1584）号
上海综宝环境工程有限公司沧州分公司	复合微生物肥	复合微生物肥料	颗粒	枯草芽孢杆菌	有效活菌数≥0.20亿/g $N+P_2O_5+K_2O=10.0\%$ 有机质≥30.0%	番茄、玉米、油菜、菠菜、韭菜	微生物肥（2015）准字（1585）号

附 录

续表

企业名称	产品通用名	产品商品名	产品形态	有效菌种名称	技术指标（有效成分及含量）	适用作物/区域	登记证号
山西恒伟达生物科技有限公司	复合微生物肥料	复合微生物肥料	液体	枯草芽孢杆菌、地衣芽孢杆菌	有效活菌数≥0.50亿/mL N+P$_2$O$_5$+K$_2$O=6.0%	番茄、棉花、玉米	微生物肥(2015)准字(1586)号
新疆永滋绿原生物技术有限公司	复合微生物肥料	复合微生物肥料	液体	干酪乳杆菌	有效活菌数≥0.50亿/mL N+P$_2$O$_5$+K$_2$O=6.0%	棉花、辣椒、香梨、大枣	微生物肥(2015)准字(1587)号
山东佐田氏生物科技有限公司	有机物料腐熟剂	有机物料腐熟剂	粉剂	枯草芽孢杆菌、黑曲霉	有效活菌数≥0.50亿/g	农作物秸秆	微生物肥(2015)准字(1588)号
石家庄开发区春雨生物工程有限公司	有机物料腐熟剂	有机物料腐熟剂	粉剂	解淀粉芽孢杆菌、酿酒酵母、米曲霉、绿色木霉	有效活菌数≥0.50亿/g	畜禽粪便、农作物秸秆	微生物肥(2015)准字(1590)号
北京中加保罗酵素菌有限公司	有机物腐熟剂	保罗有机物腐熟剂	粉剂	枯草芽孢杆菌、侧孢短芽孢杆菌、皮糖片球菌、植物乳杆菌	有效活菌数≥0.50亿/g	畜禽粪便	微生物肥(2015)准字(1591)号
山东君德生物科技有限公司	有机物料腐熟剂	君德牌秸秆腐熟剂	粉剂	解淀粉芽孢杆菌、酿酒酵母、里氏木霉	有效活菌数≥0.50亿/g	农作物秸秆	微生物肥(2015)准字(1592)号
沧州市中信生物科技有限公司	有机物料腐熟剂	佳乐丰微生物腐熟剂	粉剂	枯草芽孢杆菌、东方伊萨酵母、黑曲霉	有效活菌数≥0.50亿/g	农作物秸秆	微生物肥(2015)准字(1593)号
河北利土生物科技有限公司	有机物料腐熟剂	秸秆腐熟剂	粉剂	枯草芽孢杆菌、米曲霉	有效活菌数≥0.50亿/g	农作物秸秆	微生物肥(2015)准字(1594)号
湖北益丰生物肥业有限公司	有机物料腐熟剂	有机物料腐熟剂	粉剂	枯草芽孢杆菌、黑曲霉、皮糖片球菌	有效活菌数≥0.50亿/g	农作物秸秆	微生物肥(2015)准字(1595)号
四川金地菌类有限责任公司	有机物料腐熟剂	秸腐菌剂	粉剂	白酒红链霉菌、黄麻链霉菌	有效活菌数≥0.50亿/g	农作物秸秆	微生物肥(2015)准字(1596)号
上海询展生物科技有限公司	微生物菌剂	微生物菌剂	粉剂	哥斯达黎加链霉菌	有效活菌数≥5.0亿/g	白菜、芥蓝、番茄、辣椒、葡萄、茶叶	微生物肥(2015)准字(1597)号

续表

企业名称	产品通用名	产品商品名	产品形态	有效菌种名称	技术指标（有效成分及含量）	适用作物／区域	登记证号
杨凌绿都生物科技有限公司	微生物菌剂	绿都菌剂1号	粉剂	解淀粉芽孢杆菌	有效活菌数≥50.0亿/g	茶叶、苹果、番茄、水稻	微生物肥准字（2015）（1598）号
河南远见农业科技有限公司	微生物菌剂	微生物菌剂	粉剂	枯草芽孢杆菌	有效活菌数≥2.0亿/g	白菜、玉米、黄瓜	微生物肥准字（2015）（1599）号
河北绿友生物技术有限公司	微生物菌剂	微生物菌剂	粉剂	枯草芽孢杆菌、胶冻样类芽孢杆菌	有效活菌数≥2.0亿/g	玉米、桃树、茶树	微生物肥准字（2015）（1600）号
河南波尔森农业科技有限公司	微生物菌剂	微生物菌剂	粉剂	枯草芽孢杆菌	有效活菌数≥2.0亿/g	白菜、棉花、辣椒	微生物肥准字（2015）（1601）号
北京雷力海洋生物新产业股份有限公司	微生物菌剂	微生物菌剂	粉剂	绿色木霉	有效活菌数≥2.0亿/g	生菜、小麦、番茄、黄瓜	微生物肥准字（2015）（1602）号
潍坊万胜生物农药有限公司	微生物菌剂	微生物菌剂	粉剂	不吸水链霉菌	有效活菌数≥2.0亿/g	番茄、水稻、小麦	微生物肥准字（2015）（1603）号
领先生物农业股份有限公司	微生物菌剂	联合固氮菌剂	粉剂	巴西固氮螺菌	有效活菌数≥2.0亿/g	玉米、水稻、小麦、棉花、红薯	微生物肥准字（2015）（1604）号
山东农合生物科技有限公司	微生物菌剂	微生物菌剂	粉剂	巨大芽孢杆菌、真菌伯克霍尔德菌	有效活菌数≥2.0亿/g	西瓜、番茄、茄子、黄瓜	微生物肥准字（2015）（1605）号
涞源县龙腾生物肥厂	微生物菌剂	复合菌剂	颗粒	枯草芽孢杆菌、类芽孢杆菌	有效活菌数≥1.0亿/g	生菜、芹菜、黄瓜、番茄、玉米	微生物肥准字（2015）（1606）号
河北绿友生物技术有限公司	微生物菌剂	微生物菌剂	颗粒	枯草芽孢杆菌、类芽孢杆菌	有效活菌数≥2.0亿/g	玉米、黄瓜、烟草	微生物肥准字（2015）（1607）号
德州阳光生物科技有限公司	微生物菌剂	复合生物菌剂	颗粒	解淀粉芽孢杆菌、侧孢短芽孢杆菌	有效活菌数≥2.0亿/g	黄瓜、小麦、马铃薯、西瓜	微生物肥准字（2015）（1608）号
河北绿天农业开发有限公司	微生物菌剂	绿天微生物肥	液体	解淀粉芽孢杆菌、鼠李糖乳杆菌	有效活菌数≥2.0亿/mL	番茄、黄瓜、西红柿、豆角	微生物肥准字（2015）（1609）号

续表

企业名称	产品通用名	产品商品名	产品形态	有效菌种名称	技术指标（有效成分及含量）	适用作物／区域	登记证号
广西百泰生物科技有限公司	微生物菌剂	百泰微生物菌剂	液体	枯草芽孢杆菌	有效活菌数≥2.0 亿/mL	菜心、水稻、马铃薯、大豆	微生物肥（2015）准字（1610）号
河北世翔生物技术有限公司	微生物菌剂	微生物菌剂	液体	嗜酸乳杆菌	有效活菌数≥2.0 亿/mL	小麦、番茄、白菜、枣树、黄瓜	微生物肥（2015）准字（1611）号
福建正利肥料科技有限公司	微生物菌剂	微生物菌剂	液体	枯草芽孢杆菌、类芽孢杆菌、侧孢短芽孢杆菌	有效活菌数≥2.0 亿/mL	空心菜、茶叶、杨梅	微生物肥（2015）准字（1612）号
济源九五生物科技有限公司	微生物菌剂	微生物菌剂	液体	枯草芽孢杆菌、类芽孢杆菌	有效活菌数≥2.0 亿/mL	白菜、黄瓜、芒果	微生物肥（2015）准字（1613）号
领先生物农业股份有限公司	微生物菌剂	花生根瘤菌剂	液体	花生根瘤菌	有效活菌数≥20.0 亿/mL	花生	微生物肥（2015）准字（1614）号
湖南豫园生物科技有限公司	根瘤菌菌剂	豌豆根瘤菌剂	液体	豌豆根瘤菌	有效活菌数≥5.0 亿/mL	豌豆	微生物肥（2015）准字（1615）号
河南远见农业科技有限公司	生物有机肥	生物有机肥	粉剂	枯草芽孢杆菌	有效活菌数≥0.20 亿/g 有机质≥40.0%	白菜、小麦、水稻、棉花	微生物肥（2015）准字（1616）号
陕西联合利农有限公司	生物有机肥	生物有机肥	粉剂	枯草芽孢杆菌	有效活菌数≥0.20 亿/g 有机质≥40.0%	番茄、西瓜、苹果	微生物肥（2015）准字（1617）号
内蒙古大有生物肥业股份有限公司	生物有机肥	生物有机肥	粉剂	枯草芽孢杆菌	有效活菌数≥0.20 亿/g 有机质≥40.0%	黄瓜、辣椒、草莓、茶叶	微生物肥（2015）准字（1618）号
河北九派生物科技有限公司	生物有机肥	生物有机肥	粉剂	解淀粉芽孢杆菌	有效活菌数≥0.20 亿/g 有机质≥40.0%	黄瓜、番茄、水稻	微生物肥（2015）准字（1619）号
济源九五生物科技有限公司	生物有机肥	生物有机肥	粉剂	枯草芽孢杆菌、类芽孢杆菌	有效活菌数≥0.20 亿/g 有机质≥40.0%	白菜、小麦、番茄、苹果	微生物肥（2015）准字（1620）号

续表

企业名称	产品通用名	产品商品名	产品形态	有效菌种名称	技术指标（有效成分及含量）	适用作物/区域	登记证号
上海润堡生物科技有限公司	生物有机肥	润堡牌生物有机肥	粉剂	枯草芽孢杆菌、鼠李糖乳杆菌	有效活菌数≥0.20亿/g 有机质≥40.0%	生菜、水蜜桃、西甜瓜、番茄	微生物肥（2015）准字（1621）号
湖北宏全生物科技有限公司	生物有机肥	宏全生物有机肥	粉剂	解淀粉芽孢杆菌	有效活菌数≥0.20亿/g 有机质≥40.0%	茶叶、苹果、油菜	微生物肥（2015）准字（1622）号
山东安绿能源科技有限公司	生物有机肥	生物有机肥	粉剂	巨大芽孢杆菌、植物乳杆菌	有效活菌数≥0.20亿/g 有机质≥40.0%	番茄、辣椒、苹果	微生物肥（2015）准字（1623）号
广州旺地生物科技有限公司	生物有机肥	生物有机肥	粉剂	枯草芽孢杆菌、酿酒酵母、鼠李糖乳杆菌	有效活菌数≥0.20亿/g 有机质≥40.0%	白菜、辣椒、西瓜、冬瓜	微生物肥（2015）准字（1624）号
福建正和肥料有限公司	生物有机肥	生物有机肥	粉剂	枯草芽孢杆菌、胶冻样类芽孢杆菌、侧孢短芽孢杆菌	有效活菌数≥0.20亿/g 有机质≥40.0%	空心菜、烟草、柑橘	微生物肥（2015）准字（1625）号
河北九派生物科技有限公司	生物有机肥	生物有机肥	颗粒	解淀粉芽孢杆菌	有效活菌数≥0.20亿/g 有机质≥40.0%	黄瓜、苹果、葡萄	微生物肥（2015）准字（1626）号
内蒙古大有生物肥业股份有限公司	生物有机肥	生物有机肥	颗粒	枯草芽孢杆菌	有效活菌数≥0.20亿/g 有机质≥40.0%	黄瓜、水稻、苹果、大姜	微生物肥（2015）准字（1627）号
青岛明月蓝海生物科技有限公司	生物有机肥	生物有机肥	颗粒	枯草芽孢杆菌	有效活菌数≥0.20亿/g 有机质≥40.0%	黄瓜、苹果、花生、番茄	微生物肥（2015）准字（1628）号
山东安绿能源科技有限公司	生物有机肥	生物有机肥	颗粒	巨大芽孢杆菌、植物乳杆菌	有效活菌数≥0.20亿/g 有机质≥40.0%	辣椒、番茄、苹果	微生物肥（2015）准字（1629）号
安阳市喜满地肥业有限责任公司	复合微生物肥料	复合微生物肥料	粉剂	枯草芽孢杆菌	有效活菌数≥0.20亿/g $N+P_2O_5+K_2O=8.0\%$ 有机质≥20.0%	白菜、黄瓜、辣椒	微生物肥（2015）准字（1630）号
河北九派生物科技有限公司	复合微生物肥料	复合微生物肥料	粉剂	解淀粉芽孢杆菌、胶冻样类芽孢杆菌	有效活菌数≥0.20亿/g $N+P_2O_5+K_2O=8.0\%$ 有机质≥20.0%	黄瓜、樱桃	微生物肥（2015）准字（1631）号

续表

企业名称	产品通用名	产品商品名	产品形态	有效菌种名称	技术指标（有效成分及含量）	适用作物/区域	登记证号
河北九派生物科技有限公司	复合微生物肥料	复合微生物肥料	粉剂	解淀粉芽孢杆菌、胶冻样类芽孢杆菌	有效活菌数≥0.20亿/g N+P$_2$O$_5$+K$_2$O=15.0% 有机质≥20.0%	黄瓜、葡萄	微生物肥准字（2015）（1632）号
河北九派生物科技有限公司	复合微生物肥料	复合微生物肥料	粉剂	解淀粉芽孢杆菌、胶冻样类芽孢杆菌	有效活菌数≥0.20亿/g N+P$_2$O$_5$+K$_2$O=25.0% 有机质≥20.0%	黄瓜、柑橘	微生物肥准字（2015）（1633）号
河北绿友生物技术有限公司	复合微生物肥料	复合微生物肥料	粉剂	枯草芽孢杆菌、胶冻样类芽孢杆菌	有效活菌数≥0.20亿/g N+P$_2$O$_5$+K$_2$O=25.0% 有机质≥20.0%	番茄、水稻、西瓜	微生物肥准字（2015）（1634）号
山西昌鑫生物农业科技有限公司	复合微生物肥料	复合微生物肥	粉剂	枯草芽孢杆菌、地衣芽孢杆菌	有效活菌数≥0.20亿/g N+P$_2$O$_5$+K$_2$O=18.0% 有机质≥20.0%	谷子、玉米、辣椒、桃树	微生物肥准字（2015）（1639）号
山西昌鑫生物农业科技有限公司	复合微生物肥	复合微生物肥	粉剂	枯草芽孢杆菌、地衣芽孢杆菌	有效活菌数≥0.20亿/g N+P$_2$O$_5$+K$_2$O=25.0% 有机质≥20.0%	谷子、玉米、苹果	微生物肥准字（2015）（1640）号
山西昌鑫生物农业科技有限公司	复合微生物肥	复合微生物肥	颗粒	枯草芽孢杆菌、地衣芽孢杆菌	有效活菌数≥0.20亿/g N+P$_2$O$_5$+K$_2$O=18.0% 有机质≥20.0%	谷子、玉米、番茄、梨树	微生物肥准字（2015）（1641）号
山西昌鑫生物农业科技有限公司	复合微生物肥	复合微生物肥	颗粒	枯草芽孢杆菌、地衣芽孢杆菌	有效活菌数≥0.20亿/g N+P$_2$O$_5$+K$_2$O=22.0% 有机质≥20.0%	谷子、玉米、水稻、棉花	微生物肥准字（2015）（1642）号
山西昌鑫生物农业科技有限公司	复合微生物肥料	复合微生物肥	颗粒	枯草芽孢杆菌、地衣芽孢杆菌	有效活菌数≥0.20亿/g N+P$_2$O$_5$+K$_2$O=25.0% 有机质≥20.0%	谷子、玉米、小麦、黄瓜	微生物肥准字（2015）（1643）号

续表

企业名称	产品通用名	产品商品名	产品形态	有效菌种名称	技术指标（有效成分及含量）	适用作物/区域	登记证号
揭阳宝优生态科技有限公司	复合微生物肥料	复合微生物肥料	颗粒	枯草芽孢杆菌	有效活菌数≥0.20 亿/g $N+P_2O_5+K_2O=9.0\%$ 有机质≥20.0%	花生、玉米、苦瓜、空心菜	微生物肥（2015）准字（1644）号
揭阳宝优生态科技有限公司	复合微生物肥料	复合微生物肥料	颗粒	枯草芽孢杆菌	有效活菌数≥0.20 亿/g $N+P_2O_5+K_2O=16.0\%$ 有机质≥20.0%	苦瓜、玉米、花生、空心菜	微生物肥（2015）准字（1645）号
河北九派生物科技有限公司	复合微生物肥料	复合微生物肥料	颗粒	解淀粉芽孢杆菌、胶冻样类芽孢杆菌	有效活菌数≥0.20 亿/g $N+P_2O_5+K_2O=8.0\%$ 有机质≥20.0%	黄瓜、白菜、枣树、大豆	微生物肥（2015）准字（1646）号
河北九派生物科技有限公司	复合微生物肥料	复合微生物肥料	颗粒	解淀粉芽孢杆菌、胶冻样类芽孢杆菌	有效活菌数≥0.20 亿/g $N+P_2O_5+K_2O=15.0\%$ 有机质≥20.0%	黄瓜、番茄、梨树、玉米	微生物肥（2015）准字（1647）号
河北九派生物科技有限公司	复合微生物肥料	复合微生物肥料	颗粒	解淀粉芽孢杆菌、胶冻样类芽孢杆菌	有效活菌数≥0.20 亿/g $N+P_2O_5+K_2O=25.0\%$ 有机质≥20.0%	黄瓜、玉米、小麦、番茄、马铃薯	微生物肥（2015）准字（1648）号
莒城农得利生物科技有限公司	复合微生物肥料	复合微生物肥料	粉剂	枯草芽孢杆菌	有效活菌数≥0.20 亿/g $N+P_2O_5+K_2O=25.0\%$ 有机质≥20.0%	苹果、番茄、黄瓜、棉花、玉米	微生物肥（2015）准字（1649）号
石家庄市丰硕肥业有限公司	复合微生物肥料	复合微生物肥料	颗粒	枯草芽孢杆菌、胶冻样类芽孢杆菌	有效活菌数≥0.20 亿/g $N+P_2O_5+K_2O=25.0\%$ 有机质≥20.0%	白菜、番茄、黄瓜、马铃薯	微生物肥（2015）准字（1650）号
湖北宏全生物科技有限公司	复合微生物肥料	宏全复合微生物肥料	颗粒	解淀粉芽孢杆菌	有效活菌数≥0.20 亿/g $N+P_2O_5+K_2O=8.0\%$ 有机质≥20.0%	西瓜、水稻、番茄	微生物肥（2015）准字（1651）号

续表

企业名称	产品通用名	产品商品名	产品形态	有效菌种名称	技术指标（有效成分及含量）	适用作物/区域	登记证号
安阳市喜满地肥业有限责任公司	复合微生物肥料	复合微生物肥料	颗粒	枯草芽孢杆菌	有效活菌数≥0.20亿/g N+P$_2$O$_5$+K$_2$O=8.0% 有机质≥20.0%	白菜、西瓜、番茄	微生物肥准字（2015）（1652）号
福建正和肥料有限公司	复合微生物肥料	复合微生物肥料	颗粒	枯草芽孢杆菌、胶冻样类芽孢杆菌、侧孢短芽孢杆菌	有效活菌数≥0.20亿/g N+P$_2$O$_5$+K$_2$O=25.0% 有机质≥20.0%	空心菜、水稻、香蕉	微生物肥准字（2015）（1653）号
河南溪效王生物科技股份有限公司	复合微生物肥料	复合微生物肥料	颗粒	枯草芽孢杆菌	有效活菌数≥0.20亿/g N+P$_2$O$_5$+K$_2$O=8.0% 有机质≥20.0%	白菜、小麦、玉米	微生物肥准字（2015）（1656）号
山东农合生物科技有限公司	复合微生物肥料	复合微生物肥料	颗粒	枯草芽孢杆菌	有效活菌数≥0.20亿/g N+P$_2$O$_5$+K$_2$O=25.0% 有机质≥20.0%	水稻、韭菜、辣椒、茄子	微生物肥准字（2015）（1658）号
河北绿友生物技术有限公司	复合微生物肥料	复合微生物肥料	颗粒	枯草芽孢杆菌、胶冻样类芽孢杆菌	有效活菌数≥0.20亿/g N+P$_2$O$_5$+K$_2$O=25.0% 有机质≥20.0%	番茄、玉米、苹果	微生物肥准字（2015）（1659）号
山东安绿能源科技有限公司	复合微生物肥料	复合微生物肥料	颗粒	巨大芽孢杆菌、植物乳杆菌	有效活菌数≥0.20亿/g N+P$_2$O$_5$+K$_2$O=20.0% 有机质≥20.0%	黄瓜、茄子、花生	微生物肥准字（2015）（1660）号
山东安绿能源科技有限公司	复合微生物肥料	复合微生物肥料	液体	巨大芽孢杆菌、植物乳杆菌	有效活菌数≥0.50亿/mL N+P$_2$O$_5$+K$_2$O=10.0%	黄瓜、芹菜、花生	微生物肥准字（2015）（1661）号
山东亿安生物工程有限公司	有机物料腐熟剂	有机物料腐（CM）熟剂	粉剂	枯草芽孢杆菌、酿酒酵母、米曲霉	有效活菌数≥2.0亿/g	农作物秸秆	微生物肥准字（2015）（1662）号
山东爱福地生物科技有限公司	有机物料腐熟剂	有机物料腐熟剂	粉剂	枯草芽孢杆菌、黑曲霉、纤维素链霉菌	有效活菌数≥0.50亿/g	农作物秸秆	微生物肥准字（2015）（1663）号

续表

企业名称	产品通用名	产品商品名	产品形态	有效菌种名称	技术指标（有效成分及含量）	适用作物/区域	登记证号
清大益农生物科技（河南）有限公司	微生物菌剂	微生物菌剂	粉剂	枯草芽孢杆菌	有效活菌数≥2.0亿/g	白菜、水稻、花生、黄瓜	微生物肥（2015）准字（1664）号
保定市科绿丰生化科技有限公司	微生物菌剂	微生物菌剂	粉剂	枯草芽孢杆菌、胶冻样类芽孢杆菌	有效活菌数≥5.0亿/g	水稻、黄瓜、茄子、辣椒、西瓜	微生物肥（2015）准字（1665）号
河北九派生物科技有限公司	微生物菌剂	微生物菌剂	粉剂	解淀粉芽孢杆菌	有效活菌数≥2.0亿/g	番茄、辣椒、大蒜	微生物肥（2015）准字（1666）号
河北九派生物科技有限公司	微生物菌剂	微生物菌剂	颗粒	解淀粉芽孢杆菌	有效活菌数≥1.0亿/g	番茄、花生、大麦、茄子	微生物肥（2015）准字（1667）号
宽城富穰肥业有限公司	微生物菌剂	酵素菌菌剂	液体	枯草芽孢杆菌、类芽孢杆菌	有效活菌数≥2.0亿/mL	黄瓜、葡萄、苹果	微生物肥（2015）准字（1668）号
涞源县龙腾生物肥厂	微生物菌剂	复合菌剂	液体	枯草芽孢杆菌、类芽孢杆菌	有效活菌数≥2.0亿/mL	芹菜、生菜、黄瓜、番茄、草莓	微生物肥（2015）准字（1669）号
青岛明月蓝海生物科技有限公司	微生物菌剂	微生物菌剂	液体	枯草芽孢杆菌	有效活菌数≥2.0亿/g	番茄、黄瓜、苹果、葡萄	微生物肥（2015）准字（1670）号
山东德浩化学有限公司	微生物菌剂	微生物菌剂	液体	枯草芽孢杆菌	有效活菌数≥2.0亿/mL	白菜、黄瓜、番茄、辣椒	微生物肥（2015）准字（1671）号
上海绿乐生物科技有限公司	微生物菌剂	复合微生物菌剂	液体	枯草芽孢杆菌、类芽孢杆菌	有效活菌数≥2.0亿/mL	番茄、玉米、西瓜、花生	微生物肥（2015）准字（1672）号
兰考县苏豫精细化工厂	生物有机肥	生物有机肥	粉剂	枯草芽孢杆菌	有效活菌数≥0.20亿/g 有机质≥40.0%	白菜、小麦、苹果、黄瓜	微生物肥（2015）准字（1673）号
齐齐哈尔天创生物科技有限公司	生物有机肥	生物有机肥	粉剂	枯草芽孢杆菌、类芽孢杆菌	有效活菌数≥1.0亿/g 有机质≥40.0%	水稻、大豆、玉米、甜菜、花生、葡萄	微生物肥（2015）准字（1674）号

续表

企业名称	产品通用名	产品商品名	产品形态	有效菌种名称	技术指标（有效成分及含量）	适用作物/区域	登记证号
苏尼特右旗绿禾农贸有限责任公司	生物有机肥	生物有机肥	粉剂	枯草芽孢杆菌、胶冻样类芽孢杆菌	有效活菌数≥0.20亿/g 有机质≥40.0%	番茄、黄瓜、菠菜、萝卜	微生物肥准字（2015）（1675）号
宽城富馋肥业有限公司	生物有机肥	生物有机肥	粉剂	植物乳杆菌、东方伊萨酵母	有效活菌数≥0.20亿/g 有机质≥40.0%	黄瓜、葡萄	微生物肥准字（2015）（1676）号
广西舜泉业有限公司	生物有机肥	生物有机肥	粉剂	巨大芽孢杆菌、固氮类芽孢杆菌、胶冻样类芽孢杆菌	有效活菌数≥0.20亿/g 有机质≥40.0%	甘蔗、木薯、辣椒	微生物肥准字（2015）（1677）号
德州阳光生物科技有限公司	生物有机肥	生物有机肥	颗粒	解淀粉芽孢杆菌	有效活菌数≥0.50亿/g 有机质≥40.0%	番茄、小麦、葡萄、生姜	微生物肥准字（2015）（1678）号
保定市科绿丰生化科技有限公司	生物有机肥	生物有机肥	颗粒	枯草芽孢杆菌、胶冻样类芽孢杆菌	有效活菌数≥0.50亿/g 有机质≥40.0%	黄瓜、水稻、茄子、辣椒、西瓜	微生物肥准字（2015）（1679）号
安琪酵母股份有限公司	生物有机肥	生物有机肥	颗粒	枯草芽孢杆菌、侧孢短芽孢杆菌	有效活菌数≥0.20亿/g 有机质≥40.0%	辣椒、茄子、黄瓜、芹菜、葡萄、草莓	微生物肥准字（2015）（1680）号
领先生物农业股份有限公司	生物有机肥	施利康生物有机肥	颗粒	枯草芽孢杆菌、胶冻样类芽孢杆菌	有效活菌数≥0.20亿/g 有机质≥40.0%	番茄、水稻、大蒜、西瓜、葡萄	微生物肥准字（2015）（1681）号
宽城富馋肥业有限公司	复合微生物肥料	复合生物肥	颗粒	枯草芽孢杆菌、胶冻样类芽孢杆菌	有效活菌数≥0.20亿/g N+P$_2$O$_5$+K$_2$O=22.0% 有机质≥20.0%	黄瓜、玉米、水稻、苹果、马铃薯、板栗	微生物肥准字（2015）（1682）号
河北九派生物科技有限公司	复合微生物肥料	复合生物肥	液体	解淀粉芽孢杆菌	有效活菌数≥0.50亿/mL N+P$_2$O$_5$+K$_2$O=6.0%	黄瓜、番茄、苹果	微生物肥准字（2015）（1683）号
上海绿乐生物科技有限公司	复合微生物肥料	复合生物肥料	液体	枯草芽孢杆菌、胶冻样类芽孢杆菌	有效活菌数≥0.50亿/mL N+P$_2$O$_5$+K$_2$O=6.0%	柑橘、辣椒、西瓜、小麦	微生物肥准字（2015）（1684）号

续表

企业名称	产品通用名	产品商品名	产品形态	有效菌种名称	技术指标（有效成分及含量）	适用作物/区域	登记证号
上海绿乐生物科技有限公司	复合微生物肥料	复合微生物肥料	液体	枯草芽孢杆菌、类芽孢杆菌	有效活菌数≥0.50亿/mL $N+P_2O_5+K_2O$=15.0%	柑橘、辣椒、西瓜、水稻	微生物肥准字（2015）（1685）号
沈阳海乐斯生物科技有限公司	生物有机肥	海乐斯生物有机肥	粉剂	枯草芽孢杆菌	有效活菌数≥0.20亿/g 有机质≥40.0%	番茄、草莓、水稻、玉米	微生物肥准字（2015）（1686）号
青海余禾生物有机肥料厂	生物有机肥	生物有机肥	粉剂	枯草芽孢杆菌	有效活菌数≥0.20亿/g 有机质≥40.0%	黄瓜、玉米、苹果、番茄	微生物肥准字（2015）（1687）号
广西大新县利达农业开发实业有限公司	生物有机肥	利达生物有机肥	粉剂	枯草芽孢杆菌	有效活菌数≥0.20亿/g 有机质≥40.0%	甘蔗、辣椒、菜心、西瓜	微生物肥准字（2015）（1688）号
河南省田金生物科技有限公司	生物有机肥	生物有机肥	粉剂	黑曲霉	有效活菌数≥0.20亿/g 有机质≥40.0%	白菜、苹果、蒜、茶叶	微生物肥准字（2015）（1689）号
青海恩泽农业技术有限公司	生物有机肥	生物有机肥	粉剂	委内瑞拉链霉菌、细黄链霉菌	有效活菌数≥0.20亿/g 有机质≥40.0%	黄瓜、辣椒、番茄、苹果、胡萝卜	微生物肥准字（2015）（1690）号
康源绿洲生物科技（北京）有限公司	生物有机肥	生物有机肥	粉剂	酿酒酵母、植物乳杆菌	有效活菌数≥0.20亿/g 有机质≥40.0%	油菜、葡萄、草莓、黄瓜	微生物肥准字（2015）（1691）号
湖北双港生物科技有限公司	生物有机肥	生物有机肥	粉剂	枯草芽孢杆菌、类芽孢杆菌	有效活菌数≥0.50亿/g 有机质≥40.0%	油麦菜、水稻、棉花、萝卜	微生物肥准字（2015）（1693）号
北京启高生物科技有限公司应县分公司	生物有机肥	生物有机肥	粉剂	枯草芽孢杆菌、淡紫拟青霉	有效活菌数≥0.20亿/g 有机质≥45.0%	黄瓜、番茄、辣椒	微生物肥准字（2015）（1694）号
北京启高生物科技有限公司应县分公司	生物有机肥	生物有机肥	颗粒	枯草芽孢杆菌、淡紫拟青霉	有效活菌数≥0.20亿/g 有机质≥45.0%	黄瓜、番茄、辣椒	微生物肥准字（2015）（1695）号

续表

企业名称	产品通用名称	产品商品名称	产品形态	有效菌种名称	技术指标（有效成分及含量）	适用作物/区域	登记证号
阿拉尔佳禾肥业生物工程有限责任公司	生物有机肥	生物有机肥	颗粒	枯草芽孢杆菌	有效活菌数≥0.20亿/g 有机质≥40.0%	棉花、红枣、核桃	微生物肥（2015）准字（1696）号
哈尔滨福泰来泽生物科技有限公司	微生物菌剂	福泰来泽微生物菌剂	颗粒	枯草芽孢杆菌、拜赖青霉	有效活菌数≥1.0亿/g	玉米、水稻、大豆、花生、黄瓜、小麦	微生物肥（2015）准字（1697）号
青岛农资实业有限公司生物技术工程分公司	微生物菌剂	微生物菌剂	粉剂	侧孢短芽孢杆菌	有效活菌数≥10.0亿/g	小麦、花生、茶叶、番茄	微生物肥（2015）准字（1698）号
唐山市丰南区赞农生态产业园	微生物菌剂	微生物菌剂	液体	枯草芽孢杆菌	有效活菌数≥2.0亿/mL	番茄、水稻、桃树、甜瓜	微生物肥（2015）准字（1701）号
山东大地生物科技有限公司	微生物菌剂	微生物菌剂	液体	解淀粉芽孢杆菌、酿酒酵母	有效活菌数≥2.0亿/mL	白菜、黄瓜、番茄、辣椒	微生物肥（2015）准字（1702）号
黑龙江省绥化农垦晨环生物科技有限责任公司	根瘤菌菌剂	大豆根瘤菌剂	液体	大豆根瘤菌	有效活菌数≥2.0亿/mL	大豆	微生物肥（2015）准字（1703）号
黑龙江省卫星生物科技有限公司	有机物料腐熟剂	腐熟剂	粉剂	酿酒酵母、米曲霉	有效活菌数≥0.50亿/g	农作物秸秆	微生物肥（2015）准字（1704）号
江苏谷耀农业科技有限公司	有机物料腐熟剂	有机物料腐熟剂	粉剂	枯草芽孢杆菌、嗜热脂肪地芽孢杆菌、细黄链霉菌、米曲霉	有效活菌数≥0.50亿/g	农作物秸秆	微生物肥（2015）准字（1705）号
河北冠祥生物科技开发有限公司	有机物料腐熟剂	腐熟剂	粉剂	枯草芽孢杆菌、扣囊复膜孢酵母、米曲霉	有效活菌数≥0.50亿/g	农作物秸秆	微生物肥（2015）准字（1706）号
江西天人生态股份有限公司	有机物料腐熟剂	微生物腐熟剂	粉剂	枯草芽孢杆菌、酿酒酵母、长枝木霉	有效活菌数≥0.50亿/g	农作物秸秆	微生物肥（2015）准字（1707）号

续表

企业名称	产品通用名	产品商品名	产品形态	有效菌种名称	技术指标（有效成分及含量）	适用作物/区域	登记证号
山东鲁虹农业科技股份有限公司	有机物料腐熟剂	鲁虹秸秆菌剂	粉剂	枯草芽孢杆菌、地衣芽孢杆菌、酿酒酵母、米曲霉	有效活菌数≥0.50亿/g	农作物秸秆	微生物肥准字（2015）1708号
重庆市万植巨丰生态肥业有限公司	有机物料腐熟剂	有机物料腐熟剂	粉剂	枯草芽孢杆菌、酿酒酵母、里氏木霉	有效活菌数≥0.50亿/g	农作物秸秆、畜禽粪便	微生物肥准字（2015）1709号
四川省兰月科技有限公司	有机物料腐熟剂	微生物秸秆速腐剂	粉剂	短小芽孢杆菌、细黄链霉菌、长枝木霉、黑曲霉	有效活菌数≥0.50亿/g	农作物秸秆	微生物肥准字（2015）1710号
威海金中元生物肥有限公司	有机物料腐熟剂	金中元有机料腐熟剂	粉剂	枯草芽孢杆菌、地衣芽孢杆菌、黑曲霉	有效活菌数≥0.50亿/g	农作物秸秆	微生物肥准字（2015）1711号
山东京青农业科技有限公司	有机物料腐熟剂	有机物料腐熟剂	粉剂	枯草芽孢杆菌、米曲霉、里氏木霉	有效活菌数≥0.50亿/g	农作物秸秆	微生物肥准字（2015）1712号
青岛百事达生物肥料有限公司	复合微生物肥料	复合微生物肥料	粉剂	侧孢短芽孢杆菌	有效活菌数≥0.20亿/g $N+P_2O_5+K_2O=25.0\%$ 有机质≥25.0%	小麦、花生、番茄、苹果、水稻、生菜	微生物肥准字（2015）1713号
青岛百事达生物肥料有限公司	复合微生物肥料	复合微生物肥料	粉剂	侧孢短芽孢杆菌	有效活菌数≥0.20亿/g $N+P_2O_5+K_2O=25.0\%$ 有机质≥25.0%	小麦、花生、番茄、苹果、茶叶、马铃薯	微生物肥准字（2015）1714号
陕西蒲城西北农苑肥业有限公司	复合微生物肥料	复合微生物肥料	粉剂	侧孢短芽孢杆菌	有效活菌数≥0.20亿/g $N+P_2O_5+K_2O=10.0\%$ 有机质≥20.0%	黄瓜、苹果、葡萄、梨树	微生物肥准字（2015）1715号
广西大新县利达农业开发实业有限公司	复合微生物肥料	利达复合微生物肥	粉剂	枯草芽孢杆菌	有效活菌数≥0.20亿/g $N+P_2O_5+K_2O=12.0\%$ 有机质≥20.0%	甘蔗、辣椒、菜心、西瓜	微生物肥准字（2015）1716号

续表

企业名称	产品通用名称	产品商品名	产品形态	有效菌种名称	技术指标（有效成分及含量）	适用作物/区域	登记证号
石家庄双联复合肥有限责任公司	复合微生物肥料	复合微生物肥料	颗粒	解淀粉芽孢杆菌、胶冻样类芽孢杆菌、地衣芽孢菌	有效活菌数≥0.20亿/g N+P$_2$O$_5$+K$_2$O=25.0% 有机质≥20.0%	番茄、黄瓜、豆角	微生物肥（2015）准字（1717）号
青海余禾生物有机肥料厂	复合微生物肥料	复合微生物肥料	颗粒	枯草芽孢杆菌	有效活菌数≥0.20亿/g N+P$_2$O$_5$+K$_2$O=20.0% 有机质≥20.0%	黄瓜、菠菜、油菜、番茄	微生物肥（2015）准字（1718）号
河北玖农生物肥料有限公司	复合微生物肥料	复合微生物肥料	颗粒	胶冻样类芽孢杆菌	有效活菌数≥0.20亿/g N+P$_2$O$_5$+K$_2$O=25.0% 有机质≥20.0%	玉米、水稻、苹果	微生物肥（2015）准字（1719）号
深州市地神肥业有限公司	复合微生物肥料	复合微生物肥料	颗粒	枯草芽孢杆菌	有效活菌数≥0.20亿/g N+P$_2$O$_5$+K$_2$O=20.0% 有机质≥20.0%	番茄、桃树、花生	微生物肥（2015）准字（1720）号
临沂中磷生物科技有限公司	复合微生物肥料	复合微生物肥料	颗粒	枯草芽孢杆菌、胶冻样类芽孢杆菌	有效活菌数≥0.20亿/g N+P$_2$O$_5$+K$_2$O=8.0% 有机质≥20.0%	苹果、花生、黄瓜、马铃薯	微生物肥（2015）准字（1721）号
德州市元和农业科技开发有限责任公司	复合微生物肥料	复合微生物肥料	颗粒	枯草芽孢杆菌	有效活菌数≥0.20亿/g N+P$_2$O$_5$+K$_2$O=25.0% 有机质≥20.0%	番茄、玉米、苹果、西葫芦	微生物肥（2015）准字（1722）号
荷兰科伯特有限公司（KOPPERT B.V.）	复合微生物肥料	复合微生物肥料	颗粒	解淀粉芽孢杆菌	有效活菌数≥0.20亿/g N+P$_2$O$_5$+K$_2$O=12.0% 有机质≥20.0%	茄子、黄瓜、草莓	微生物肥（2015）准字（1723）号
联保作物科技有限公司	微生物菌剂	微生物菌剂	粉剂	解淀粉芽孢杆菌	有效活菌数≥2.0亿/g	小麦、水稻、番茄、马铃薯	微生物肥（2015）准字（1724）号
新疆石大科技肥业有限公司	微生物菌剂	微生物菌剂	粉剂	解淀粉芽孢杆菌	有效活菌数≥2.0亿/g	番茄、棉花、玉米、小麦	微生物肥（2015）准字（1725）号

续表

企业名称	产品通用名	产品商品名	产品形态	有效菌种名称	技术指标（有效成分及含量）	适用作物/区域	登记证号
肇庆市真格生物科技有限公司	微生物菌剂	微生物菌剂	粉剂	解淀粉芽孢杆菌	有效活菌数≥10.0亿/g	白菜、黄瓜、茄子、菜心	微生物肥（2015）准字（1726）号
济源九五生物科技有限公司	微生物菌剂	微生物菌剂	粉剂	枯草芽孢杆菌、胶冻样类芽孢杆菌	有效活菌数≥2.0亿/g	白菜、番茄、香蕉	微生物肥（2015）准字（1727）号
沧州旺发生物技术研究所有限公司	微生物菌剂	旺发农用微生物菌剂	粉剂	枯草芽孢杆菌、巨大芽孢杆菌、胶冻样类芽孢杆菌	有效活菌数≥2.0亿/g	韭菜、生菜、甜瓜、黄瓜、番茄	微生物肥（2015）准字（1728）号
福建果宝生物科技有限公司	微生物菌剂	微生物菌剂	粉剂	胶冻样类芽孢杆菌	有效活菌数≥2.0亿/g	白菜、黄瓜、茄子	微生物肥（2015）准字（1729）号
福建果宝生物科技有限公司	微生物菌剂	微生物菌剂	液体	胶冻样类芽孢杆菌	有效活菌数≥2.0亿/mL	空心菜、番茄、辣椒、甘蓝	微生物肥（2015）准字（1730）号
黑龙江省建三江农垦胜利农业技术服务有限责任公司	微生物菌剂	微生物菌剂	液体	枯草芽孢杆菌	有效活菌数≥2.0亿/mL	大豆、水稻、芸豆、玉米、黄瓜	微生物肥（2015）准字（1731）号
湖北襄阳绿微欣生物工程技术发展有限公司	微生物菌剂	微生物菌剂	液体	解淀粉芽孢杆菌	有效活菌数≥2.0亿/mL	番茄、葡萄、棉花、辣椒、芹菜	微生物肥（2015）准字（1732）号
青岛明月蓝海生物科技有限公司	光合细菌菌剂	光合细菌菌剂	液体	沼泽红假单胞菌	有效活菌数≥2.0亿/mL	黄瓜、番茄、西瓜、辣椒	微生物肥（2015）准字（1735）号
广西舜泉业科技有限公司	生物有机肥	生物有机肥	粉剂	枯草芽孢杆菌	有效活菌数≥0.20亿/g 有机质≥40.0%	甘蔗、生菜、上海青	微生物肥（2015）准字（1736）号
东营大地生物科技有限公司	生物有机肥	生物有机肥	粉剂	解淀粉芽孢杆菌	有效活菌数≥0.20亿/g 有机质≥40.0%	黄瓜、芹菜、生菜、大蒜	微生物肥（2015）准字（1738）号

续表

企业名称	产品通用名	产品商品名	产品形态	有效菌种名称	技术指标（有效成分及含量）	适用作物/区域	登记证号
郑州信联生化科技有限公司	生物有机肥	生物有机肥	粉剂	解淀粉芽孢杆菌	有效活菌数≥0.20亿/g 有机质≥40.0%	番茄、小麦、葡萄、烟草、花生	微生物肥（2015）准字（1739）号
陕西沁稼生态科技有限公司	生物有机肥	生物有机肥	粉剂	枯草芽孢杆菌	有效活菌数≥0.20亿/g 有机质≥40.0%	白菜、苹果、梨树、猕猴桃	微生物肥（2015）准字（1740）号
营口沈大肥业有限公司	生物有机肥	生物有机肥	粉剂	枯草芽孢杆菌	有效活菌数≥0.20亿/g 有机质≥40.0%	番茄、黄瓜、水稻、苹果	微生物肥（2015）准字（1741）号
四川百欧农业科技开发有限责任公司	生物有机肥	生物有机肥	粉剂	枯草芽孢杆菌、侧孢短芽孢杆菌	有效活菌数≥0.20亿/g 有机质≥40.0%	莴苣、苹果、葡萄、猕猴桃	微生物肥（2015）准字（1742）号
广州市永雄生物科技有限公司	生物有机肥	永雄生物有机肥	粉剂	巨大芽孢杆菌、胶冻样类芽孢杆菌	有效活菌数≥0.20亿/g 有机质≥40.0%	菜心、沙田柚、白菜、包菜、芥菜	微生物肥（2015）准字（1743）号
北京薯丰生物科技有限公司	生物有机肥	生物有机肥	粉剂	枯草芽孢杆菌、地衣芽孢杆菌	有效活菌数≥0.20亿/g 有机质≥40.0%	玉米、花生、小麦、油菜	微生物肥（2015）准字（1744）号
东营大地生物科技有限公司	生物有机肥	生物有机肥	颗粒	解淀粉芽孢杆菌	有效活菌数≥0.20亿/g 有机质≥40.0%	黄瓜、豆角、豌豆、油菜	微生物肥（2015）准字（1745）号
哈尔滨佰诺生物工程发展有限公司	生物有机肥	生物有机肥	颗粒	枯草芽孢杆菌	有效活菌数≥0.20亿/g 有机质≥40.0%	大豆、水稻、玉米、马铃薯、番茄、西瓜	微生物肥（2015）准字（1747）号
新疆石大科技肥业有限公司	复合微生物肥料	复合微生物肥料	粉剂	解淀粉芽孢杆菌	有效活菌数≥0.20亿/g $N+P_2O_5+K_2O=18.0\%$ 有机质≥20.0%	红枣、棉花、小麦、辣椒	微生物肥（2015）准字（1748）号
营口沈大肥业有限公司	复合微生物肥料	复合微生物肥料	粉剂	枯草芽孢杆菌	有效活菌数≥0.20亿/g $N+P_2O_5+K_2O=8.0\%$ 有机质≥20.0%	西瓜、青椒、小麦、马铃薯	微生物肥（2015）准字（1749）号

续表

企业名称	产品通用名	产品商品名	产品形态	有效菌种名称	技术指标（有效成分及含量）	适用作物/区域	登记证号
石家庄秉风生物肥业有限公司	复合微生物肥料	复合微生物肥料	颗粒	枯草芽孢杆菌	有效活菌数≥0.20亿/g $N+P_2O_5+K_2O=8.0\%$ 有机质≥20.0%	黄瓜、番茄、豆角、辣椒	微生物肥（2015）准字（1750）号
石家庄大众肥业有限公司	复合微生物肥料	复合微生物肥料	颗粒	枯草芽孢杆菌	有效活菌数≥0.20亿/g $N+P_2O_5+K_2O=8.0\%$ 有机质≥20.0%	番茄、玉米、水稻	微生物肥（2015）准字（1752）号
东营大地生物科技有限公司	复合微生物肥料	复合微生物肥料	颗粒	解淀粉芽孢杆菌	有机质≥20.0%	番茄、辣椒、小白菜、莴苣	微生物肥（2015）准字（1753）号
黑龙江惠禾生物科技有限公司	复合微生物肥料	复合微生物肥料	颗粒	枯草芽孢杆菌、哈茨木霉	有效活菌数≥0.20亿/g $N+P_2O_5+K_2O=8.0\%$ 有机质≥20.0%	水稻、番茄、玉米、大豆、马铃薯、花生	微生物肥（2015）准字（1754）号
哈尔滨尚仕生物科技有限公司	复合微生物肥料	复合微生物肥料	颗粒	枯草芽孢杆菌、哈茨木霉	有效活菌数≥0.20亿/g $N+P_2O_5+K_2O=8.0\%$ 有机质≥20.0%	水稻、马铃薯、玉米、大豆、洋葱、番茄	微生物肥（2015）准字（1755）号
宁夏五丰农业科技有限公司	复合微生物肥料	五丰沼液复合微生物肥料	液体	解淀粉芽孢杆菌	有效活菌数≥0.50亿/mL $N+P_2O_5+K_2O=6.0\%$	番茄、白菜、芹菜、西红柿	微生物肥（2015）准字（1756）号

2015 年中国生物技术企业上市情况

附表-13 2015 年中国生物技术 / 医疗健康领域的上市公司[289]

上市时间	上市企业	交易所	所属行业	募资金额
2015-12-30	长兴制药	新三板	医药	非公开
2015-12-30	洁利康	新三板	医药	非公开
2015-12-29	福座母婴	新三板	医疗服务	非公开
2015-12-29	东阳光药	香港主板	医药	港币 13.5 亿
2015-12-25	岳达生物	新三板	医药	非公开
2015-12-22	富祥股份	深圳创业板	化学药品制剂制造业	人民币 2.8 亿
2015-12-18	环球药业	新三板	医药	非公开
2015-12-17	金朋健康	新三板	其他	非公开
2015-12-16	滨会生物	新三板	医药	非公开
2015-12-16	正济药业	新三板	医药	非公开
2015-12-15	现代牙科	香港主板	医疗设备	港币 10.5 亿
2015-12-15	洛奇检验	新三板	其他	非公开
2015-12-15	兰卫检验	新三板	其他	非公开
2015-12-15	康德药业	新三板	医药	非公开
2015-12-14	之江生物	新三板	医药	非公开
2015-12-11	新海生物	新三板	医药	非公开
2015-12-11	瑞邦药业	新三板	医药	非公开
2015-12-11	同仁堂	新三板	医药	非公开
2015-12-10	鼎瀚生物	新三板	医药	非公开
2015-12-09	童康健康	新三板	其他	非公开
2015-12-09	利欣制药	新三板	医药	非公开
2015-12-09	德博尔	新三板	医药	非公开
2015-12-09	盛实百草	新三板	医药	非公开
2015-12-08	光谷医院	新三板	其他	非公开
2015-12-04	百意中医	新三板	其他	非公开
2015-12-04	海药股份	新三板	医药	非公开
2015-12-02	元和药业	新三板	医药	非公开
2015-12-02	赛乐奇	新三板	医药	非公开

289 数据来源：清科数据。

续表

上市时间	上市企业	交易所	所属行业	募资金额
2015-11-27	格林生物	新三板	医药	非公开
2015-11-27	都邦药业	新三板	医药	非公开
2015-11-27	联合医务	香港主板	医疗服务	港币 3.8 亿
2015-11-25	皇隆制药	新三板	医药	非公开
2015-11-25	长联来福	新三板	医药	非公开
2015-11-24	华诚生物	新三板	医药	非公开
2015-11-24	丽都整形	新三板	其他	非公开
2015-11-24	杰西医药	新三板	医药	非公开
2015-11-24	东田药业	新三板	医药	非公开
2015-11-20	海昌药业	新三板	医药	非公开
2015-11-20	康宁医院	香港主板	医疗服务	港币 6.8 亿
2015-11-18	捷信医药	新三板	其他	非公开
2015-11-17	美康基因	新三板	医药	非公开
2015-11-13	天纵生物	新三板	医药	非公开
2015-11-11	维和药业	新三板	医药	非公开
2015-11-10	天然谷	新三板	医药	非公开
2015-11-10	维康子帆	新三板	医药	非公开
2015-11-06	美天生物	新三板	医药	非公开
2015-11-04	华方药业	新三板	医药	非公开
2015-11-03	方心健康	新三板	医药	非公开
2015-10-30	太时股份	新三板	医药	非公开
2015-10-30	御康医疗	新三板	其他	非公开
2015-10-28	康大医疗	新三板	医药	非公开
2015-10-23	安集协康	新三板	医药	非公开
2015-10-20	嘉禾生物	新三板	医药	非公开
2015-10-20	银科医学	新三板	医药	非公开
2015-10-20	恩济和	新三板	医药	非公开
2015-10-19	华鸿科技	新三板	医疗设备	非公开
2015-10-15	源培生物	新三板	医药	非公开
2015-10-14	宏中股份	新三板	化学药品原药制造业	非公开
2015-10-13	立德电子	新三板	医疗设备	非公开
2015-10-09	富士莱	新三板	医药	非公开

续表

上市时间	上市企业	交易所	所属行业	募资金额
2015-10-08	美亚药业	新三板	医药	非公开
2015-10-08	爱普医疗	新三板	医疗设备	非公开
2015-09-30	宁波中药	新三板	中药材及中成药加工业	非公开
2015-09-30	亿邦制药	新三板	化学药品制剂制造业	非公开
2015-09-29	得轩堂	新三板	中药材及中成药加工业	非公开
2015-09-29	贝斯达	新三板	医疗设备	非公开
2015-09-29	航天生物	新三板	医疗设备	非公开
2015-09-29	携泰健康	新三板	保健品	非公开
2015-09-18	康乐卫士	新三板	医药	非公开
2015-09-16	马斯汀	新三板	医疗设备	非公开
2015-09-15	欧林生物	新三板	生物制药	非公开
2015-09-15	人福药辅	新三板	其他	非公开
2015-09-10	华美牙科	新三板	医疗服务	非公开
2015-09-09	美的连	新三板	医疗设备	非公开
2015-09-07	苏州沪云	新三板	化学药品制剂制造业	非公开
2015-09-02	源和药业	新三板	中药材及中成药加工业	非公开
2015-08-31	康爱瑞浩	新三板	生物工程	非公开
2015-08-28	原妙医学	新三板	医疗设备	非公开
2015-08-27	亚华智库	新三板	医疗服务	非公开
2015-08-24	致众科技	新三板	其他	非公开
2015-08-20	唐邦科技	新三板	医疗设备	非公开
2015-08-20	佑康股份	新三板	医疗服务	非公开
2015-08-20	久康云	新三板	医疗服务	非公开
2015-08-19	中奥汇成	新三板	医疗设备	非公开
2015-08-18	中科生物	新三板	其他	非公开
2015-08-18	美创医疗	新三板	医疗设备	非公开
2015-08-18	欧康医药	新三板	生物制药	非公开
2015-08-17	三力制药	新三板	中药材及中成药加工业	非公开
2015-08-17	天强制药	新三板	中药材及中成药加工业	非公开
2015-08-17	华生科技	新三板	医疗服务	非公开
2015-08-17	泰林生物	新三板	医疗设备	非公开

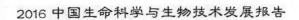

上市时间	上市企业	交易所	所属行业	募资金额
2015-08-13	君实生物	新三板	生物制药	非公开
2015-08-13	国泰股份	新三板	其他	非公开
2015-08-13	海欣药业	新三板	化学药品原药制造业	非公开
2015-08-13	大承医疗	新三板	医疗服务	非公开
2015-08-11	臣功制药	新三板	化学药品制剂制造业	非公开
2015-08-11	生物谷	新三板	中药材及中成药加工业	非公开
2015-08-11	灵岩医疗	新三板	医疗设备	非公开
2015-08-10	软汇科技	新三板	医疗服务	非公开
2015-08-06	中帅医药	新三板	其他	非公开
2015-08-05	施美乐	新三板	保健品	非公开
2015-08-05	鲁班药业	新三板	化学药品制剂制造业	非公开
2015-08-04	耀华医疗	新三板	医疗设备	非公开
2015-08-03	信鸿医疗	新三板	医疗设备	非公开
2015-08-03	耀华医疗	新三板	医疗设备	非公开
2015-07-31	明药堂	新三板	医疗设备	非公开
2015-07-31	荣邦医疗	新三板	医疗设备	非公开
2015-07-31	同方健康	新三板	医疗设备	非公开
2015-07-30	亿能达	新三板	医疗服务	非公开
2015-07-30	爱己爱牧	新三板	动物用药品制造业	非公开
2015-07-30	中美福源	新三板	生物制药	非公开
2015-07-29	天堰科技	新三板	医疗设备	非公开
2015-07-29	健耕医药	新三板	医疗设备	非公开
2015-07-29	禾健股份	新三板	保健品	非公开
2015-07-29	禾元生物	新三板	生物制药	非公开
2015-07-29	众益制药	新三板	化学药品制剂制造业	非公开
2015-07-29	嗨购科技	新三板	其他	非公开
2015-07-28	和凡医药	新三板	化学药品制剂制造业	非公开
2015-07-28	慈惠健康	新三板	医疗服务	非公开
2015-07-27	金亿帝	新三板	医疗设备	非公开
2015-07-27	精英天成	新三板	医疗服务	非公开
2015-07-24	瑞诺医疗	新三板	医疗设备	非公开
2015-07-24	锦波生物	新三板	生物制药	非公开

上市时间	上市企业	交易所	所属行业	募资金额
2015-07-24	九典制药	新三板	化学药品原药制造业	非公开
2015-07-24	奇致激光	新三板	医疗设备	非公开
2015-07-24	博远欣绿	新三板	保健品	非公开
2015-07-23	七丹药业	新三板	中药材及中成药加工业	非公开
2015-07-23	弘天生物	新三板	生物工程	非公开
2015-07-23	浙皖中药	新三板	中药材及中成药加工业	非公开
2015-07-21	坤七药业	新三板	中药材及中成药加工业	非公开
2015-07-21	曼氏生物	新三板	化学药品原药制造业	非公开
2015-07-20	天杭生物	新三板	生物制药	非公开
2015-07-17	普思生物	新三板	其他	非公开
2015-07-16	逸舒制药	新三板	化学药品制剂制造业	非公开
2015-07-15	金嗓子	香港主板	生物制药	港币 8.4 亿
2015-07-15	东方明康	新三板	医疗设备	非公开
2015-07-14	墨药股份	新三板	中药材及中成药加工业	非公开
2015-07-14	德源药业	新三板	化学药品原药制造业	非公开
2015-07-13	中智药业	香港主板	中药材及中成药加工业	港币 4.9 亿
2015-07-10	思明堂	新三板	医疗服务	非公开
2015-07-09	迪恩生物	新三板	其他	非公开
2015-07-09	达瑞生物	新三板	化学药品制剂制造业	非公开
2015-07-08	培力控股	香港主板	中药材及中成药加工业	港币 4.3 亿
2015-07-08	环球医疗	香港主板	医疗服务	港币 34.6 亿
2015-07-07	和美医疗	香港主板	医疗服务	港币 15.9 亿
2015-07-01	医模科技	新三板	医疗设备	非公开
2015-06-30	万孚生物	深圳创业板	医疗设备	人民币 3.5 亿
2015-06-30	杭州目乐	新三板	医疗设备	非公开
2015-06-26	赛升药业	深圳创业板	生物制药	人民币 11.5 亿
2015-06-26	康弘药业	深圳中小企业板	中药材及中成药加工业	人民币 6.2 亿
2015-06-26	圣兆药物	新三板	化学药品制剂制造业	非公开
2015-06-26	先路医药	新三板	其他	非公开
2015-06-12	爱源股份	新三板	医疗设备	非公开
2015-06-11	三生制药	香港主板	生物制药	港币 55.2 亿
2015-06-10	海宝生物	新三板	保健品	非公开

上市时间	上市企业	交易所	所属行业	募资金额
2015-06-10	振新生物	新三板	生物制药	非公开
2015-06-10	金泉科技	新三板	化学药品原药制造业	非公开
2015-06-08	迈达医疗	新三板	医疗设备	非公开
2015-06-08	梓橦宫	新三板	化学药品原药制造业	非公开
2015-06-04	利美康	新三板	医疗服务	非公开
2015-05-28	迈克生物	深圳创业板	医疗设备	人民币 13 亿
2015-05-28	灵康药业	上海证券交易所	化学药品原药制造业	人民币 7.6 亿
2015-05-27	华通医药	深圳中小企业板	其他	人民币 2.5 亿
2015-05-27	润达医疗	上海证券交易所	医疗设备	人民币 4 亿
2015-05-26	汇群股份	新三板	中药材及中成药加工业	非公开
2015-05-26	合一康	新三板	生物工程	非公开
2015-05-22	华光胶囊	新三板	其他	非公开
2015-05-18	普莱柯	上海证券交易所	动物用药品制造业	人民币 6.2 亿
2015-05-15	海利生物	上海证券交易所	动物用药品制造业	人民币 4.8 亿
2015-05-15	三鑫医疗	深圳创业板	医疗设备	人民币 2.6 亿
2015-05-15	山河药用	深圳创业板	化学药品制剂制造业	人民币 1.7 亿
2015-05-12	大众口腔	新三板	医疗服务	非公开
2015-05-12	亚克股份	新三板	其他	非公开
2015-05-07	灵佑药业	新三板	中药材及中成药加工业	非公开
2015-05-06	辉文生物	新三板	化学药品原药制造业	非公开
2015-05-05	天原药业	新三板	中药材及中成药加工业	非公开
2015-04-30	昊海生物科技	香港主板	化学药品制剂制造业	港币 23.6 亿
2015-04-27	纽威科技	新三板	医疗设备	非公开
2015-04-24	博济医药	深圳创业板	其他	人民币 2.1 亿
2015-04-24	珍宝岛	上海证券交易所	中药材及中成药加工业	人民币 15.2 亿
2015-04-23	汇知康	新三板	医疗设备	非公开
2015-04-22	美康生物	深圳创业板	化学药品制剂制造业	人民币 7.8 亿
2015-04-22	广生堂	深圳创业板	化学药品原药制造业	人民币 3.8 亿
2015-04-22	益泰药业	新三板	化学药品原药制造业	非公开
2015-04-20	鹿得医疗	新三板	医疗设备	非公开
2015-04-17	鑫乐医疗	新三板	医疗设备	非公开
2015-04-17	翔宇药业	新三板	中药材及中成药加工业	非公开

上市时间	上市企业	交易所	所属行业	募资金额
2015-04-17	科立森	新三板	化学药品制剂制造业	非公开
2015-04-16	福华股份	新三板	医疗服务	非公开
2015-04-15	添正医药	新三板	其他	非公开
2015-04-14	芍花堂	新三板	中药材及中成药加工业	非公开
2015-04-14	正和药业	新三板	中药材及中成药加工业	非公开
2015-04-14	翱翔科技	新三板	其他	非公开
2015-04-10	沪鸽口腔	新三板	医疗设备	非公开
2015-04-09	亚森实业	新三板	医疗设备	非公开
2015-04-07	中晶技术	新三板	医疗设备	非公开
2015-04-03	合全药业	新三板	其他	非公开
2015-04-01	全宇制药	新三板	化学药品原药制造业	非公开
2015-03-24	龙津药业	深圳中小企业板	化学药品制剂制造业	人民币 3.6 亿
2015-03-17	新兴药业	新三板	化学药品原药制造业	非公开
2015-03-16	康乐药业	新三板	化学药品原药制造业	非公开
2015-03-16	春光药品	新三板	其他	非公开
2015-03-12	同健股份	新三板	医疗服务	非公开
2015-03-11	春立医疗	香港主板	医疗设备	港币 2.3 亿
2015-03-10	安洁医疗	新三板	医疗设备	非公开
2015-03-10	奥默医药	新三板	化学药品原药制造业	非公开
2015-03-09	中康国际	新三板	医疗服务	非公开
2015-03-09	施可瑞	新三板	医疗设备	非公开
2015-03-09	神木药业	新三板	化学药品原药制造业	非公开
2015-03-04	合成药业	新三板	化学药品原药制造业	非公开
2015-03-02	维力医疗	上海证券交易所	医疗设备	人民币 3.9 亿
2015-02-27	冬虫夏草	新三板	中药材及中成药加工业	非公开
2015-02-25	林格贝	新三板	保健品	非公开
2015-02-25	天晴股份	新三板	生物工程	非公开
2015-02-25	珈诚生物	新三板	医疗设备	非公开
2015-02-17	济民制药	上海证券交易所	医疗设备	人民币 2.9 亿
2015-02-16	红星药业	新三板	化学药品原药制造业	非公开
2015-02-16	天一生物	新三板	生物工程	非公开
2015-02-12	联科生物	新三板	生物工程	非公开

续表

上市时间	上市企业	交易所	所属行业	募资金额
2015-02-11	埃蒙迪	新三板	医疗设备	非公开
2015-02-10	腾骏药业	新三板	动物用药品制造业	非公开
2015-02-09	春盛中药	新三板	中药材及中成药加工业	非公开
2015-02-05	爱威科技	新三板	医疗设备	非公开
2015-02-04	车头制药	新三板	化学药品原药制造业	非公开
2015-02-03	福康药业	新三板	化学药品制剂制造业	非公开
2015-01-27	祁药股份	新三板	化学药品原药制造业	非公开
2015-01-27	东南药业	新三板	化学药品原药制造业	非公开
2015-01-26	苏柯汉	新三板	生物工程	非公开
2015-01-23	力思特	新三板	保健品	非公开
2015-01-23	华菱医疗	新三板	医疗设备	非公开
2015-01-22	景川诊断	新三板	医疗设备	非公开
2015-01-21	红冠庄	新三板	中药材及中成药加工业	非公开
2015-01-20	康能生物	新三板	生物工程	非公开
2015-01-19	宇寿医疗	新三板	医疗设备	非公开
2015-01-16	碧沃丰	新三板	生物工程	非公开
2015-01-16	莲池医院	新三板	医疗服务	非公开
2015-01-12	赤诚生物	新三板	生物工程	非公开

2015 年国家科学技术奖励 [290]

附表 -14　2015 年度国家自然科学奖获奖项目目录（生物和医药相关）

二等奖		
编号	项目名称	主要完成人
Z-104-2-03	微型生物在海洋碳储库及气候变化中的作用	焦念志（厦门大学） 张瑶（厦门大学） 骆庭伟（厦门大学） 张锐（厦门大学） 郑强（厦门大学）
Z-104-2-04	典型内分泌干扰物质的环境行为与生态毒理效应	胡建英（北京大学） 万祎（北京大学） 张照斌（北京大学） 常红（北京大学）

---

290 数据来源：中华人民共和国科学技术部。

二等奖		
编号	项目名称	主要完成人
Z-105-2-01	东亚人群和混合人群基因组的连锁不平衡研究	金力（复旦大学） 徐书华（中国科学院上海生命科学研究院） 黄薇（上海人类基因组研究中心） 何云刚（中国科学院上海生命科学研究院）
Z-105-2-03	家蚕基因组的功能研究	夏庆友（西南大学） 周泽扬（西南大学） 鲁成（西南大学） 王俊（深圳华大基因研究院） 向仲怀（西南大学）
Z-106-2-01	髓系白血病发病机制和新型靶向治疗研究	陈赛娟（上海交通大学医学院附属瑞金医院） 陈竺（上海交通大学医学院附属瑞金医院） 王月英（上海交通大学医学院附属瑞金医院） 胡炯（上海交通大学医学院附属瑞金医院） 沈杨（上海交通大学医学院附属瑞金医院）
Z-106-2-02	乳腺癌转移的调控机制及靶向治疗的应用基础研究	宋尔卫（中山大学） 王均（中国科学技术大学） 姚和瑞（中山大学） 姚雪彪（中国科学技术大学） 苏逢锡（中山大学）
Z-106-2-03	磁共振影像学分析及其对重大精神疾病机制的研究	龚启勇（四川大学） 贺永（北京师范大学） 孙学礼（四川大学） 吕粟（四川大学） 黄晓琦（四川大学）
Z-110-2-02	皮肤与牙热 - 力 - 电耦合行为机理	卢天健（西安交通大学） 徐峰（西安交通大学） 胡更开（北京理工大学） 林敏（西安交通大学）

附表 -15　2015 年度国家技术发明奖获奖项目（生物和医药相关）

二等奖		
编号	项目名称	主要完成人
F-301-2-01	农产品黄曲霉毒素靶向抗体创制与高灵敏检测技术	李培武（中国农业科学院油料作物研究所） 张奇（中国农业科学院油料作物研究所） 丁小霞（中国农业科学院油料作物研究所） 张文（中国农业科学院油料作物研究所） 姜俊（中国农业科学院油料作物研究所） 喻理（中国农业科学院油料作物研究所）

续表

二等奖		
编号	项目名称	主要完成人
F-301-2-02	农用抗生素高效发现新技术及系列新产品产业化	向文胜（东北农业大学） 王相晶（东北农业大学） 王继栋（浙江海正药业股份有限公司） 陈正杰（浙江海正药业股份有限公司） 白骅（浙江海正药业股份有限公司） 张继（东北农业大学）
F-301-2-03	花生收获机械化关键技术与装备	胡志超（农业部南京农业机械化研究所） 彭宝良（农业部南京农业机械化研究所） 胡良龙（农业部南京农业机械化研究所） 谢焕雄（农业部南京农业机械化研究所） 吴峰（农业部南京农业机械化研究所） 查建兵（江苏宇成动力集团有限公司）
F-301-2-04	基于高性能生物识别材料的动物性产品中小分子化合物快速检测技术	沈建忠（中国农业大学） 江海洋（中国农业大学） 吴小平（北京维德维康生物技术有限公司） 王战辉（中国农业大学） 温凯（中国农业大学） 丁双阳（中国农业大学）
F-301-2-05	安全高效猪支原体肺炎活疫苗的创制及应用	邵国青（江苏省农业科学院） 金洪效（江苏省农业科学院） 刘茂军（江苏省农业科学院） 冯志新（江苏省农业科学院） 熊祺琰（江苏省农业科学院） 何正礼（江苏省农业科学院）
F-301-2-06	国境转基因产品精准快速检测关键技术及应用	陈洪俊（中国检验检疫科学研究院） 黄新（中国检验检疫科学研究院） 曹际娟（辽宁出入境检验检疫局检验检疫技术中心） 俞晓平（中国计量学院） 林祥梅（中国检验检疫科学研究院） 高宏伟（山东出入境检验检疫局检验检疫技术中心）
F-302-2-01	基于稀土纳米上转发光技术的即时检测系统创建及多领域应用	杨瑞馥（军事医学科学院微生物流行病研究所） 周蕾（军事医学科学院微生物流行病研究所） 黄惠杰（中国科学院上海光学精密机械研究所） 黄立华（中国科学院上海光学精密机械研究所） 郑岩（上海科炎光电技术有限公司） 林长青（北京热景生物技术有限公司）

续表

二等奖		
编号	项目名称	主要完成人
F-302-2-02	定向转化多元醇的生物催化剂创制及其应用关键技术	魏东芝（华东理工大学） 林金萍（华东理工大学） 王学东（华东理工大学） 张贵民（鲁南制药集团股份有限公司） 杨雪鹏（郑州轻工业学院） 苏瑞强（鲁南制药集团股份有限公司）
F-305-2-01	基于酶作用的制革污染物源头控制技术及关键酶制剂创制	石碧（四川大学） 彭必雨（四川大学） 黄遵锡（云南师范大学） 严建林（四川达威科技股份有限公司） 王亚楠（四川大学） 许波（云南师范大学）
F-305-2-02	酮酸发酵法制备关键技术及产业化	陈坚（江南大学） 周景文（江南大学） 刘立明（江南大学） 刘龙（江南大学） 堵国成（江南大学） 李江华（江南大学）
F-305-2-03	酵母核苷酸的生物制造关键技术突破及产业高端应用	应汉杰（南京工业大学） 张磊（南京同凯兆业生物技术有限责任公司） 陈勇（南京工业大学） 欧阳平凯（南京工业大学） 陈晓春（南京工业大学） 黄小权（南京同凯兆业生物技术有限责任公司）
F-305-2-04	速生阔叶材制浆造纸过程酶催化关键技术及应用	陈嘉川（齐鲁工业大学） 杨桂花（齐鲁工业大学） 吉兴香（齐鲁工业大学） 陈洪国（山东晨鸣纸业集团股份有限公司） 乔军（山东太阳纸业股份有限公司） 孔凡功（齐鲁工业大学）

附表 -16　2015 年度国家科学技术进步奖获奖项目目录（通用项目，生物和医药相关）

一等奖			
编号	项目名称	主要完成人	主要完成单位
J-235-1-01	小分子靶向抗癌药盐酸埃克替尼开发研究、产业化和推广应用	丁列明，石远凯，孙 燕，黄 岩，张 力，胡 蓓，刘晓晴，张 玲，胡云雁，周建英，赵 琼，张树才，秦叔逵，张沂平，王 东	贝达药业股份有限公司，中国医学科学院肿瘤医院，中山大学肿瘤防治中心（中山大学附属肿瘤医院、中山大学肿瘤研究所），中国医学科学院北京协和医院，浙江大学医学院附属第一医院（浙江省第一医院），中国人民解放军第三〇七医院，上海市肺科医院（上海市职业病防治医院），浙江省肿瘤医院，首都医科大学附属北京胸科医院，中国人民解放军第三军医大学第三附属医院

续表

一等奖			
编号	项目名称	主要完成人	主要完成单位
J-253-1-01	中国人体表难愈合创面发生新特征与防治的创新理论与关键措施研究	付小兵，程天民，陆树良，李校堃，刘先成，吕国忠，姜玉峰，冉新泽，谢挺，肖健，许樟荣，徐岩，吕强，杨继勇，张宏宇	中国人民解放军总医院第一附属医院，中国人民解放军第三军医大学，上海交通大学医学院附属瑞金医院，温州医科大学，深圳普门科技有限公司，无锡市第三人民医院，中国人民解放军第306医院，上海交通大学医学院附属第九人民医院，苏州大学，中国人民解放军总医院
J-234-1-01	人工麝香研制及其产业化	于德泉，朱秀媛，柳雪枚，李世芬，姚乾元，严崇萍，刘厚起，高益民，王文杰，程桂芳，沈祥龙，肖宣，郭经，庾石山，章菽	中国医学科学院药物研究所，中国中药公司，山东宏济堂制药集团有限公司，上海市药材有限公司，北京联馨药业有限公司

创新团队			
编号	团队名称	主要成员	主要支持单位
J-207-1-01	浙江大学医学院附属第一医院终末期肝病综合诊治创新团队	郑树森，李兰娟，王伟林，陈智，徐骁，张珉，沈岩，周琳，吴健，徐凯进，严盛，俞军，杜维波，李君，胡振华	浙江大学

二等奖			
编号	项目名称	主要完成人	主要完成单位
J-201-2-01	CIMMYT 小麦引进、研究与创新利用	何中虎，夏先春，陈新民，邹裕春，吴振录，庄巧生，于亚雄，袁汉民，杨文雄，李梅芳	中国农业科学院作物科学研究所，四川省农业科学院作物研究所，新疆农业科学院核技术生物技术研究所，云南省农业科学院粮食作物研究所，宁夏农林科学院，甘肃省农业科学院小麦研究所，湖北省农业科学院粮食作物研究所
J-201-2-02	高产稳产棉花品种鲁棉研28号选育与应用	王家宝，王留明，赵军胜，孟志刚，刘任重，陈莹，王秀丽，杨静，董合忠，赵洪亮	山东棉花研究中心，中国农业科学院生物技术研究所，创世纪种业有限公司，山东银兴种业股份有限公司

续表

二等奖			
编号	项目名称	主要完成人	主要完成单位
J-201-2-03	晚粳稻核心种质测21的创制与新品种定向培育应用	姚海根，张小明，姚　坚，何祖华，石建尧，鲍根良，王淑珍，叶胜海，徐红星，管耀祖	浙江省农业科学院，浙江省嘉兴市农业科学研究院（所），中国科学院上海生命科学研究院
J-201-2-04	甘蓝型黄籽油菜遗传机理与新品种选育	李加纳，涂金星，张学昆，傅廷栋，张洁夫，柴友荣，梁　颖，唐章林，刘列钊，殷家明	西南大学，华中农业大学，江苏省农业科学院，中国农业科学院油料作物研究所
J-201-2-05	小麦抗病、优质多样化基因资源的发掘、创新和利用	孙其信，刘志勇，刘广田，杨作民，梁荣奇，尤明山，李保云，解超杰，倪中福，杜金昆	中国农业大学
J-201-2-06	核果类果树新品种选育及配套高效栽培技术研究与应用	陈学森，姜远茂，毛志泉，吕德国，何天明，彭福田，王国政，杨保国，董胜利，秦嗣军	山东农业大学，沈阳农业大学，新疆农业大学
J-202-2-01	高性能竹基纤维复合材料制造关键技术与应用	于文吉，李延军，余养伦，祝荣先，刘红征，张亚慧，任丁华，许　斌，苏志英，宁其斌	中国林业科学研究院木材工业研究所，南京林业大学，安徽宏宇竹木制品有限公司，浙江大庄实业集团有限公司，青岛国森机械有限公司，太尔胶粘剂（广东）有限公司
J-202-2-02	南方特色干果良种选育与高效培育关键技术	黄坚钦，姚小华，戴文圣，吴家胜，王正加，王开良，李永荣，郑炳松，傅松玲，夏国华	浙江农林大学，中国林业科学研究院亚热带林业研究所，南京绿宙薄壳山核桃科技有限公司，安徽农业大学，南京林业大学，江苏省农业科学院，诸暨市林业科学研究所
J-202-2-03	四倍体泡桐种质创制与新品种培育	范国强，翟晓巧，尚忠海，王安亭，孙中党，赵振利，金继良，何长敏，王　迎，邓敏捷	河南农业大学，河南省林业科学研究院，泰安市泰山林业科学研究院，阜阳市林业科学技术推广站，江西省林业科技推广总站，新乡市林业技术推广站
J-203-2-01	荣昌猪品种资源保护与开发利用	刘作华，王金勇，杨飞云，尹靖东，王红宁，李洪军，徐顺来，于会民，汪开益，冯光德	重庆市畜牧科学院，中国农业大学，四川大学，西南大学，中国农业科学院饲料研究所，四川铁骑力士实业有限公司，重庆隆生农业发展有限公司

		二等奖	
编号	项目名称	主要完成人	主要完成单位
J-203-2-03	鲤优良品种选育技术与产业化	孙效文，石连玉，董在杰，冯建新，徐　鹏，梁利群，俞菊华，李池陶，鲁翠云，白庆利	中国水产科学研究院黑龙江水产研究所，中国水产科学研究院淡水渔业研究中心，河南省水产科学研究院，中国水产科学研究院
J-203-2-04	畜禽饲料中大豆蛋白源抗营养因子研究与应用	谯仕彦，秦贵信，李德发，贺平丽，马　曦，孙泽威，王勇飞，曹云鹤，方　华，陆文清	中国农业大学，吉林农业大学，双胞胎（集团）股份有限公司，上海源耀生物股份有限公司，北京龙科方舟生物工程技术有限公司，江西农业大学
J-203-2-05	刺参健康养殖综合技术研究及产业化应用	隋锡林，王印庚，常亚青，周遵春，包振民，李成林，孙慧玲，丁　君，韩家波，宋　坚	辽宁省海洋水产科学研究院，中国水产科学研究院黄海水产研究所，大连海洋大学，中国海洋大学，山东省海洋生物研究院，大连壹桥海洋苗业股份有限公司，山东安源水产股份有限公司
J-204-2-01	玉米田间种植系列手册与挂图	李少昆，谢瑞芝，崔彦宏，高聚林，王克如，石　洁，王永宏，舒　薇，王俊忠，刘永红	
J-204-2-02	前列腺疾病100问	孙颖浩，王林辉，高　旭，刘智勇，张振声，肖　亮，陆小新，高　标，鲁　欣	
J-205-2-01	高产早熟多抗广适小麦新品种国审偃展4110选育及应用	徐才智	河南省才智种子开发有限公司
J-213-2-01	高端医药产品精制结晶技术的研发与产业化	王静康，龚俊波，黄文锋，胡昌勤，郝红勋，尹秋响，陈晓军，张美景，林丽红，杨战鏖	天津大学，深圳华润九新药业有限公司，浙江华海药业股份有限公司，西安利君制药有限责任公司，中国食品药品检定研究院（中国药品检验总所）
J-23301-2-01	重要真菌病的临床诊治与干预策略	廖万清，张万年，姜远英，潘炜华，盛春泉，王　彦，陈　敏，方　伟，曹永兵，缪震元	中国人民解放军第二军医大学

编号	项目名称	主要完成人	主要完成单位
		二等奖	
J-23301-2-02	环境与遗传因素对男性生殖功能影响的基础研究与应用	王心如，沙家豪，陈子江，夏彦恺，郭雪江，胡志斌，薛志刚，沈洪兵，周作民，刘明分	南京医科大学，山东大学，浙江星博生物科技有限公司
J-23301-2-03	中枢神经系统重大疾病 CT/MRI 关键技术的创新与临床应用	耿道颖，李 聪，董 强，张 军，顾宇翔，李郁欣，尹 波，吴 毅，崔 梅，熊 佶	复旦大学，复旦大学附属华山医院
J-23301-2-04	异基因造血干细胞移植关键技术创新与推广应用	黄 河，罗 依，蔡 真，王金福，肖浩文，施继敏，谭亚敏，林茂芳，来晓瑜，赵妍敏	浙江大学
J-23302-2-01	慢性乙型肝炎诊疗体系的创新及关键技术推广应用	侯金林，王福生，戴立忠，孙 剑，廖家杰，鲁凤民，王战会，陈香梅，张喜全，汪 艳	南方医科大学，中国人民解放军第三○二医院，湖南圣湘生物科技有限公司，天下仁心有限公司，北京大学，正大天晴药业集团股份有限公司
J-23302-2-02	我国艾滋病新流行形势下的综合防控策略及应用研究	尚 红，吴 昊，张林琦，汪 宁，陆 林，王 哲，何 维，姜拥军，韩晓旭，徐俊杰	中国医科大学附属第一医院，首都医科大学附属北京佑安医院，清华大学，中国疾病预防控制中心性病艾滋病预防控制中心，云南省疾病预防控制中心，河南省疾病预防控制中心，中国医学科学院基础医学研究所
J-23302-2-03	慢性阻塞性肺疾病发病与综合防治	冉丕鑫，周玉民，王 健，钟南山，郑劲平，陈荣昌，罗远明，卢文菊，康 健，巨春蓉	广州医科大学附属第一医院，中国医科大学附属第一医院
J-23302-2-04	鼻咽癌诊疗关键策略研究与应用	马 骏，赵 充，麦海强，张 力，卢泰祥，李宇红，谢方云，胡伟汉，刘孟忠，孙 颖	中山大学肿瘤防治中心（中山大学附属肿瘤医院、中山大学肿瘤研究所）
J-234-2-01	以桂枝茯苓胶囊为示范的中成药功效相关质量控制体系创立及应用	萧 伟，徐筱杰，朱靖博，段金廒，王永华，王振中，丁 岗，毕宇安，曹 亮，李家春	江苏康缘药业股份有限公司，北京大学，大连工业大学，南京中医药大学，西北农林科技大学

	二等奖		
编号	项目名称	主要完成人	主要完成单位
J-234-2-02	基于活性成分中药质量控制新技术及在药材和红花注射液等中的应用	屠鹏飞，姜　勇，李　军，赵炳祥，刘胜华，谈　英，史社坡，朱雅宁，赵明波，宋月林	北京大学，雅安三九药业有限公司，劲牌有限公司
J-234-2-03	慢性阻塞性肺疾病中医诊疗关键技术的创新及应用	李建生，李素云，王明航，余学庆，王至婉，谢　洋，张海龙，余海滨，白云苹，王海峰	河南中医学院
J-234-2-04	藏药现代化与独一味新药创制、资源保护及产业化示范	贾正平，李茂星，阙文斌，张汝学，张兆琳，陈万生，樊鹏程，马慧萍，石晓峰，陈世武	中国人民解放军兰州军区兰州总医院，康县独一味生物制药有限公司，兰州大学，中国人民解放军第二军医大学，甘肃省医学科学研究院，甘肃首曲药源中藏药材加工有限公司
J-234-2-06	中药及天然药物活性成分分离新技术研究与应用	孔令义，罗　俊，王小兵，罗建光，汪俊松，杨鸣华，杨　蕾，李　意，柳仁民，姚　舜	中国药科大学
J-234-2-07	吴效科，尤昭玲，邹　伟，俞超芹，连方，梁瑞宁，吴鸿裕，张跃辉，匡洪影	王拥军，谢雁鸣，王永炎，施　杞，陈　棣，唐德志，梁倩倩，王燕平，支英杰，卞　琴	上海中医药大学附属龙华医院，中国中医科学院中医临床基础医学研究所
J-234-2-08	热敏灸技术的创立及推广应用	陈日新，陈明人，康明非，刘中勇，伊　鸣，周美启，苏同生，迟振海，熊　俊，谢丁一	江西中医药大学，江西中医药大学附属医院，北京大学，安徽中医药大学，陕西省中医医院
J-235-2-01	原创新药艾普拉唑的研发与产业化	侯雪梅，刘　然，胡海棠，周月广，周淑芳，秦湘红，孔祥生，金　鑫，陈　剑，肖　鸿	丽珠医药集团股份有限公司，丽珠集团丽珠医药研究所，珠海保税区丽珠合成制药有限公司，丽珠集团丽珠制药厂
J-235-2-02	重组人生长激素系列产品研制与产业化	金　磊，罗小平，王俊才，王思勤，罗飞宏，巩纯秀，傅君芬，杜敏联，杜红伟，刘志红	长春金赛药业有限责任公司

续表

二等奖			
编号	项目名称	主要完成人	主要完成单位
J-235-2-03	奥美拉唑系列产品产业化与国际化的关键技术开发	程卯生，宋伟国，刘新泳，严守升，何英俊，杨磊，高东圣，董良军，宋成刚，杨磊	寿光富康制药有限公司，悦康药业集团有限公司，沈阳药科大学，山东大学，聊城大学
J-25101-2-02	生物靶标导向的农药高效减量使用关键技术与应用	高希武，柏连阳，崔海兰，王贵启，张友军，郑永权，张宏军，徐万涛，张帅，戴良英	中国农业大学，湖南省农业科学院，中国农业科学院植物保护研究所，河北省农林科学院粮油作物研究所，中国农业科学院蔬菜花卉研究所，农业部农药检定所，北京绿色农华植保科技有限责任公司
J-25101-2-04	新疆棉花大面积高产栽培技术的集成与应用		新疆农业科学院棉花工程技术研究中心，新疆农业科学院，石河子大学，新疆农业大学，新疆农垦科学院，新疆维吾尔自治区农业技术推广总站，新疆生产建设兵团农业技术推广总站
J-25101-2-06	玉米冠层耕层优化高产技术体系研究与应用	赵明，董志强，钱春荣，李从锋，王群，张宾，齐华，王育红，刘鹏，马玮	中国农业科学院作物科学研究所，黑龙江省农业科学院耕作栽培研究所，河南农业大学，山东省农业科学院作物研究所，沈阳农业大学，洛阳农林科学院，山东农业大学
J-25101-2-07	稻麦生长指标光谱监测与定量诊断技术	曹卫星，朱艳，田永超，姚霞，倪军，刘小军，邓建平，张娟娟，李艳大，王绍华	南京农业大学，江苏省作物栽培技术指导站，河南农业大学，江西省农业科学院
J-25101-2-08	有机肥作用机制和产业化关键技术研究与推广	沈其荣，徐阳春，杨帆，杨兴明，薛智勇，陆建明，徐茂，李荣，赵永志，黄启为	南京农业大学，全国农业技术推广服务中心，江阴市联业生物科技有限公司，浙江省农业科学院，江苏省耕地质量保护站，北京市土肥工作站
J-25103-2-04	植物 - 环境信息快速感知与物联网实时监控技术及装备	何勇，杨信廷，史舟，刘飞，田宏武，罗斌，聂鹏程，冯雷，邵咏妮，张洪	浙江大学，北京农业信息技术研究中心，北京派得伟业科技发展有限公司，浙江睿洋科技有限公司，北京农业智能装备技术研究中心
J-253-2-01	眼眶外科修复重建关键技术体系的创建和应用	范先群，周慧芳，毕晓萍，李寅炜，叶铭，张赫，谷平，孙静，施沃栋，肖彩雯	上海交通大学医学院附属第九人民医院，上海优益基医疗器械有限公司

续表

	二等奖		
编号	项目名称	主要完成人	主要完成单位
J-253-2-02	腹部多器官移植及器官联合移植的技术创新与临床应用	何晓顺，陈知水，朱晓峰，明长生，马毅，王东平，鞠卫强，巫林伟，胡安斌，魏来	中山大学附属第一医院，华中科技大学同济医学院附属同济医院
J-253-2-03	基于影像导航和机器人技术的智能骨科手术体系建立及临床应用	田伟，王田苗，王满宜，王军强，张送根，胡磊，刘亚军，刘文勇，刘波，胡颖	北京积水潭医院，北京航空航天大学，北京天智航医疗科技股份有限公司，中国科学院深圳先进技术研究院
J-253-2-04	结直肠癌肝转移的多学科综合治疗	秦新裕，许剑民，钟芸诗，樊嘉，任黎，韦烨，牛伟新，叶青海，刘天舒，周波	复旦大学附属中山医院
J-253-2-05	角膜病诊治的关键技术及临床应用	史伟云，谢立信，周庆军，阮庆国，高华，王婷，李素霞，赵格，王晔，陈鹏	山东省眼科研究所（青岛眼科医院），中国科学院深圳先进技术研究院